国家出版基金项目
NATIONAL PUBLICATION FOUNDATION

主编 周钟

副主编 杨静熙 张 敬 蔡德文

蒋 红 廖成刚 游 湘

大国重器

中国超级水电工程·锦屏卷

特高拱坝安全监控分析

蔡德文 王继敏 赵二峰 周钟 陈晓鹏 等 编著

中国水利水电出版社
www.waterpub.com.cn
·北京·

内 容 提 要

本书系国家出版基金项目——《大国重器 中国超级水电工程·锦屏卷》之《特高拱坝安全监控分析》分册。本书综述了拱坝安全监控技术，介绍了锦屏一级特高拱坝安全监测系统设计，开展了拱坝温度控制过程仿真与效应跟踪分析，提出了首蓄期变形性态监控模型，并对运行期的拱坝变形、坝基渗流、应力等工作性态进行了综合分析，评价了拱坝运行的安全性，分析了坝肩边坡与谷幅的变形特征，创建了特高拱坝安全监控平台，最后进行了总结与展望。这些技术成功应用于锦屏一级水电站工程施工期、首蓄期和运行期的安全监控，为水电站投产发电和工程安全运行提供了重要技术支撑，也为国内外类似拱坝工程施工、蓄水和运行安全评价提供了参考和借鉴。

本书可供从事拱坝设计、施工和安全评价的工程技术人员使用，也可作为相关领域科研人员及高等院校师生的参考用书。

图书在版编目（CIP）数据

特高拱坝安全监控分析 / 蔡德文等编著. -- 北京：中国水利水电出版社，2022.3
（大国重器 中国超级水电工程. 锦屏卷）
ISBN 978-7-5226-0597-5

Ⅰ. ①特… Ⅱ. ①蔡… Ⅲ. ①水利水电工程－高坝－拱坝－安全监测－研究－凉山彝族自治州 Ⅳ. ①TV642.4

中国版本图书馆CIP数据核字(2022)第056001号

书　　名	大国重器 中国超级水电工程·锦屏卷 **特高拱坝安全监控分析** TEGAO GONGBA ANQUAN JIANKONG FENXI
作　　者	蔡德文 王继敏 赵二峰 周钟 陈晓鹏 等 编著
出版发行	中国水利水电出版社 （北京市海淀区玉渊潭南路 1 号 D 座　100038） 网址：www. waterpub. com. cn E - mail：sales@mwr. gov. cn 电话：(010) 68545888（营销中心）
经　　售	北京科水图书销售有限公司 电话：(010) 68545874、63202643 全国各地新华书店和相关出版物销售网点
排　　版	中国水利水电出版社微机排版中心
印　　刷	北京印匠彩色印刷有限公司
规　　格	184mm×260mm　16 开本　18.25 印张　444 千字
版　　次	2022 年 3 月第 1 版　2022 年 3 月第 1 次印刷
定　　价	**160.00 元**

《大国重器　中国超级水电工程·锦屏卷》
编 撰 委 员 会

《特高拱坝安全监控分析》
编 撰 人 员

主　　编　蔡德文

副 主 编　王继敏　赵二峰　周　钟　陈晓鹏

参编人员　冯宇强　张　敬　郑付刚　舒　涌

　　　　　　邵晨飞　王俤剀　彭巨为　金　怡

　　　　　　张　晨　黄　浩　胡明秀　陈绪高

　　　　　　李啸啸　杨　光　李　伟

序 一

锦绣山河，层峦叠翠。雅砻江发源于巴颜喀拉山南麓，顺横断山脉，一路奔腾，水势跌宕，自北向南汇入金沙江。锦屏一级水电站位于四川省凉山彝族自治州境内，是雅砻江干流中下游水电开发规划的控制性水库梯级电站，工程规模巨大，是中国的超级水电工程。电站装机容量3600MW，年发电量166.2亿 kW·h，大坝坝高 305.0m，为世界第一高拱坝，水库正常蓄水位1880.00m，具有年调节功能。工程建设提出"绿色锦屏、生态锦屏、科学锦屏"理念，以发电为主，结合汛期蓄水兼有减轻长江中下游防洪负担的作用，并有改善下游通航、拦沙和保护生态环境等综合效益。锦屏一级、锦屏二级和官地水电站组成的"锦官直流"是西电东送的重点项目，可实现电力资源在全国范围内的优化配置。该电站的建成，改善了库区对外、场内交通条件，完成了移民及配套工程的开发建设，带动了地方能源、矿产和农业资源的开发与发展。

拱坝以其结构合理、体形优美、安全储备高、工程量少而著称，在宽高比小于3的狭窄河谷上修建高坝，当地质条件允许时，拱坝往往是首选的坝型。从20世纪50年代梅山连拱坝建设开始，到20世纪末，我国已建成的坝高大于100m的混凝土拱坝有11座，拱坝数量已占世界拱坝总数的一半，居世界首位。1999年建成的二滩双曲拱坝，坝高240m，位居世界第四，标志着我国高拱坝建设已达到国际先进水平。进入21世纪，我国水电开发得到了快速发展，目前已建成了一批300m级的高拱坝，如小湾（坝高294.5m）、锦屏一级（坝高305.0m）、溪洛渡（坝高285.5m）。这些工程不仅坝高、库大、坝身体积大，而且泄洪功率和装机规模都位列世界前茅，标志着我国高拱坝建设技术已处于国际领先水平。

锦屏一级水电站是最具挑战性的水电工程之一，开发锦屏大河湾是中国几代水电人的梦想。工程具有高山峡谷、高拱坝、高水头、高边坡、高地应力、深部卸荷等"五高一深"的特点，是"地质条件最复杂，施工环境最恶劣，技术难度最大"的巨型水电工程，创建了世界最高拱坝、最复杂的特高拱坝基础处理、坝身多层孔口无碰撞消能、高地应力低强度比条件下大型地下洞室群变形控制、世界最高变幅的分层取水电站进水口、高山峡谷地区特高拱坝施工总布置等多项世界第一。工程位于雅砻江大河湾深切高山峡谷，地质条件极其复杂，面临场地构造稳定性、深部裂缝对建坝条件的影响、岩体工程地质特性及参数选取、特高拱坝坝基岩体稳定、地下洞室变形破坏等重大工程地质问题。坝基发育有煌斑岩脉及多条断层破碎带，左岸岩体受特定构造和岩性影响，卸载十分强烈，卸载深度较大，深部裂缝发育，给拱坝基础变形控制、加固处理及结构防裂设计等带来前所未有的挑战，对此研究提出了复杂地质拱坝体形优化方法，构建了拱端抗变形系数的坝基加固设计技术，分析评价了边坡长期变形对拱坝结构的影响。围绕极低强度应力比和不良地质体引起的围岩破裂、时效变形等现象，分析了三轴加卸载和流变的岩石特性，揭示了地下厂房围岩渐进破裂演化机制，提出了洞室群围岩变形稳定控制的成套技术。高拱坝泄洪碰撞消能方式，较好地解决了高拱坝泄洪消能的问题，但泄洪雾化危及机电设备与边坡稳定的正常运行，对此研究提出了多层孔口出流、无碰撞消能方式，大幅降低了泄洪雾化对边坡的影响。高水头、高渗压、左岸坝肩高边坡持续变形、复杂地质条件等诸多复杂环境下，安全监控和预警的难度超过了国内外现有工程，对此开展完成了工程施工期、蓄水期和运行期安全监控与平台系统的研究。水电站开发建设的水生生态保护，尤其是锦屏大河湾段水生生态保护意义重大，对此研究阐述了生态水文过程维护、大型水库水温影响与分层取水、鱼类增殖与放流、锦屏大河湾鱼类栖息地保护和梯级电站生态调度等生态环保问题。工程的主要技术研究成果指标达到国际领先水平。锦屏一级水电站设计与科研成果获1项国家技术发明奖、5项国家科技进步奖、16项省部级科技进步奖一等奖或特等奖和12项省部级优秀设计奖一等奖。2016年获"最高的大坝"吉尼斯世界纪录称号，2017年获中国土木工程詹天佑奖，2018年获菲迪克（FIDIC）工程项目杰出奖，2019年获国家优质工程金奖。锦屏一级水电站已安全运行6年，其创新技术成果在大岗山、乌东德、白鹤滩、叶巴滩等水电工程中得到推广应用。在高拱坝建设中，特别是在300m级高拱坝建设中，锦屏一级水电站是一个新的里程碑！

本人作为锦屏一级水电站工程建设特别咨询团专家组组长，经历了工程建设全过程，很高兴看到国家出版基金项目——《大国重器 中国超级水电工程·锦屏卷》编撰出版。本系列专著总结了锦屏一级水电站重大工程地质问题、复杂地质特高拱坝设计关键技术、地下厂房洞室群围岩破裂及变形控制、窄河谷高拱坝枢纽泄洪消能关键技术、特高拱坝安全监控分析、水生生态保护研究与实践等方面的设计技术与科研成果，研究深入、内容翔实，对于推动我国特高拱坝的建设发展具有重要的理论和实践意义。为此，推荐给广大水电工程设计、施工、管理人员阅读、借鉴和参考。

中国工程院院士 马洪琪

2020 年 12 月

　　千里雅江水，高坝展雄姿。雅砻江从青藏高原雪山流出，聚纳众川，切入横断山脉褶皱带的深谷巨壑，以磅礴浩荡之势奔腾而下，在攀西大地的锦屏山大河湾，遇世界第一高坝，形成高峡平湖，它就是锦屏一级水电站工程。在各种坝型中，拱坝充分利用混凝土高抗压强度，以压力拱的型式将水推力传至两岸山体，具有良好的承载与调整能力，能在一定程度上适应复杂地质条件、结构形态和荷载工况的变化；拱坝抗震性能好、工程量少、投资节省，具有较强的超载能力和较好的经济安全性。锦屏一级水电站工程地处深山峡谷，坝基岩体以大理岩为主，左岸高高程为砂板岩，河谷宽高比1.64，混凝土双曲拱坝是最好的坝型选择。

　　目前，高拱坝设计和建设技术得到快速发展，中国电建集团成都勘测设计研究院有限公司（以下简称"成都院"）在20世纪末设计并建成了二滩、沙牌高拱坝，二滩拱坝最大坝高240m，是我国首座突破200m的混凝土拱坝，沙牌水电站碾压混凝土拱坝坝高132m，是当年建成的世界最高碾压混凝土拱坝；在21世纪初设计建成了锦屏一级、溪洛渡、大岗山等高拱坝工程，并设计了叶巴滩、孟底沟等高拱坝，其中锦屏一级水电站工程地质条件极其复杂、基础处理难度最大，拱坝坝高世界第一，溪洛渡工程坝身泄洪孔口数量最多、泄洪功率最大、拱坝结构设计难度最大，大岗山工程抗震设防水平加速度达0.557g，为当今拱坝抗震设计难度最大。成都院在拱坝体形设计、拱坝坝肩抗滑稳定分析、拱坝抗震设计、复杂地质拱坝基础处理设计、枢纽泄洪消能设计、温控防裂设计及三维设计等方面具有成套核心技术，其高拱坝设计技术处于国际领先水平。

　　锦屏一级水电站拥有世界第一高拱坝，工程地质条件复杂，技术难度高。成都院勇于创新，不懈追求，针对工程关键技术问题，结合现场施工与地质条件，联合国内著名高校及科研机构，开展了大量的施工期科学研究，进行科技攻关，解决了制约工程建设的重大技术难题。国家出版基金项目——《大国重器 中国超级水电工程·锦屏卷》系列专著，系统总结了锦屏一级水电站重大工程地质问题、复杂地质特高拱坝设计关键技术、地下厂房洞室群围岩破裂及变形控制、窄河谷高拱坝枢纽泄洪消能关键技术、特高拱坝安全监控分析、水生生态保护研究与实践等专业技术难题，研究了左岸深部裂缝对建坝条件的影响，建立了深部卸载影响下的坝基岩体质量分类体系；构建了以拱端抗变形系数为控制的拱坝基础变形稳定分析方法，开展了抗力体基础加固措施设计，提出了拱坝结构的系统防裂设计理念和方法；创新采用围岩稳定耗散能分析方法、围岩破裂扩展分析方法和长期稳定分析方法，揭示了地下厂房围岩渐进破裂演化机制，评价了洞室围岩的长期稳定安全；针对高拱坝的泄洪消能，研究提出了坝身泄洪无碰撞消能减雾技术，研发了超高流速泄洪洞掺气减蚀及燕尾挑坎消能技术；开展完成了高拱坝工作性态安全监控反馈分析与运行期变形、应力性态的安全评价，建立了初期蓄水及运行期特高拱坝工作性态安全监控系统。锦屏一级工程树立"生态优先、确保底线"的环保意识，坚持"人与自然和谐共生"的全社会共识，协调水电开发和生态保护之间的关系，谋划生态优化调度、长期跟踪监测和动态化调整的对策措施，解决了大幅消落水库及大河湾河道水生生物保护的难题，积极推动了生态环保的持续发展。这些为锦屏一级工程的成功建设提供了技术保障。

锦屏一级水电站地处高山峡谷地区，地形陡峻、河谷深切、断层发育、地应力高，场地空间有限，社会资源匮乏。在可行性研究阶段，本人带领天津大学团队结合锦屏一级工程，开展了"水利水电工程地质建模与分析关键技术"的研发工作，项目围绕重大水利水电工程设计与建设，对复杂地质体、大信息量、实时分析及其快速反馈更新等工程技术问题，开展水利水电工程地质建模与理论分析方法的研究，提出了耦合多源数据的水利水电工程地质三维统一建模技术，该项成果获得国家科技进步奖二等奖；施工期又开展了"高拱坝混凝土施工质量与进度实时控制系统"研究，研发了大坝施工信息动态采集系统、高拱坝混凝土施工进度实时控制系统、高拱坝混凝土施工综合信息集成系统，建立了质量动态实时控制及预警机制，使大坝建设质量和进度始终处于受控状态，为工程高效、优质建设提供了技术支持。本人多次到过工程建设现场，回忆起来历历在目，今天看到锦屏一级水电站的成功建设，深感工程建设的艰辛，点赞工程取得的巨大成就。

本系列专著是成都院设计人员对锦屏一级水电站的设计研究与工程实践的系统总结，是一套系统的、多专业的工程技术专著。相信本系列专著的出版，将会为广大水电工程技术人员提供有益的帮助，共同为水电工程事业的发展作出新的贡献。

　　欣然作序，向广大读者推荐。

中国工程院院士　钟登华

2020 年 12 月

　　拱坝一般建在 U 形或者 V 形河谷中，它的水平拱圈向水流上游凸起，平面上呈拱形，拱冠梁剖面线在空间上向上游呈弧形，坝肩则固结于河谷两岸的基岩。一般情况下，拱坝通过拱结构将大部分的外界荷载传递至坝肩，两岸基岩的支承作用是拱坝保持稳定的主要方式，其余小部分荷载则在悬臂梁作用下传递至坝基。工程实践表明，拱坝属高次超静定的空间壳体结构，自适应能力强，超载安全系数大。拱坝具有材料强度发挥充分、承载能力大、泄洪布置方便、潜在安全度高及抗震性能好等优点，普遍用作高水头坝工挡水结构。拱坝在全球已建、在建的 200m 以上高坝中占比近 1/2，我国在坝高 240m 的二滩特高拱坝之后，相继建成了拉西瓦（坝高 250m）、小湾（坝高 294.5m）、溪洛渡（坝高 285.5m）、锦屏一级（坝高 305m）等特高拱坝工程，白鹤滩（坝高 289m）、乌东德（坝高 270m）、叶巴滩（坝高 217m）正在建设中。相比于一般拱坝而言，这些特高拱坝承受着更大的上游水荷载，总体应力水平高，压应力储备较小，一旦坝体局部开裂，拱坝应力重分布，就可能造成坝体更大范围的应力超限，裂缝进一步发展。我国拱坝建设运行经验表明，坝高 200m 以下拱坝的设计理论和安全评价体系已逐渐成熟、安全可靠，但对于坝高 200m 以上的特高拱坝尚未形成与实际工作性态相关的安全评价技术和方法体系，有关特高拱坝施工期、蓄水期和运行期安全监控分析尚有众多关键技术难题亟待攻克。

　　锦屏一级水电站拥有世界第一高拱坝，工程地质、水文地质条件非常复杂，地形地质条件不对称，天然状态下地应力较高，在长期应力释放及重力卸荷等综合因素作用下，岸坡坡体向临空方向卸荷变形明显，工程面临高水头、高边坡、高地应力等世界级的难题。2009 年 10 月 23 日开始大坝浇筑，2012 年 11 月 30 日水库正式开始蓄水，2013 年 8 月 30 日首批机组发电，2013 年 12 月底大坝封顶，2014 年 7 月 12 日全部机组投产发电，2014 年 8 月 24 日水库蓄水至正常蓄水位1880.00m。由于锦屏一级特高拱坝工程规模和技术指标超出了现行设计规范的界定范畴，工程难度和复杂性均超越了现有的工程认知水平，在高水头、高渗透压力、高应力、左岸高边坡持续变形、复杂地质条件等诸多特殊服役环境下，拱坝蓄水过程安全监控的技术难度超过了国内外已建拱坝工程。

全书共分10章。第1章扼要介绍了特高拱坝安全监测特点、拱坝安全监控分析与评价方法、锦屏一级特高拱坝简况，着重介绍了安全监控分析思路。第2章介绍了锦屏一级特高拱坝监测项目，包括变形监测控制网、大坝监测、抗力体监测、谷幅与左岸边坡监测，简要介绍了安全监测自动化系统。第3章介绍了特高拱坝温度控制设计、温控过程仿真、拱坝上部封拱时机控制等，分析了封拱后温度回升及其对大坝结构的影响，评价了拱坝温控效果。第4章提出了特高拱坝首蓄期变形性态跟踪监控分析思路，创建了首蓄期变形监控模型，介绍了首蓄期变形特征和跟踪分析及预测成果。第5章评价了特高拱坝初期运行期变形工作性态，介绍了初期运行期变形性态分析评价成果。第6章简述了坝基渗流分析方法，介绍了蓄水期坝区渗流监测反分析和实测渗流性态分析成果，评价了渗控工程实施效果。第7章论述了坝体实测应力分析方法，分析了首蓄期和初期运行期拱坝应力工作性态。第8章简述了坝肩边坡地质和工程处理措施，着重分析了左岸坝肩边坡变形的稳定收敛性和谷幅变形特征。第9章介绍了特高拱坝安全监控平台总体构架、功能模块。第10章对全书进行总结，指出了今后需要突破的技术难题。

本书第1章由蔡德文、赵二峰、周钟编写，第2章由蔡德文、陈晓鹏、舒涌、陈绪高编写，第3章由张敬、郑付刚、王继敏、周钟编写，第4章由赵二峰、王继敏、黄浩、邵晨飞编写，第5章由赵二峰、周钟、金怡、王俤剀、杨光编写，第6章由周钟、冯宇强、郑付刚编写，第7章由王继敏、冯宇强、舒涌、李啸啸编写，第8章由陈晓鹏、彭巨为、蔡德文编写，第9章由蔡德文、张晨、李伟编写，第10章由周钟编写。全书由周钟、赵二峰负责组织策划与审定，由河海大学顾冲时教授审稿，由蔡德文、赵二峰统稿，陈晓鹏、胡明秀负责图表绘制。

本书系统总结了锦屏一级水电站各设计阶段和施工期专题科研成果，主要科研单位有河海大学、中国水利水电科学研究院和武汉大学等，其中施工期专题科研项目由雅砻江流域水电开发有限公司资助，各项成果的形成均得到水电水利规划设计总院以及雅砻江流域水电开发有限公司等的大力支持和帮助，在此谨对以上单位表示诚挚的感谢！

本书在编写过程中得到了中国电建集团成都勘测设计研究院有限公司各级领导和同事的大力支持与帮助，中国水利水电出版社为本书的出版付出了诸多辛劳，在此一并表示衷心感谢！

由于作者水平和经验有限，书中的不足之处在所难免，恳请同行和读者批评指正。

作者
2021 年 4 月

目 录

第 1 章

综述

我国第一座特高拱坝是二滩拱坝，坝高 240m，1998 年建成。21 世纪初，我国进入高坝建设的高峰期，已建和在建了一批 200m 级或 300m 级的特高拱坝。比如，陆续设计并建成了拉西瓦（坝高 250m）、构皮滩（坝高 232.5m）、小湾（坝高 294.5m）、溪洛渡（坝高 285.5m）、大岗山（坝高 210m）、锦屏一级（坝高 305m）等特高拱坝，白鹤滩（坝高 289m）、乌东德（坝高 270m）、叶巴滩（坝高 217m）等正在建设中，还有部分高拱坝正在进行设计。从地理位置上看，我国特高拱坝多数位于澜沧江、金沙江、雅砻江、大渡河等河流上，处于青藏高原边缘应力复杂地带或横断山脉核心区，在高山峡谷、构造运动剧烈、深层断裂等恶劣的自然条件下，工程建设和运行面临着多项世界性难题。

相比于一般拱坝，特高拱坝承受的水荷载更大。根据对二滩、小湾、溪洛渡、拉西瓦等特高拱坝的统计，拱坝承受的水推力为 72878~192178MN，平均达到了 125372MN[1]。特高拱坝与常规拱坝的本质区别在于其总体应力水平高，压应力储备较小，一旦坝体局部开裂，拱坝应力重分布，就可能造成坝体更大范围的应力超限，裂缝进一步发展。现有特高拱坝中，有的最大主压应力、主拉应力已经超过了规范许可值，但是仍然运行良好，对于这部分拱坝进行的运行安全评价显然应该和常规拱坝有所区别。此外，拱坝设计时通常需要进行建基面确定、体形设计、拱座稳定分析、地质缺陷处理、温度控制设计和抗震设计等，特高拱坝在这些方面与常规拱坝均存在区别，这也为特高拱坝工作性态评价带来了独有的特点。

1.1 特高拱坝安全监测

1.1.1 国外特高拱坝安全监测特点

1. 工程监测反馈的经验与教训

拱坝建设最早可以追溯到古罗马时代。1922 年，美国相关部门在世界范围内调查了 100 座已建和在建的拱坝，并对其中的 7 座进行了原型观测，在全面研究拱坝的结构原理和变形性态的基础上，总结了拱坝工作性态，奠定了"拱梁分载"结构变形分析的理论基础。拱坝作为一种高次超静定结构，由拱和梁共同承担荷载，拱向推力传导至坝肩抗力体，其变形适应性强、超载安全储备较高，但一旦发生较大基础变形，拱坝运行容易出现异常。

20 世纪，欧美和苏联建设的特高拱坝较多，较著名的拱坝有美国胡佛（Hoover）拱坝、法国马尔帕塞（Malpasset）拱坝、瑞士莫瓦桑（Mauvoisin）拱坝、安哥拉马塔拉（Matala）拱坝、意大利瓦依昂（Vajont）拱坝、南斯拉夫姆拉丁其（Mlatin）拱坝、苏联英古里（Inguri）拱坝和萨扬舒申斯克（Sayan‐Shushensk）拱坝、奥地利齐勒格伦德尔（Zillergrundle）拱坝和柯尔布莱恩（Kolnbrein）拱坝等。多数拱坝运行安全可靠，也有部分拱坝运行过程中出现异常状态[2]。法国马尔帕塞拱坝的左坝肩基础变形导致大坝崩塌；安哥拉马塔拉拱坝闸墩碱活性裂缝影响大坝安全运行；苏联萨扬舒申斯克拱坝坝体严重开裂，修补历经 10 年，耗费巨大；奥地利齐勒格伦德尔拱坝出现较大运行风险；意大利瓦依昂拱坝水库蓄水和降雨诱发近坝库岸边坡滑动，位移速率超过 20cm/d，引发了巨大的山体滑坡，导致工程废弃；奥地利柯尔布莱恩拱坝空库时自重引起的坝趾拉应力较大，以致施工期河床坝段下游面底部产生水平裂缝，而且深入到坝体内部，最终造成底部坝体的剪切破坏。可以看出，特高拱坝建设和运行面临诸多挑战，保证工程长期安全是其发挥效益的前提。

（1）美国胡佛拱坝。胡佛拱坝工程于1936年5月1日建成，是当时世界上最早建成的特高拱坝，最大坝高221.4m。胡佛拱坝运行多年来总体正常，但也难以避免地出现过一些问题。比如，1935年蓄水后，在1937—1938年间监测到坝基扬压力很大，由于该坝设计指导思想就有重力坝因素，经反复研究，最终只得放弃原渗控布置，重新建造地基渗控系统。

（2）瑞士莫瓦桑拱坝。莫瓦桑双曲拱坝坝高237m（后加高13.5m），1951年开始建设，1957年8月竣工并开始蓄水，开创了修建较薄特高拱坝的先河。莫瓦桑坝重视大坝安全监测工作，监测设计合理、重点突出，着重监测大坝变形与基础变形、基础扬压力、渗漏量和坝体温度等，而且重视观测资料的收集、整理与分析工作，几十年不间断，监测值有规律，并对观测资料及时分析得出结论，这些资料为后期加高坝体提供了重要的依据。

（3）意大利瓦依昂拱坝。瓦依昂拱坝坝高265.5m，是当时世界上最高、最薄的双曲拱坝。工程于1956年10月开工建设，1960年建成。该工程库岸滑坡的原因非常复杂，滑坡前的位移监测资料已表明蓄水过程是岸坡变形的主要诱发因素。1963年9月初，库水位提高至715.00m时，岸坡位移速度已增至3.5cm/d，其后缓慢降低库水位至705.00m，但9月28日普降大雨恶化了岸坡结构，使得岸坡位移继续增加至超过20cm/d，引发了巨大的山体滑坡。

（4）奥地利柯尔布莱恩拱坝。柯尔布莱恩拱坝最大坝高200m，工程于1972年开工，1978年建成，但首次蓄水就出现重大事故，处理工程前后共延续16年（1979—1994年）。由于坝的垂直断面形状，空库时自重引起的实测坝趾拉应力达1.7MPa，横缝灌浆又使大坝高部产生向上游的径向位移，增大了拉应力，以致施工期河床坝段下游面底部产生水平裂缝，而且深入到坝体内部。1978年首次蓄水期间，库水位由坝前水头157m上升至189m过程中，排水孔渗漏总量明显增加（超过200L/s），最高坝段扬压力升高至坝前水头的100%，分布范围有的部位已达整个断面的1/3，坝基总渗透压力达到12000MN，为大坝自重的1/3，超高的扬压力使得坝趾有上抬变形趋势。1979年春放空水库检查，发现坝体上游基岩面以上18m出现了一系列张开裂缝，断续延伸达100m。

（5）苏联英古里拱坝。英古里拱坝最大坝高271.5m，工程于1965年开工，为适应地形和地质条件，坝的下部设置混凝土垫座，拱坝与垫座之间设有周边缝，在周边缝设有专门防渗止水。英古里拱坝布设有种类多、数量大的监测仪器设备，近一半仪器用于施工监测。工程自建设以来非常重视仪器埋设质量和运行管理，从蓄水前就认真进行监测工作，及时捕捉了异常渗流、异常位移等许多重要现象，保证了大坝的安全蓄水和投运。

（6）苏联萨扬舒申斯克拱坝。萨扬舒申斯克拱坝坝高245m，工程于1968年开工，1987年建成。1985年当上游水头达到80%的设计水头时，上游坝面在354.00m高程附近产生首批裂缝，廊道渗水量显著增大，随着库水位上升，裂缝继续加深；1996年上游面受拉区渗漏量增加到 458L/s，大大超过设计中预计的沿径向横缝的渗漏量。1990—1996年水库蓄到正常蓄水位后，大坝发生了径向不可恢复位移，以拱冠梁为例，实测坝顶不可恢复位移为 44mm，为同期坝顶最大径向位移的 1/3。此外，大坝建基面附近岩体和防渗帷幕出现松弛、开裂和渗漏，1996 年渗漏量达到 549L/s，86％的坝基渗漏集中在河床部分坝段建基面及其以上 15～20m 坝体范围内。对于宽河谷总水压 $1.47×10^5$ MN 的特高拱坝，在运行初期存在历时较长的大坝、水库和峡谷的相互适应阶段，上述这些超出设计预期的问题可以理解，但需采取相应的工程补强措施予以处理，以保证大坝正常运行。

2. 安全监测特点

为保证特高拱坝安全，各国均重视工程监测工作，且各具特色，比较典型的有莫瓦逊拱坝和英古里坝坝。莫瓦逊双曲拱坝是世界上第一座混凝土双曲特高拱坝，1957 年 8 月首期建成；其监测仪器布置秉承"少而精"理念，重点关注大坝运行安全，仅仅设置了 14 支扬压力计、4 条垂线及 34 个表面倾斜仪测点；河床坝段的倒垂深入基岩 40m，可见十分重视基础与坝体变形。英古里拱坝坝高 271.5m，1982 年竣工，其地质条件十分复杂，采用置换处理和灌浆处理；拱坝设置 5772 支监测仪器，其中温度计 2937 支、应变计 966 支、应力计 230 支、测缝计 319 支，这些仪器多用于验证设计和指导施工；变形监测仪器数量也较多，包括 48 个大地测量观测墩、51 个垂线仪、15 个表面倾斜仪测点；渗流渗压量测仪器装置 504 个、渗压计 77 支；其监测项目齐全，监测仪器较多，应力应变类监测点多，兼顾验证设计、指导施工和监控运行安全等。

总体来看，特高拱坝重点关注大坝变形类与渗流类监测项目。变形监测仪器装置包括大地量测观测墩、垂线、倾斜仪等，渗流监测仪器装置包括测压管、渗压计等。国外在 20 世纪 60 年代前建设的拱坝，还注重混凝土应力应变类原型观测项目，设置应变计、温度计、测缝计、应力计等监测仪器，用于验证设计理论。但这些埋设在混凝土中的内观仪器，失效后无法更换，不能用于永久性监测。因此，当拱坝的"拱梁分载"理论趋于成熟后，欧美拱坝逐渐减少了这些仪器。苏联由于低温和极寒天气的存在，比较注重混凝土温度变化及影响的观测，用于指导施工，兼顾运行安全。

1.1.2 我国特高拱坝安全监测特点

21 世纪以来，我国是世界高拱坝建设的中心，特高拱坝较多。我国特高拱坝所处自然环境恶劣，制约工程建设的难题较多。因此，我国特高拱坝建设非常重视监测工作，已建成的工程全部开展了监测分析。相对国外而言，我国特高拱坝监测设计理念有较大的进步，在原型观测设计理念的基础上，十分关注长期安全；同时，针对超规范、超经验的特殊问题，专门设置监测仪器，对于关键部位的重要项目采用多手段验证。下面以二滩、大岗山、小湾、锦屏一级和溪洛渡等拱坝为例，简要介绍我国特高拱坝安全监测特点。

1. 200m 级拱坝

二滩拱坝坝顶高程 1205.00m，坝高 240m，拱冠顶宽 11m，拱端最大宽度 58.51m，坝顶弧长 744.69m，分为 39 个坝段。二滩拱坝部分建设资金使用了世界银行贷款，由国际和国内承包商联合咨询与施工。拱坝监测设计也融入了当时欧美拱坝的一些理念，以工程安全为主要监测目的，减少了科研性质和验证性质项目，践行了"少而精"的原则。大坝设置 28 类监测仪器，共计 1176 个测点。安全监测项目包括坝体水平位移和垂直位移、坝踵接缝变形、抗力体变形、坝体横缝开度、右岸下游坝面裂缝开合度、坝体及水垫塘渗流量、坝基渗压、绕坝渗流、应力应变及温度、环境量、水质分析等，专项监测项目包括库水温与水垫塘水温、谷幅、弦长、大坝强震、泄洪洞闸门和大坝孔口闸门振动等。拱坝以变形项目和渗流渗压项目为监测重点，在复杂部位设置了多种仪器，以便于相互检验，获得重要而全面的资料。

二滩拱坝安全监测采用的仪器绝大部分为先进的进口振弦式仪器，且是国内首次大量使用，具有内部结构牢靠、体积轻巧、精度及灵敏度高、施工方便、长期稳定性好、测读受电缆长度影响小的特点。按分期蓄水规划，二滩拱坝首次开展蓄水监测反馈分析，较好地预测各阶段蓄水的坝体变形，并对工程性态进行安全评价。总体上，二滩拱坝安全监测仪器布置科学合理，其主要布置方案已纳入现行拱坝设计规范。

二滩拱坝建成之后，大岗山拱坝于 2017 年建成，其坝高 210m，两个拱坝的监测项目及其相应的布置方案极其相似。大岗山拱坝坝体、坝基和边坡设置 32 类监测仪器，共计 2132 个测点，其中埋入式仪器 1759 个测点、非埋入式仪器 373 个测点。相较于二滩拱坝，大岗山拱坝增加了施工期温度控制的测缝计和温度计，各灌浆区横缝基本都进行了监测；坝肩边坡监测项目全面，增加了坝肩稳定变形的各类监测仪器。

2. 300m 级拱坝

小湾拱坝坝顶高程 1245.00m，最大坝高 294.5m，拱冠梁顶宽 13m、底宽 69.49m，坝顶拱中心线弧长 901m，分为 44 个坝段。小湾拱坝安全监测兼顾了施工、科研的需要，充分考虑施工期、蓄水过程和运行期等不同阶段的特点和需求，统一规划、突出重点、兼顾全面、分期实施[3]。安全监测项目主要包括大坝水平位移、大坝垂直位移、坝体倾斜、坝体横缝开合度、坝基接缝开合度、大坝错动位移、坝体裂缝开合度、结构诱导缝开合度、谷幅、库盘、坝肩抗力体变形、坝基扬压力、渗流、坝体及基础渗流量、绕坝渗流及地下水位、应力应变及温度、环境量、强震、水力学等，设置了 39 类监测仪器，共计 5696 个测点。监测项目设置强调针对性、相互协调性和同步性，同一测点的不同仪器能够相互校验，在重点和关键部位适当重复设置监测仪器，提高数据可靠性；施工期监测仪器与永久监测仪器互相结合，并设置针对性的温度裂缝观测专项；仪器设备要求实用、可靠、先进；监测信息分析能够及时反馈。相对于 200m 级拱坝，小湾拱坝突出了施工期温控监测与反馈、库盘沉降、蓄水反馈等独特内容。

同期建设的溪洛渡拱坝最大坝高 285.5m，31 个坝段，布置 40 类监测仪器，共计永久性变形测点 3209 个，专门设置了谷幅观测项目，并起到了重要的作用；锦屏一级特高拱坝最大坝高 305m，26 个坝段，布置 28 类监测仪器，共计永久安全监测测点 4087 个，专门设置了施工期温控和日照辐射影响观测项目。对比三座 300m 级拱坝工程，监测布置方案是极其相似的，大坝监测仪器均以振弦式为主，都注重施工期温控和反馈分析。

综上所述，相对欧美特高拱坝，我国特高拱坝安全监测增加了施工期温控、库盘、谷幅和弦长等项目，全面开展了温控监测反馈分析和蓄水期监测反馈，极大拓展了大坝安全监控新领域。尽管如此，对于 200m 以上的特高拱坝，目前尚未形成完善的安全评价体系，其真实工作性态变化机制有待进一步分析总结，尤其是特高拱坝长期运行性态健康诊断技术尚待进一步研究。

1.2 拱坝安全监控分析与评价

安全监测成果是拱坝工作性态直观、有效和可靠的体现，安全监测体系均以"耳目"作用直接指导和反馈工程施工与运行管理，是建筑物安全评价的有效手段之一[4]。同时，对于特高拱坝工程的安全评价，一方面以往的经验技术难以完全覆盖，需要在传统经验的基础上做更进一步的探索；另一方面，实际地质条件、施工状况、运行环境以及混凝土材料特性等均对分析评价带来较大影响，需要通过实测数据建模去反映这些因素，以探讨特高拱坝真实工作机理，进而反馈论证理论分析以及控制标准的合理性及准确性[5]。拱坝安全监测的目的是监控建筑物工程安全，掌握大坝运行性态变化规律，并通过监测数据反馈设计、指导施工。随着国家对工程安全管理的日益重视，整个行业对监测工作的认识在不断深化，监测工作服务于安全监控和反馈设计与施工的理念越来越清晰，实践成果越来越丰富。在锦屏一级水电站工程建设过程中，通过对坝体、坝肩及坝基内部的变形、渗流、温度及应力应变等进行的安全监测，结合设计、施工、运行管理等资料，融汇多种理论和方法进行拱坝工作性态分析和评价，掌握了拱坝的运行性态变化规律，指导了工程施工和运行，并为反馈设计和科学研究提供了依据[6]；此外，建立了科学的预警机制，研发了工程安全监控平台，这对保障锦屏一级特高拱坝安全起着重要作用，并对提高施工和管理水平具有重要的科学价值。

1.2.1 安全监控重点和目的

拱坝主要依靠坝体作用于两岸坝肩岩体的反力来抵抗水压力、地震荷载等横向荷载以保持坝身的稳定，故拱坝的抗滑稳定主要取决于坝肩岩体的抗滑稳定性。通常，根据坝区地质条件和拱坝结构特点，选择控制性拱圈高程和控制性拱梁断面开展安全监测。坝肩稳定，主要关注坝肩变形及其对坝体的影响，监测项目包括坝肩和坝体水平位移，重点监测部位为坝体拱梁监测体系和坝体坝基交会处、坝基开挖的体形变化处和分布有地质缺陷的部位等；坝基变形，主要关注坝基竖向拉应力以及地基岩体产生不均匀垂直变形等破坏坝基稳定的因素，监测项目有基岩变位、接缝变形、坝基扬压力、渗漏量等；坝体结构，主要关注相关标准不容许出现拉应力的部位和可能因局部应力破坏影响大坝安全的部位，监测项目有混凝土应力、基岩应力、钢筋应力、锚杆应力、锚索测力、接缝开合度、坝体渗漏量等；坝体温度监测，主要关注施工期温度控制和运行期温度变化对坝体应力应变的影响。

通过对监测仪器采集到的效应量和环境量监测数据以及巡视检查到的情况资料进行整理、计算和分析，提取拱坝所受环境荷载影响的结构效应信息，揭示拱坝的真实工作性态并对其进行客观评价，安全监控的主要目的如下。

（1）认识拱坝安全监测效应量的变化规律。分析各效应量以及相应环境量随时间变化的情况，如周期性、趋势性、变化类型、发展速度、变化幅度、数值变化范围、特征值等；分析同类监测效应量在空间的分布状况，了解它们在坝高及上、下游方向等不同位置的特点和差异，掌握其分布规律及测点的代表性情况；分析各效应量变化与有关环境因素的定性和定量关系，特别注意分析各效应量有无时效变化，其趋势和速率如何，是在加速变化还是趋于稳定等；利用反分析的方法，反演结构及地基材料物理力学参数，并分析其统计值及变化情况。

（2）分析查找拱坝结构性态存在的问题。根据各类监测效应量的变化过程以及在空间的分布规律，联系相应环境量的变化过程和坝基地质、坝体结构条件因素，分析效应量的变化过程是否符合正常规律、量值是否在正常变化范围内、分布规律是否与坝体结构状况相对应等。如有异常，应分析原因，找出问题。

（3）预测拱坝结构性态变化发展。根据所掌握的效应量变化规律，预测未来时段内在一定的环境条件下效应量的变化范围；对于发现的问题，应估计其发展变化的趋势、变化速率和可能后果。

（4）对拱坝运行性态做出客观判断。根据监测资料分析，对拱坝过去和现在的实际结构性态是否安全正常做出客观判断，并对今后可能出现的最不利影响因素组合条件下的拱坝运行性态做出预先判断。

（5）反馈与指导设计和施工。特高拱坝工程许多建设难题都超越了现有的技术水平和规范要求，对监测数据进行深入分析，将评价结论反馈到设计和施工中，可为今后工程设计水平的提高与施工技术的改进提供借鉴和参考。

1.2.2　安全监控模型

大坝与基础、环境的相互作用常通过变形、渗流、应力应变等监测资料表现出来。利用监测资料对大坝安全进行评价已经取得了一批有价值的成果，其中研究最早、最多的是监控模型。下面介绍大坝安全监控模型发展过程及其在拱坝方面的应用。

大坝安全监控模型分析研究起源于1955年，意大利的Fanelli和葡萄牙的Rocha等应用统计回归分析方法定量分析了大坝的变形监测资料[7]。之后，意大利的Tonini[8]首先将影响大坝的自变量因子分成水压、温度和时效三部分；Rocha[9]采用大坝横断面各层的平均温度和温度梯度作为温度因子，用先消去水位因子的方法来确定其他各因子的系数，建立了大坝位移经验公式；中村庆一等[10]采用回归分析法分析大坝监测资料，并通过显著因子筛选法建立了最优回归方程；Xerez等[11]将监测早期的平均气温作为温度因子用于Castelo拱坝监测资料的分析；Bonaldi等[12]于1980年提出了混凝土坝变形的确定性模型和混合模型；Gomezlaa等[13]提出了混凝土坝坝基渗流量和扬压力的确定性模型；Purer等[14]采用混合模型分析了Kops坝观测资料，并在回归分析中增加了典型自变量的前期值；还有许多学者在大坝安全监控模型研究上做了深入研究。目前，葡萄牙、法国、意大利、西班牙和奥地利等国家在大坝安全监测资料建模分析以及相关的各项研究方面均不同程度地处于国际领先水平。

在国内的大坝安全监控领域，20世纪70年代以前主要采用定性分析，通过绘制过程线以及统计监测项目的最大、最小值等特征值，分析大坝的工作性态；20世纪70年代以后开始对大坝安全监控做定量研究。陈久宇等[15-16]率先运用统计回归分析法对原型监测资料进行统计分析，采用统计模型分离大坝监测效应量的各个分量，尤其是利用时效分量分析了大坝运行性态；吴中如等[17-22]运用逐步回归、加权回归等多种统计数学方法，建立了监测效应量的统计模型，利用力学理论和坝工理论对统计模型、确定性模型和混合模型进行分析和演绎，建立了大坝与坝基安全监控模型体系。近年来，随着模糊数学理论、灰色理论、人工神经网络、遗传算法、小波分析、混沌动力学等各种新兴理论和方法的出现和发展，这些理论已相继被引入到大坝安全监控模型分析中。总体来看，监测资料分析数学模型中，单点数学模型仍然是大坝监测资料分析及安全监控中所采用的主要模型。统计模型也经历了从最初的多元回归模型到逐步回归模型，还发展了消元回归方法等，进一步引进了主成分分析法、岭回归分析法以及偏最小二乘回归法等。针对单点模型的局限性，又提出了"分布数学模型"的概念，以处理同一监测量多个测点的监测信息，这一模型方法现已得到了较系统、深入的研究，且已得到广泛的应用。此外，国内对传统安全监控模型的完善和改进进行了多方面的研究，例如对监测效应量影响因素的进一步描述，包括考虑材料蠕变特性的时效分量的因子设置、考虑温度滞后作用的瑞利分布函数的应用、考虑渗流滞后影响因素的分析模型等。由此可见，我国的大坝安全监控模型现已由常规模型发展到人工智能模型，由单测点模型发展到时空多测点模型，模型的计算精度、稳健性和外延性也逐渐提高。

1.2.3 反分析模型和方法

在对监测资料建立监控模型的基础之上，1969 年 Karl Terzaghi 提出的观测设计法是反分析思想的最早应用。反分析的内容包括反演分析和反馈分析两部分。反演分析是指依据安全监控模型对各效应分量的分离结果，利用计算力学（主要是有限元法）模拟荷载及时间徐变因素，通过比较两者结果，借以校准或反求大坝的计算模型和计算参数；反馈分析是综合应用安全监控模型分析及反演分析的成果，通过计算力学的归纳总结，从中寻找某些规律和信息，及时反馈到设计、施工和运行中，从而达到优化设计、施工和运行，并完善和补充现行设计及施工规范的目的。特高拱坝是一种复杂的且具有多种不确定性的系统，随着自然环境和工程环境的变化而变化，而通过室内或现场试验确定的坝体混凝土和坝基岩体的计算参数，受试验条件的限制，一般具有一定的局限性，如表征岩体变形能力的弹性模量和泊松比随应力状况的变化较明显，因此需要在工程建设及运行过程中，不断根据工程的实际状况对初始参数进行调整；另一方面，运行期大坝安全监控中的反分析，不仅仅是为了确定正分析时所需的计算参数，更重要的是通过反分析来推断坝体结构的转异状况。

反分析主要是利用能反映系统力学行为的某些现场量测信息来推测系统的各项或某些物理力学性能。水利工程中，常用的现场量测信息主要为应力、应变和位移，以及用于温控的温度监测资料，其中位移监测信息获取方便、费用低、精度高，并且能综合反映工程的运行状况，而局部的应力、应变监测信息，其表征的范围较小，因此位移反分析在实际工程中应用较多[23-24]。根据计算方法的不同，反分析法可分为解析法和数值法。解析法是利用弹性或黏弹性理论，直接求出待反演参数，仅适用于几何条件和边界条件都比较简单的工程问题；对于实际工程中复杂的反分析问题，数值法具有较好的适用性，并且与优化技术相结合，通过建立合适的目标函数，可将参数反演问题转化为求目标函数的极值问题。传统的优化反分析对初值依赖性较强，处理多参数优化问题时略显不足，随着神经网络和支持向量机等人工智能算法的发展，不少学者[25-36]将其引入到混凝土坝工程的反分析中，利用上述智能算法的非线性映射能力，仅需较少的样本即可建立待反演物理力学参数和工程监测效应量之间的关系，大大减少了传统优化反分析时所需的正分析计算次数，从而使得反分析研究更加精确和高效。

1.2.4 安全监控指标

拱坝安全监控指标是根据大坝和坝基等结构已经抵御经历荷载的能力来评估和预测抵御可能发生荷载的能力，从而确定该荷载组合下监控效应量的极值，是用于评价大坝承载能力和监测大坝运行安全的重要指标，对于反馈控制大坝等水工建筑物的安全运行相当重要。目前，国内拟定运行期监控指标的主要方法有：通过监测量的数学模型并考虑一定的置信区间所构成的数学表达式来确定；根据数学模型代入可能的最不利原因组合推求极限值，以此作为监控指标；通过符合稳定及强度条件的临界安全度或可靠度来反算出监测量的允许值作为监控指标；针对实际工程问题，确定级别及计算物理模型，通过实测变形资料的反分析调整力学参数，最后确定具体的变形监控指标。对于特高拱坝而言，坝体和坝基抵御荷载的能力在逐渐变化，其安全监控指标的拟定是一个相当复杂的问题，也是国内外坝工界研究的重要课题。

1.2.5 综合评价方法

拱坝工作性态综合评价方法是指在对各种评价指标进行单项分析的基础上，赋予各指标相应的权重，并采用一定的方法综合各指标的分析结果，进而得出大坝整体结构健康状况的方法。近年来，国内外对混凝土坝综合评价方法的研究有了较大的发展。美国、加拿大等应用 SEED 法及风险值的概念计算大坝失事的总概率，并借此评价大坝的健康状况。在国内，许多学者将各种新理论、新方法引入大坝工作性态综合评价的研究中。比如，应用模糊综合评判基本原理建立了大坝综合评判多级数学模型，运用灰关联的基本原理进行大坝实测性态的多级灰关联评估，利用属性识别理论的方法对大坝结构性态进行综合评价，利用集对分析理论建立了大坝安全集对分析综合评价模型，以及将可拓学理论应用于大坝安全综合评价等。随着人工智能和信息科学的发展，混沌理论、人工神经网络、小波分析、模糊数学等正逐步被运用到大坝工作性态综合评价建模中，这些新的理论丰富了大坝安全综合评价的方法，提高了大坝工作性态健康诊断的水平。此外，随着非线性科学的发展，一些学者探索从监测数据序列非线性特性入手，采用非线性科学的理论方法直接对大坝健康进行诊断，突变理论、混沌学理论和分形理论相继应用到大坝安全综合评价中。在国内的大坝安全综合评价领域中，吴中如等[37-38]提出了建立在"一机四库"（推理机、数据库、知识库、方法库和图库）基础上的大坝安全综合评价专家系统，应用模式识别或模糊评判，通过综合推理机对"四库"进行综合调用，将定量分析和定性分析结合起来，实现对大坝安全状态的实时分析和综合评价，该系统在龙羊峡、二滩等实际工程应用中，取得了良好的大坝安全监控的实效。

1.3 锦屏一级特高拱坝简况

锦屏一级特高拱坝工程具有"高山峡谷、高拱坝、高边坡、高地应力、高水头、深部卸荷"（简称"五高一深"）的特征，其卸荷松弛岩体、断层带发育及砂板岩倾倒变形等复杂高边坡稳定设计，非对称复杂地质条件下 300m 级特高坝设计，极低强度应力比条件下地下洞室群的变形控制及支护设计，高水头大泄量窄河谷的泄洪消能设计，高拱坝混凝土骨料碱活性抑制及应用技术等，均是世界级的水电技术难题，鲜有成功的工程经验可以借鉴。

1.3.1 工程特点

1. 枢纽布置

锦屏一级水电站是国家重点工程，总投资 401 亿元，是国家"西电东送"战略的关键性工程。工程位于四川省凉山彝族自治州，是雅砻江干流下游河段的控制性水库，开发任务主要是发电，结合汛期蓄水兼有分担长江中下游地区防洪的作用。大坝为世界第一高坝，坝高 305m，水电站装机容量 3600MW，保证出力 1086MW，平均年发电量 166.2 亿 kW·h，年利用小时数 4616h。水库正常蓄水位 1880.00m，正常蓄水位以下库容 77.6 亿 m³，调节库容 49.1 亿 m³，属年调节水库。锦屏一级水电站为典型的深山峡谷区坝式开发水电站，枢纽主要建筑物位于普斯罗沟与道班沟间 1.5km 长的河段上，地形地貌极有利于布置混凝土拱坝。枢纽主要建筑物由混凝土双曲拱坝、坝身 4 个表孔＋5 个深孔＋2 放空底孔与坝后水垫塘、右岸 1 条有压接无压泄洪洞及右岸中部地下厂房等组成。泄洪建筑物具有"高水头、大泄量、窄河谷"的特点，由坝身泄洪孔口和右岸泄洪洞组成；引水发电系统由进水塔、引水与尾水隧洞及地下厂房、主变洞、尾水调压室等构成。拱坝左岸建基面高程 1885.00～1730.00m，拱座坝基置于垫座混凝土上，高程 1730.00～1580.00m 拱座置于弱卸荷下限～新鲜岩体上；右岸建基面高程 1885.00～1850.00m 及 1700.00～1580.00m 拱座局部置于弱卸荷下限岩体，高程 1850.00～1700.00m 拱座置于弱卸荷下限～新鲜岩体上；河床坝基高程 1580.00m 以下，坝基岩体为弱卸荷—微新岩体。建基面按平顺原则进行局部调整，经基础处理后作为拱坝的最终建基面。

2. 地质

拱坝坝址的工程地质条件极为复杂，坝址断层与构造带发育，两岸坝肩边坡卸荷强烈。坝址右岸为顺坡向大理岩，边坡稳定受层间夹绿片岩或透镜体控制；坝址左岸高程 1810.00m 以上为砂板岩、以下为大理岩，卸荷裂隙发育，深部卸荷最大深度达 330m。坝址区发育的软弱结构面以断层为主，产状以走向 NE—NNE 向、倾向 SE 为主。与工程有关且规模较大的有：左岸 f_5、f_8、f_2、f_{42-9} 断层和煌斑岩脉，右岸 f_{14}、f_{13} 断层及斜穿河床坝基的 f_{18} 断层及煌斑岩脉等。左岸抗力体 III_2 级、IV 级岩体分布较大，其岩体质量差；右岸坝基完整性较好，整体刚度大大高于左岸；两岸地形条件也不对称。左岸极差地质条件若处理不善，将对拱坝受力、变形造成极其不利的影响，严重威胁拱坝的运行安全。

3. 边坡

锦屏一级水电站工程两岸边坡陡峻，左岸坝肩强烈的构造地质作用和风化卸荷等物理地质作用，导致坝址区左岸发育了断层、煌斑岩脉、规模不等的卸荷裂隙密集带和深部裂缝等不良地质构造，并形成左岸上部砂板岩中较深范围的 IV_2 类岩体。305m 第一高坝的嵌深要求和陡峻峡谷地形，使得大坝左岸开挖边坡高达 530m，是水电工程开挖高度最高、开挖规模最大、稳定性最差的边坡工程之一，复杂工程高边坡稳定分析与加固是决定工程成败的首要难题。

4. 拱坝结构

锦屏一级特高拱坝为混凝土双曲拱坝，坝顶高程 1885.00m，坝顶宽度 16.0m，拱冠梁处坝底厚度 63.0m，厚高比 0.207，弧高比 1.81，坝体基本体形混凝土方量 476 万 m^3，拱坝正常蓄水位 1880.00m 下坝体承受总水推力近 1350 万 t，坝身设置 25 条横缝并分为 26 个坝段。泄洪设施：坝身设置 3 层孔口，分别为表孔层、深孔层、放空底孔层，4 个表孔孔口尺寸为 11.0m×12.0m，5 个深孔孔口尺寸为 5.0m×6.0m，2 个放空底孔尺寸为 5.0m×6.0m；坝身泄洪采用表、深孔联合泄洪无碰撞消能布置方式，坝后水垫塘消能，水垫塘采用复式梯形断面，底板顶面高程为 1595.00m，底板水平宽 45m，水垫塘最大宽度 112m，水垫塘深度 66m，二道坝中心线至拱坝轴线的距离为 386.55m，二道坝坝顶高程为 1645.00m，最大坝高 54m。坝区施工场地狭窄、高差大、浇筑块大、坝基岸坡陡、温差大、混凝土质量控制难，工程建设面临巨大的挑战。

5. 抗力体

枢纽区左岸岩体受特定构造和岩性影响，卸荷十分强烈，卸荷深度较大，谷坡中下部大理岩卸荷水平深度达 150～200m，中上部砂板岩卸荷水平深度达 200～300m，顺河方向分布长度达 500m。拱坝左岸抗力体岩性由大理岩及砂岩、粉砂质板岩组成，岩体受地质构造作用影响强烈，岩体内发育 f_5、f_8（高程 1730.00m 以下 f_5、f_8 合并）、f_2 断层，层间挤压错动带，后期侵入的煌斑岩脉及深卸荷岩体，深卸荷带形成的 III_2 级、IV_2 级岩体松弛，透水性强，声波、变模值低，岩体质量差，左岸坝基中上部岩体抗变形能力极差。右岸坝基为完整性较好的大理岩，变形模量较高，整体刚度大大高于左岸；两岸地形条件也不对称；左岸极差地质条件将对拱坝受力、变形造成极其不利的影响，严重威胁拱坝的运行安全。因此，对左岸抗力体采取混凝土垫座置换、抗力体固结灌浆、f_5（f_8）断层及煌斑岩脉混凝土网格置换、抗剪传力洞、水泥-化学复合灌浆等综合加固处理措施。

1.3.2 工程建设历程

锦屏一级水电站工程于 2004 年 1 月开始辅助工程施工，2006 年 12 月实现大江截流，2009 年 9 月完成大坝基础开挖并开始浇筑混凝土，2012 年 10 月左岸导流洞下闸，2012 年 11 月右岸导流洞下闸且坝体导流底孔过流，2013 年 6 月导流底孔下闸，2013 年 8 月底首批两台机组正式投产发电，2013 年 12 月大坝混凝土浇筑全线到顶，2014 年 7 月全部机组投产发电，2014 年 8 月水库蓄水至正常蓄水位。工程一次性通过了国家有关部门的安全鉴定和蓄水验收，并于 2016 年 4 月通过枢纽工程专项竣工验收。截至 2021 年 6 月 30 日，大坝经历 7 次加载过程、7 次卸载过程，已正常运营近 7 年，工程质量优良。

为便于描述，本书根据拱坝及边坡施工、蓄水过程情况，将大坝自施工至今的时间划分为不同的阶段。在边坡开挖及拱坝浇筑的施工阶段，承受自重或其他施工短暂荷载工况，简称为"施工期"。根据坝体挡水运行情况，2012年11月底开始水库蓄水，2014年8月24日首次蓄至正常蓄水位1880.00m，大坝首次承受正常水位的荷载，此阶段定义为"首次蓄水期"（简称"首蓄期"）。本书提出特高拱坝初期承受循环荷载、有残余应力变形运行状态设定为3～5年，2014年9月—2019年12月为正常运行的前五年，定义为"初期运行期"。在此之后，统称为"运行期"。

1.4 安全监控分析思路

锦屏一级水电站坝址区河谷陡峻狭窄，坝基岩体为大理岩，左岸高高程边坡岩体为砂板岩，适合于拱坝坝型，但两岸坝肩地形地质不对称，坝基高部与低部地质条件差异较大，砂岩骨料的潜在碱活性反应不利于温控防裂和耐久性，拱坝应力水平高，坝体存在开裂风险。拱坝左岸坝基及其抗力体中上部岩体受地质构造作用影响强烈，岩体内发育断层、后期侵入的煌斑岩脉及深卸荷岩体，岩体质量差，抗变形能力差，高拱坝复杂地质条件下，地基加固处理难度大。综上所述，锦屏一级水电站诸多技术问题突破了现行规范的规定，结合工程特点和难点，确定了大坝及其坝基、左岸坝肩边坡为重点监测对象。为掌握监测对象运行规律，指导大坝施工及运行，反馈设计，监控建筑物安全，针对性设置了种类齐全、数量众多的监测仪器，各种监测仪器按断面布置，按照测点类型组合、成组成对、对照冗余等布置原则，监测手段相互验证，组成了完整的工程安全监测系统。锦屏一级拱坝建设、蓄水和运行以来，利用变形、渗流、温度、应力应变、测缝开合度等实测资料开展了跟踪安全监控与反馈分析，采用的技术路线见图1.4-1，安全监控分析思路具体阐述如下。

（1）施工期温度控制与跟踪分析。锦屏一级特高拱坝施工期坝体温度及温度应力控制是拱坝防裂的关键，而横缝开合度关系到接缝灌浆的可灌性，影响到拱坝整体受力性能。因此，利用坝体温度和横缝开合度监测数据进行施工全过程控制和反馈，根据实际施工进度、环境边界、施工质量等各种因素进行动态跟踪，开展大坝施工期温度应力和横缝变化仿真分析，评估在当前施工进度和温控措施条件下，拱坝结构的温度应力发展、变化规律以及横缝可灌性。

（2）首蓄期变形和渗流性态跟踪监控与反馈分析。在锦屏一级特高拱坝首蓄期，大坝处于考验期内，需要对拱坝变形开展跟踪监控反馈分析和预测，以便及时掌握大坝安全状态。因此，按照"分期蓄水、跟踪分析、反馈验证、分级预测"的原则，建立特高拱坝首蓄期统计模型、确定性模型和混合模型，开展首蓄期拱坝变形特征时空分析和各阶段蓄水期间的跟踪分析、反馈验证和分级预测，着重对该时期变形与相应环境量变化的敏感性以及变化是否符合一般规律等进行研究，综合评价首次蓄至正常蓄水位下的拱坝变形性态。

坝基渗流直接影响着大坝的安全与稳定，渗流分析及合理的渗流控制措施在很大程度上决定了工程的安全性和经济性。因此，结合地下水长期观测孔、施工期洞室涌水以及地表出水点观测等资料，通过建立三维渗流有限元模型，拟定若干典型的边界水位条件和岩

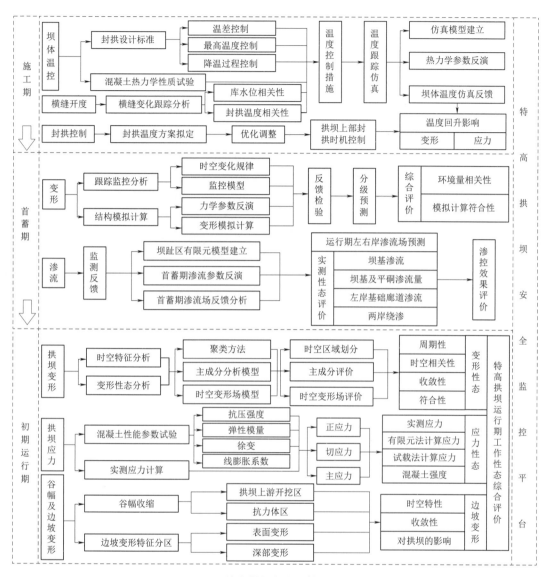

图 1.4-1 特高拱坝安全监控分析技术路线

体渗透系数的组合，开展首次蓄水期渗流监测反馈分析；在此基础上，分析首次蓄水期和初期运行期以来锦屏一级特高拱坝坝体和坝基渗流实测性态，综合评价工程渗流控制措施的实施效果。

（3）初期运行期工作性态综合评价。在锦屏一级特高拱坝首蓄期变形性态跟踪监控分析的基础上，对初期运行期的变形性态进行时空评价，利用变形监测资料剖析初期运行期坝体变形时空变化特征，运用聚类理论研究测点间变形相似程度及区域间变形相似程度，进行特高拱坝变形性态时空变化特征相似区域划分；在此基础上，通过探究特高拱坝变形主成分水压分量、变形主成分温度分量及变形主成分时效分量的表征方法，建立特高拱坝变形性态主成分分析模型，提出特高拱坝变形性态主成分分析模型评价准则，综合评价拱坝初期运行期变形性态。

锦屏一级特高拱坝是分期分块浇筑混凝土、分阶段蓄水，在施工期、首蓄期和初期运行期，拱坝实际承受的荷载不断变化，导致拱坝应力状态变化非常复杂。根据大坝混凝土弹性模量和徐变试验数据拟合得到力学参数时变公式，利用无应力计、应变计（组）监测数据，采用变形法计算各个方向坝体混凝土的正应力以及大坝主应力，据此分析和评价大坝实测应力性态的时空变化过程、分布特征及典型影响因素的作用效应。

锦屏一级特高拱坝坝肩边坡及左岸抗力体工程地质条件极为复杂，左岸边坡为倾倒变形体。根据工程左岸边坡地质条件和受力特点进行了边坡变形特征分区，分析蓄水过程对左岸边坡变形的影响，综合评价边坡表面变形和深部变形的收敛性及其稳定状态，并利用谷幅测线监测数据评价坝区谷幅收缩变形的变化规律和收敛性。

（4）特高拱坝安全监控平台研发。基于锦屏一级特高拱坝工程特点，综合设计、试验和数值模拟的研究成果、监测正反分析评价成果，构建大坝安全预测与监控体系，研发具备在线仿真和在线监控的软件平台，以达到长期预警的目的，从而保障锦屏一级水电站的安全运行。

第 2 章

安全监测系统设计

大坝安全监测工作的基本任务是了解大坝工作性态，掌握大坝变化规律，及时发现异常现象或者工程隐患，指导大坝施工及运行，反馈设计。锦屏一级特高拱坝坝基及两岸抗力体地质条件极其复杂，两岸地形及地质不对称，具有"五高一深"的特点，工程许多技术指标已经超出现行设计规范的界定范畴，工程难度和复杂性超越了现有的认识水平。拱坝施工过程中的混凝土温度、横缝开合度、坝体倒悬度等应根据实测数据进行监控指导，首次蓄水过程的大坝工作性态应通过监测反馈予以验证，拱坝初期运行的工作性态和时效变化需通过监测综合分析评估，工程运行期大坝运行安全性态需在线监控分析预测，左坝肩边坡变形对稳定性的影响也需要监测数据检验分析，以评估大坝及边坡的安全。

锦屏一级特高拱坝监测设计遵循"突出重点、兼顾全面"的原则，结合工程设计、建设、运行中的难点和疑点，根据相关规程规范的要求，参考类似工程经验，统筹安排相关监测项目。根据建筑物级别、坝高、结构型式与特点、地形与地质条件，锦屏一级特高拱坝设置了项目全面、重点明确、布置合理的安全监测系统。本章简述了锦屏一级特高拱坝安全监测涉及的变形监测基准网、大坝、工程边坡、抗力体基础处理工程、水垫塘、二道坝等部位，介绍了巡视检查、变形与接缝、渗流渗压、应力应变与温度、坝体特殊结构、自动化系统等监测项目。

2.1　监测项目

锦屏一级水电站为大（1）型工程，工程等别为Ⅰ等。混凝土双曲拱坝和坝身泄水建筑物为1级建筑物，结构安全级别为Ⅰ级；水垫塘及二道坝为2级建筑物，结构安全级别为Ⅱ级。混凝土双曲拱坝是安全监测的核心，依据有关规范、工程地质、结构设计并密切结合工程特点，其主要监测内容包括：坝基及坝体变形监测、渗流渗压监测、坝基及坝体应力应变监测、温度监测、环境量监测、巡视检查以及坝体特殊监测等，其中以变形、温度和渗流渗压作为监测重点。

锦屏一级特高拱坝按高坝标准设计大坝安全监测的一般性项目，同时依据《混凝土坝安全监测技术规范》（DL/T 5178—2016）以及《混凝土拱坝设计规范》（DL/T 5346—2006）的要求，并结合锦屏一级水电站的特点，设置的监测项目具体如下。

（1）巡视检查。包括大坝、边坡、水垫塘、二道坝等。

（2）环境量监测。包括上下游水位、气温和降雨量等。环境量采用水情测报系统专门观测，大坝工程设置了一些辅助观测设施。

（3）大坝变形监测。包括水平位移、垂直位移、倾斜、接缝开合度、谷幅等。坝区建立了水平位移监测基准网、垂直位移监测基准网和GNSS网等，为整个工程的外部水平变形监测和垂直变形监测提供稳定可靠的基准。坝体变形按"六拱七梁"架构布置，项目均采用大范围、深远基点且空间连续的测量方法，水平变形监测采用垂线法、引张线法、伸缩仪法、大地测量法、GNSS测量法等，垂直变形采用精密水准法、静力水准法、双金属标法、多点位移计法等。拱坝坝体横缝、基岩接触缝的开合度采用测缝计监测。

（4）渗流渗压监测。包括坝基渗透压力、绕坝渗流、渗流量等。坝基渗透压力采用渗压计和测压管联合监测，渗流量采用量水堰监测。

（5）温度监测。包括坝体温度、坝基温度、水库水温等，采用温度计监测。

（6）混凝土应力应变监测。包括上游坝面应力、下游坝面应力、拱端拱座应力、坝体中部空间应力、河床坝基应力等，采用应变计和无应力计监测。

（7）结构应力监测。包括孔口钢筋应力、闸墩钢筋应力应变、孔口闸墩预应力锚索荷载等。采用钢筋计、锚索测力计等仪器监测。

（8）基础处理工程监测。包括左岸抗力体固结灌浆影响区、f_{42-9}断层抗剪洞、煌斑岩脉置换洞、f_5断层置换洞和拱坝垫座。左岸抗力体固结灌浆影响区监测主要利用抗力体固结灌浆平洞和抗力体排水洞，沿洞轴线布置多点位移计监测抗力体横河向变形。f_{42-9}断层抗剪洞监测、煌斑岩脉置换洞监测、f_5断层置换洞监测主要采用多点位移计、测缝计、位错计、渗压计、锚杆应力计、钢筋计、应变计等。左岸垫座主要采用测缝计、应变计组、无应力计、温度计监测其工作性态。上述持力区结构体系的变形监测反映着整体受力状态，是重点监测项目。

（9）边坡监测。包括表面位移、浅部位移、深部位移、锚索荷载、锚杆应力等。表面位移采用大地测量法、GNSS测量法，浅部位移采用多点位移计法，深部位移采用测斜仪法、石墨杆收敛法和精密测距法，锚固体系监测采用锚杆应力计和锚索测力计等，以岩体变形监测为重点项目。

（10）水垫塘、二道坝安全监测。包括渗流渗压监测、接缝监测、锚杆应力监测等，其中渗流渗压是重点监测项目，用以反映基础面承受的扬压力作用和系统性防护的效果。

（11）水力学、动力学及雾化专项监测。涉及拱坝表孔、深孔、放空底孔、水垫塘、二道坝和泄洪洞等泄水建筑物，监测项目包括水力学、结构振动、雾化等，全面观测水位与波浪、流量、流速、流态、时均压力与脉动压强、通气与水流掺气、空化与空蚀、流激振动、泄洪雾化、河床局部冲刷等。

（12）坝体地震动反应专项监测。包括大坝结构反应台阵、进水塔结构反应台阵、边坡结构反应台阵和场地效应台阵等。

（13）安全监测自动化系统。包括大坝及坝基、枢纽区边坡、水垫塘等，监测仪器接入自动化数据采集系统，能够进行实时在线监测。

2.2 变形监测控制网

2.2.1 平面监测控制网

平面监测控制网按一等三角网设计，在考虑监测精度、可靠性和灵敏度等要求的同时，重点关注核心网点部位的岩体稳定性条件。枢纽区河谷狭长，岸坡陡峻，浅表岩体构造复杂，风化卸荷强烈，自身稳定性差，网点布设较为困难。根据工程规模、控制范围和坝区地形地质条件，通过对施工控制网网点的稳定性进行系统分析，经过反复比较，选择稳定性较好的 10 个网点组成平面监测基准网。

　　平面监测控制网采用独立坐标系统,挂靠雅砻江坐标系。在近坝区河谷两岸选定 4 个校核基点(TM1～TM4)、2 个基准点(TN1～TN2)和 4 个工作基点(TN3～TN6)组成平面监测控制网,其中大坝上游 2 个、大坝下游 8 个。最下游校核基点 TM1、TM2 距离坝轴线 1800～2500m,施工干扰较小,水库蓄水后水压力形成的变形漏斗对校核基点影响较小。考虑基准稳定性校核的需要,靠近大坝观测点的核心区 TN1、TN2、TN3、TN4 网点设置倒垂孔,倒垂孔编号为 IP1～IP4,对其稳定性进行实时跟踪监测,掌握网点稳定状态,及时修正监测数据。平差计算以 TN2 为起算点,TN2～TN1 为起算方向,全网点位中误差小于±1.8mm,满足规范要求。平面监测控制网网型见图 2.2-1。

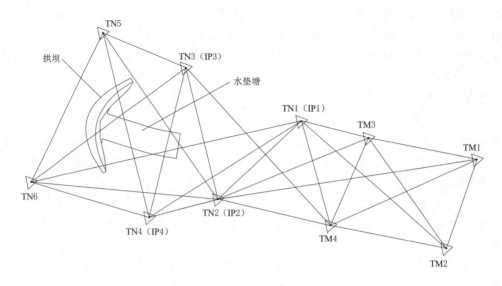

图 2.2-1　平面监测控制网网型

2.2.2　水准监测控制网

　　水准监测基准网按环形网布设,并采用一等精密水准测量法观测。河谷地段山势高陡,水准路线主要通过坝区施工道路及其交通洞来实现。

　　水准监测控制网采用独立高程系统,挂靠 1956 年黄海高程系统。全网共由 31 个点组成,分为过渡点、监测点、工作基点、基准点和校核基点,水准监测控制网网型见图 2.2-2。LE02 为校核基点、LE01 为基准点、LS01～LS04 为工作基点,其余为近坝区岩体监测点或水准过渡点。水准网基准点 LE01 离坝轴线 3.0km,为进一步对 LE01 的稳定性进行校核,避免蓄水后可能会受库盘沉降影响,在景峰桥的下游约 6km 处布设 LE02 校核基点;基准点 LE01 和校核基点 LE02 分别设置双金属标,作为起算基准和校核基准。为了及时掌握水准网点自身变形情况,缩短监测路线带来的精度损失,LS02、LS03 也设置双金属标。BM10、BM22 为节点,全网分成高低两层水准路线沿上坝和进厂公路隧洞布设,路线总长 26.6km。全网预估精度满足一等精密水准要求。

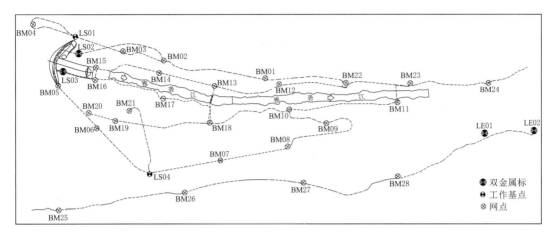

图 2.2-2　水准监测控制网网型示意图

2.3　大坝监测

2.3.1　变形监测

1. 水平变形监测

大坝水平变形监测布置见表2.3-1、图2.3-1和表2.3-2，通过垂线、石墨杆收敛计、引张线、测量网点构成变形监测线，坝体变形监测线构成"六拱七梁"的网状架构，并与坝基岩石深部基点和变形监测控制网建立联系。大坝水平变形监测体系具体内容如下。

表 2.3-1　　　　　　　　　　大坝水平变形垂线监测梁向主断面布置情况

位置	倒垂锚固端高程/m	布　置　原　因
左岸坝基	1545.00	根据结构计算成果，坝顶拱端布置垂线，比较两岸地基的对称受力变形状况
垫座	1685.00	监测垫座变形，穿过煌斑岩脉
5 号坝段	1545.00	左岸地质条件复杂，穿过 f_2、f_5 断层
9 号坝段	1545.00	根据规范规定，1/4 拱处布置垂线
11 号坝段	1480.00	河床中部，坝体变形可能发生扭转
13 号坝段	1480.00	根据规范规定，拱冠梁布置垂线
16 号坝段	1480.00	河床中部坝体变形可能发生扭转，穿过 f_{18} 断层、煌斑岩脉
19 号坝段	1545.00	根据规范规定，1/4 拱处布置垂线
23 号坝段	1545.00	右岸陡坡坝段，穿过 f_{14} 断层
右岸坝基	1545.00	根据结构计算成果，坝顶拱端布置垂线，比较两岸地基的对称受力变形状况

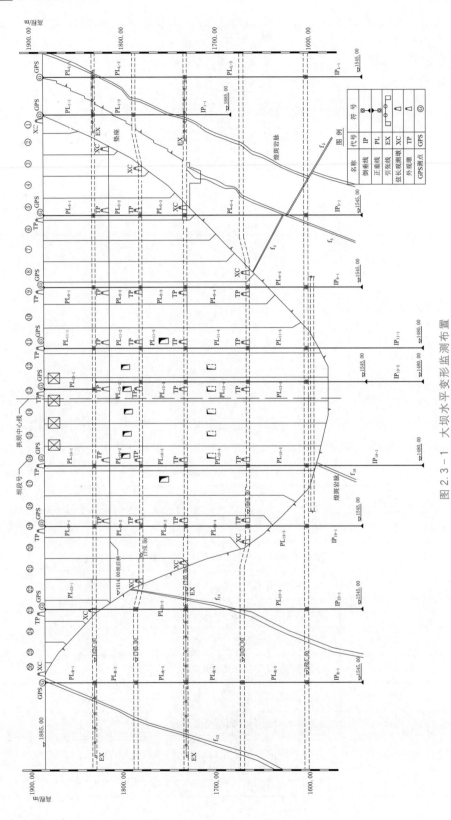

图 2.3 - 1 大坝水平变形监测布置

表 2.3 - 2 　　　　　　　　　　　大坝水平变形垂线测点布置情况

测点竖直位置	测点水平位置									
	左岸坝基	1号坝段	5号坝段	9号坝段	11号坝段	13号坝段	16号坝段	19号坝段	23号坝段	右岸坝基
1885.00m 坝顶	PL_{L-1}	PL_{1-1}	PL_{5-1}	PL_{9-1}	PL_{11-1}	PL_{13-1}	PL_{16-1}	PL_{19-1}	PL_{23-1}	PL_{R-1}
1829.00m 检查廊道	PL_{L-2}	PL_{1-2}	PL_{5-2}	PL_{9-2}	PL_{11-2}	PL_{13-2}	PL_{16-2}	PL_{19-2}	PL_{23-1}	PL_{R-2}
1778.00m 检查廊道	PL_{L-2}	IP_{1-1}	PL_{5-3}	PL_{9-3}	PL_{11-3}	PL_{13-3}	PL_{16-3}	PL_{19-3}	PL_{23-2}	PL_{R-3}
1730.00m 检查廊道	PL_{L-3}	IP_{1-1}	PL_{5-4}	PL_{9-4}	PL_{11-4}	PL_{13-4}	PL_{16-4}	PL_{19-4}	PL_{23-3}	PL_{R-4}
1664.00m 检查廊道	PL_{L-3}		PL_{5-4}	PL_{9-5}	PL_{11-5}	PL_{13-5}	PL_{16-5}	PL_{19-5}	PL_{23-3}	PL_{R-5}
1601.00m 基础廊道	IP_{L-1}		IP_{5-1}	IP_{9-1}	IP_{11-1}	IP_{13-2}	IP_{16-1}	IP_{19-1}	IP_{23-1}	IP_{R-1}

注　表中"PL"指正垂线,"IP"指倒垂线。

（1）变形监测主架构。根据拱坝-地基系统的结构计算成果,在各特征水位下,坝体变形的相对稳定值均以拱冠梁为中心线对称分布,最大值略偏左岸。与此相应,坝体变形监测基本对称布置,在拱冠梁、1/4 拱圈、坝基及基础地质条件复杂的坝段布置变形监测梁向主断面,采用垂线法。大坝垂线布置见表 2.3-1 和表 2.3-2,大坝及坝基布置 10 组垂线,其中坝体布置 7 组,左、右岸坝基各布置 1 组,左岸垫座布置 1 组。坝体 5 号、9 号、11 号、13 号、16 号、19 号、23 号坝段设置垂线,拱向主监测断面的测量拱圈高程分别为 1885.00m、1829.00m、1778.00m、1730.00m、1664.00m 和 1601.00m 等。高程 1885.00m 拱圈是坝顶,其余高程均为廊道位置,基准点采用倒垂孔延伸进入基岩。倒垂锚固点进入坝基岩体的深度按坝体高度的 1/3 左右设计,其中 13 号坝段垂线深度 142.5m,为当时的世界最深倒垂孔。

（2）引张线与石墨杆收敛计。沿坝基帷幕灌浆平洞的轴向设置测量线,布置水准点、引张线、石墨杆收敛计,穿过坝基主要软弱结构面和潜在变形区域。右岸高程 1829.00m 布置 1 套,测线布置穿过 f_{13} 断层;右岸高程 1730.00m 布置 2 套,测线布置穿过 f_{13} 和 f_{14} 断层;左岸高程 1885.00m 布置 1 套,测线穿过左岸边坡变形影响区;左岸高程 1829.00m 布置 1 套,测线穿过煌斑岩脉;左岸高程 1730.00m 布置 1 套,测线穿过煌斑岩脉。这些水平测量线的端点与竖向测量线的垂线联结,构成坝基监测立面,可测量两个方向的水平位移。

（3）大地测量系统。大坝拱梁监测断面线的交点位置设置外部观测点,构成垂线系统的验证手段。观测方法采用大地测量法,测点采用表面观测墩和 GNSS 方式,测点设置于坝顶和坝后桥。观测墩、GNSS 测点与垂线对应布置,坝顶布置 10 个 GNSS 测点,坝体下游表面布置 29 个观测墩,坝后 5 个高程布置 5 条 10 个弦长观测墩。GNSS 采用双星定位系统高精度快速变形监测技术,解决了高山峡谷地区 GNSS 观测可视卫星少、单基线解算精度低、时效性差、点位误差对 GNSS 网整体平差结果影响较大的问题。

2. 垂直位移监测

大坝垂直位移主监测断面沿拱圈设置,采用精密水准法。水准线路通过连接坝顶道路、坝体坝基廊道、通道的精密水准点实现,监测水准点与水准监测控制网连接建立远端基准;施工期采用双金属标系统建立坝基深部岩体基准。

（1）水准点、静力水准系统。大坝高程 1601.00m、1664.00m、1730.00m、

1778.00m、1829.00m 廊道及两岸帷幕灌浆廊道内布置 20 个垂直位移工作基点和 258 个水准测点，组成水准高程观测系统，大坝高程 1601.00m、1829.00m 廊道及各高程监测支廊道内另设置 96 台静力水准测点形成静力水准系统，两个系统同时测量以监测大坝垂直位移。

（2）双金属标系统。双金属标系统从坝基引测至坝顶，与水准监测控制网联测，用作大坝垂直变形监测的校核基准。9 号坝段高程 1885.00m 廊道至高程 1664.00m 廊道布置 4 套双金属标仪，12 号坝段高程 1664.00m 廊道至高程 1601.00m 基础廊道布置 1 套双金属标仪，形成一组双金属标系统，用以校测各层廊道水准监测成果。此外，利用坝基 5 个倒垂孔设置双金属标设施，形成双标倒垂系统，作为首蓄期水平位移和垂直位移基点。

2.3.2 接缝监测

大坝接缝测缝计布置见图 2.3 - 2，共布置横缝测缝计 747 支，用于横缝开合度监测，施工期用于接缝灌浆施工的数据支撑。横缝测缝计主要布置在 3 号、5 号、7 号、10 号、13 号、16 号、19 号、21 号、23 号横缝，每个灌区布置一组测缝计（3 支），上下游表面距止水片 3m 处各布置 1 支，坝体中间布置 1 支。拱坝河床坝段坝基强约束区混凝土在冬季低温季节浇筑，此部位横缝不易张开且属于工程首期接缝灌浆部位，适当增加测缝计数量有利于分析接缝灌浆施工质量及改进工艺，为全坝接缝灌浆奠定基础。拱坝 1800.00～1880.00m 水位变幅区接缝灌浆时间为首次蓄水期间，此部位横缝受坝体变形影响不易张开，影响接缝灌浆，因此该区域适当增加了测缝计。

大坝 2 号、19 号、20 号、21 号等陡坡坝段的基岩接缝处各布置 2 组测缝计，每组 3 支；其他坝段的基岩接缝处各布置 1 组测缝计，每组 3 支。基岩测缝计共计 90 支。

2.3.3 渗流监测

1. 坝基渗压监测

坝基渗压监测布置 1 个纵断面和 6 个横断面，共布置 43 个渗压测点，采用渗压计监测。纵断面布置在帷幕后，兼用于评价帷幕效果，河床中部 11 号、13 号和 16 号坝段帷幕后还布置深孔渗压测点，孔深达到帷幕深度的一半。横断面布置在坝高最大的河床中部 11 号、13 号和 16 号坝段，帷幕转折处的 9 号、19 号和 21 号坝段，每个断面在帷幕前、帷幕后、排水孔幕线和坝趾各布置 1 个测点。

2. 绕坝渗流监测

利用两岸坝基的 6 层帷幕灌浆平洞、6 层坝基排水平洞和 5 层抗力体排水洞分层布置绕坝渗流测点。帷幕后布置 1 个断面，从 6 层帷幕灌浆平洞钻孔安装渗压计；排水幕线上布置 1 个断面，从 6 层坝基排水平洞钻孔安装渗压计；5 层抗力体排水洞各布置 3～4 个断面，从抗力体排水洞钻孔安装测压管。绕坝渗流测点间距 50～100m，靠近坝肩附近测点较密，远离坝肩附近测点较疏，共布置 197 个测点，包括 104 支渗压计和 93 个测压管。

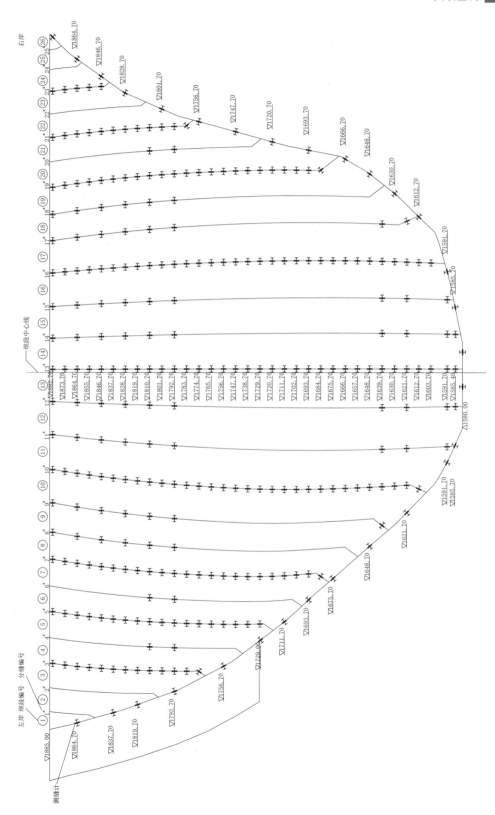

图 2.3-2 大坝接缝测缝计布置

3. 渗流量监测

坝体的渗漏水通过布置在各个坝段连接上下两层坝体检查廊道的坝体排水孔最终汇集到高程 1595.00m 集水井。两岸坝基的渗漏水通过各层帷幕灌浆平洞和坝基排水洞朝坝体汇集，然后通过坝体斜廊道和坝体排水孔最终汇集到高程 1595.00m 集水井。两岸抗力体的渗漏水通过抗力体排水洞排出坡外。根据坝体及坝基的排水设施布置情况和渗漏水的流向、集流情况，进行大坝渗流量监测设计。在两岸帷幕灌浆平洞、坝基排水平洞及坝体廊道内，渗漏水汇集节点处布置量水堰，以分层分区监测渗水量。共布置 52 个量水堰。

2.3.4 应力应变监测

大坝应力应变监测按"五拱五梁"原则布置，监测断面选取与变形监测断面对应。根据应力计算成果，重点在大坝局部拉、压应力较大且具有代表性的拱冠、1/4 拱圈、3/4 拱圈及两端拱座部位布置应变计组，布置情况详见表 2.3-3 和图 2.3-3。测点布置以平面应力监测为主，兼顾坝体空间应力监测。大坝应力应变监测布置五向应变计组 119 组、九向应变计组 30 组、单向应变计组 13 组，共计 1036 支应变计。

表 2.3-3 坝体主要应变计组布置情况

高程/m	坝段中应变计组数														
	2 号	4 号	5 号	6 号	9 号	11 号	12 号	13 号	14 号	16 号	17 号	19 号	20 号	21 号	22 号
1855.40			3		3			3				3		3	
1810.40	3		3		3			3				3		3	3
1762.40		3	3		3			3				3		3	
1720.40				3	3	3		3		3		3	3		
1684.40					3			3				3			
1648.40					5	5		5		5					
1621.40								5							
1603.40						5					5				
1585.40							2		5						

应变计组沿上下游方向高程 1664.00m 以上为 3 组，高程 1664.00m 以下为 5 组。主要布置五向应变计组，在拱冠梁坝段 13 号坝段及左、右岸拱座应力变化复杂的部位布置部分九向应变计组。为监测混凝土自生体积变形，在距每组应变计组 1m 的地方各布置 1 支无应力计。

2.3.5 永久温度监测

大坝温度采用坝内埋设的测缝计、应变计的测温传感器和温度计进行监测，测点布置兼顾大坝永久运行安全监控预报模型研究需要和施工期温控需要。除测缝计、应变计的测温传感器外，在 9 号、13 号、19 号坝段布置 3 个温度监测断面，每个灌区沿上下游方向布置 5 支温度计，其中距上游混凝土表面 10cm 处布置 1 支，监测上游坝面温度和库水温

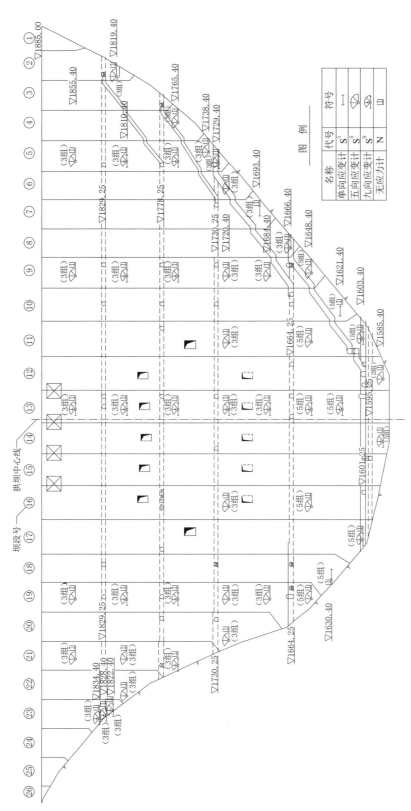

图 2.3－3　大坝应力应变监测布置图

度；距下游混凝土表面 10cm 处布置 1 支，监测下游坝面温度；坝体内部等距布置 3 支。3 个断面坝基钻孔在不同高程布置温度计，监测坝基温度情况。

2.3.6　坝体特殊结构监测

坝体特殊结构监测主要包括放空底孔和泄洪深孔的监测。放空底孔选取其中的 1 号放空底孔进行监测，布置锚索测力计监测出口闸墩主次锚索的受力情况，布置钢筋计监测出口闸墩受力钢筋的应力情况，共布置锚索测力计 17 套、钢筋计 50 支。在泄洪深孔处布置锚索测力计监测出口闸墩主次锚索的受力情况，布置钢筋计监测出口闸墩受力钢筋的应力情况，共布置锚索测力计 51 套、钢筋计 163 支。

2.4　抗力体监测

为监视高压固结灌浆施工过程中边坡抬动变形的发展与破坏情况，了解拱坝基础运行过程的变形稳定状态，验证反馈基础处理的效果，开展抗力体监测。抗力体监测包括左、右岸抗力体和灌浆影响区变形监测，左、右岸基础处理洞的衬砌结构监测和左岸垫座监测，以左、右岸抗力体和灌浆影响区变形监测为重点。左、右岸抗力体和灌浆影响区变形监测利用帷幕灌浆洞、坝基排水洞、抗力体固结灌浆洞、抗力体排水洞等横河向洞室，沿洞轴线布置变形测线，采用多点位移计、石墨杆收敛计和测距墩监测抗力体的横河向变形。

2.4.1　左、右岸抗力体及灌浆影响区变形监测

利用左、右岸高程 1885.00m、1829.00m、1785.00m、1730.00m、1670.00m 共 5 层基础处理洞和抗力体排水洞，布置多点位移计、收敛断面、测距墩及石墨杆收敛计，形成横河向的变形测线，监测基础处理灌浆区的岩体变形情况。具体布置见表 2.4-1 和表 2.4-2。

表 2.4-1　　　　　　左岸抗力体及基础处理灌浆区变形监测布置情况

项　　　目	高　程				
	1885.00m	1829.00m	1785.00m	1730.00m	1670.00m
测线/条	3	5	6	6	2
多点位移计/套	4	13	12	13	3
位移计测点/个	20	54	60	59	14
石墨杆收敛计/点	20	20	26		34
收敛断面/个	1	5	3	2	1
测距墩/个		8	6	6	7
谷幅测线/条		2	2	2	2

表 2.4-2　　　　　　　　右岸抗力体及基础处理灌浆区变形监测布置情况

项　目	高　程				
	1885.00m	1829.00m	1785.00m	1730.00m	1670.00m
测线/条		4	2	2	3
石墨杆收敛计/点		79	41	42	47
测距墩/个		12	7	7	9
谷幅测线/条		2	2	2	2

2.4.2　抗力体固结灌浆平洞监测

左岸高程 1829.00m、1785.00m、1730.00m、1670.00m 共 4 层抗力体固结灌浆平洞与软弱结构面（f_2 断层、f_5 断层、煌斑岩脉）交叉处布置监测断面，采用多点位移计、锚杆应力计、钢筋计、位错计、收敛计进行监测，具体布置见表 2.4-3。

表 2.4-3　　　　　　　　抗力体固结灌浆平洞监测布置情况

项　目	高　程			
	1829.00m	1785.00m	1730.00m	1670.00m
监测断面/个	4	3	2	3
多点位移计/套	8	8	5	6
锚杆应力计/支	8	8	5	6
钢筋计/支	14	12	2	8
位错计/支	4	4	4	6
收敛计/个	12	9	8	9

2.4.3　抗剪洞和置换洞监测

f_{42-9} 断层抗剪洞高程 1885.00m、1860.00m、1840.00m 共 3 层平洞布置监测断面，采用锚杆应力计、测缝计、位错计、渗压计、钢筋计监测抗剪洞工作状况，具体布置见表 2.4-4。

表 2.4-4　　　　　　　　抗剪洞监测布置情况

项　目	高　程		
	1885.00m	1860.00m	1840.00m
监测断面/个	5	6	6
锚杆应力计/支		12	11
测缝计/支	2	2	2
位错计/支	2	4	2
渗压计/支	2	2	2
钢筋计/支		8	8

煌斑岩脉置换洞及置换竖井（斜井）高程 1829.00m、1785.00m、1730.00m、1670.00m 等洞室中布置锚杆应力计、渗压计、测压管、五向应变计组、无应力计、压应力计、钢筋计、锚索测力计，监测煌斑岩脉置换洞工作状况，具体布置见表 2.4-5。

表 2.4-5　　　　　　　　　　煌斑岩脉置换洞监测布置情况

监测仪器	高　程			
	1829.00m	1785.00m	1730.00m	1670.00m
监测断面/个	2	2	2	1
锚杆应力计/支	8	8	8	
渗压计/支	5	6	6	2
测压管/根	1	2	2	2
钢筋计/支	12	12	12	
五向应变计组/组	4	6	3	
无应力计/支	4	6	3	
压应力计/支	5	6	7	1
锚索测力计/套		2	2	

f_5 断层置换洞及置换竖井（斜井）高程 1730.00m、1670.00m 等洞室布置锚杆应力计、渗压计、测压管、五向应变计组、无应力计、压应力计、钢筋计、锚索测力计，监测 f_5 断层置换洞工作状况，具体布置见表 2.4-6。

表 2.4-6　　　　　　　　　　f_5 断层置换洞监测布置情况

监　测　仪　器	高　程	
	1730.00m	1670.00m
监测断面/个	1	1
两点式锚杆应力计/支	4	4
渗压计/支	4	7
测压管/根	2	5
钢筋计/支	6	6
五向应变计组/组	5	1
无应力计/支	5	1
压应力计/支	3	4
锚索测力计/套		2

2.5　谷幅与坝肩边坡监测

2.5.1　谷幅监测

利用坝区边坡的勘探平洞、排水洞等布置测距墩，进行谷幅和平洞内测距监测，平洞洞口布置1个观测墩用于谷幅监测，平洞内布置若干观测墩进行测距监测，两者结合布置可以了解谷幅变形总量及边坡变形沿深度的分布情况，共布置11条测线，详细布置见表2.5-1。

表 2.5-1　　　　　　　　　　　　谷幅及观测墩布置情况

编号	高程/m	桩号	左岸洞内监测深度/m	右岸洞内监测深度/m
PDJ1～TPL19	1915.00	0-270	0	60
TP11～PD44	1930.00	0-50	200	0
PD21～PD42	1930.00	0+30	93	180
1829-1	1829.00	0+65	130	290
1829-2	1829.00	0+95	150	260
1785-1	1785.00	0+108	110	210
1785-2	1785.00	0+153	170	205
1730-1	1730.00	0+74	80	220
1730-2	1730.00	0+138	115	190
1670-1	1670.00	0+9	115	110
1670-2	1670.00	0+100	120	220

2.5.2　左岸坝肩边坡监测

左岸坝肩开挖边坡的整体稳定性受 f_{42-9} 断层、煌斑岩脉和 SL_{44-1} 拉裂带组成的左岸坝肩变形拉裂岩体控制，可能的滑移破坏模式是以 SL_{44-1} 松弛拉裂带为上游边界，以 f_{42-9} 断层为下游边界及底滑面，以煌斑岩脉为后缘切割面的楔型体滑移破坏模式（简称"大块体"）。因此，此"大块体"及其地质构造边界是边坡主要监测对象。左岸坝肩边坡岩体较深区域密集发育有一系列变形拉裂缝和其他一些地质结构面，虽然位于坡体较深的内部，但施工过程快速地大规模卸载及其频繁强烈的施工活动仍然可能引起深部拉裂缝变形发展，因此，这些深部结构也是边坡工程主要监测对象。左岸坝肩边坡表层岩体较破碎，开挖后浅表区域仍然存在断层、岩脉、倾倒拉裂体等不良地质破碎带、不能自稳定结构体、不满足建筑物承载要求的地基基础，需要系统加固处理，相应加固处理区监测的深度为80～90m。因此，边坡开挖及支护区域是施工过程安全监测重点，也是验证反馈设计所需要的直接监测对象。左岸坝肩开挖线上部存在倾倒变形的危岩体，因受下部开挖扰动产生显著变形，需要进行先验性、预防性的安全监测，确保施工安全。

根据边坡结构，左岸坝肩边坡可划分为开口线外危岩体、高程1960.00m以上开挖边坡、高程1960.00～1885.00m边坡和高程1885.00m以下边坡等四个坡体。主要采用观测墩、多点位移计、石墨杆收敛计、钻孔测斜仪、渗压计、锚索测力计、锚杆测力计等进行监测，以变形监测作为重点内容。根据监测对象和监测深度不同，边坡变形监测划分为表面变形监测、浅部开挖影响区岩体变形监测、深部岩体变形监测，整体上由表及里监控边坡运行状态。

1. 浅表部变形监测

根据边坡地质、开挖结构和加固工程特点，左岸坝肩边坡表面变形监测布置 9 个监测断面，表面变形测点全面控制了 f_{42-9} 和 SL_{44-1} 在地表出露边界两侧的变形。沿开挖Ⅰ区、开挖Ⅱ区、开挖Ⅲ区最高开挖断面处各布置 1 个监测断面；开挖Ⅰ区上游靠近开挖边界处布置 1 个监测断面；三个开挖区交界部位各布置 1 个监测断面；开挖Ⅲ区下游布置 3 个监测断面，分别位于边坡开挖转折处和下游开挖边界附近。高程 1885.00m 以上每层马道布置 1 个测点，高程 1885.00m 以下隔层马道布置 1 个测点。另外，在左岸坝肩边坡上部高程 2000.00m 以上布置 2 个监测断面，各布置 3 个测点，监测上部危岩体变形。

浅部变形监测主要采用多点位移计，监测深度 60m 以内。多点位移计断面布置与观测墩相对应，共布置 9 个监测断面。

2. 深部变形监测

为监测左岸坝肩深部卸荷裂隙岩体的变形情况，利用左岸的 PD42 勘探平洞、PD44 勘探平洞、高程 1915.00m 排水洞等沿洞轴线方向布置石墨杆收敛计、测距墩，监测深度 100～300m，测距墩与右岸观测点联测，兼测谷幅变形。

2.5.3　右岸坝肩边坡监测

右岸坝肩边坡可分为进水口边坡、拱肩槽上游开挖边坡、拱肩槽边坡、拱肩槽下游开挖边坡等 4 个分区，采用观测墩、多点位移计等监测坡体变形，两者对应布置。

2.6　安全监测自动化系统

2.6.1　系统结构形式

锦屏一级水电站工程安全监测自动化系统采用分布式、多级连接的网络结构形式，系统总体结构见图 2.6-1，按三级设置，即监测站、监测管理站和监测中心站。监测站的主要作用是利用数据采集装置对监测传感器进行数据采集和存储、电源管理及监测数据上传和接收监测管理站上位机的控制指令；监测管理站的主要作用是利用数据采集计算机通过数据采集系统接收数据采集装置的数据并进行转换、按规定的格式统一存放在原始和整编数据库中，并接收监测中心站上位机的相关指令及对数据采集装置下达控制指令；监测中心站的主要作用是利用工作站和服务器通过安全监测信息管理及综合分析系统对监测管理站自动采集、其他半自动采集、人工测读的数据，以及工程所有与安全监测相关的文档资料进行集中统一管理，且通过安全分析评价系统进行监测资料的分析和发布工作，并根据分析成果，给监测管理站的采集计算机反馈相关控制指令。

2.6.2　系统设计

1. 监测功能要求

系统具备多种采集方式和测量控制方式。数据采集包括选点测量、巡回测量、定时测量三种方式，并可在测量控制单元上进行人工测读。测量控制包括应答式和自报式两种方

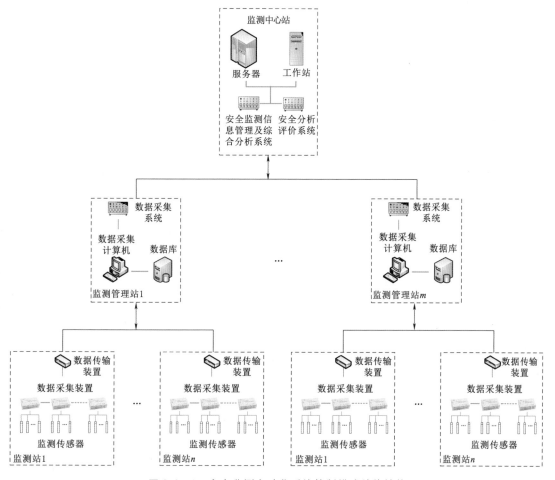

图 2.6-1　安全监测自动化系统控制模式总体结构

式，能采集各类传感器数据，并能够对每支传感器设置警戒值，能够进行自动报警。应答式测量控制方式由采集机或联网计算机发出命令，测控单元接收命令、完成规定测量，测量完毕将数据暂存，并根据命令要求将测量的数据传输至计算机中。自报式测量控制方式由各测控单元自动按设定的时间和方式进行时间采集，并将所测数据暂存，同时传送至采集机。

2. 管理功能要求

（1）系统具备显示功能，能正确地显示监测布置图、过程曲线、监测数据分布图、监测控制点布置图、报警状态显示窗口等。

（2）系统具备存储功能，能够进行数据自动存储和自动备份。在外部电源突然中断时，保证内存数据和参数不丢失。

（3）系统具备操作功能，监测管理站的计算机可实现监视操作、输入/输出、显示打印、报告现有测值状态、调用历史数据、评估系统运行状态等。

（4）系统具备数据通信功能，能够进行数据采集装置与监测管理站的计算机或监测中心站计算机之间的双向数据通信，以及监测管理站和监测中心站内部或外部的网络计算机之间的双向数据通信。

（5）系统具备安全防护功能，确保网络安全运行。

（6）系统具有自检能力，能够对现场设备进行自动检查，在计算机上显示系统运行状态和故障信息，以便及时进行维护。

（7）系统采用 220V 交流电源或太阳能电池，测控单元配备蓄电池，在系统供电中断的情况下，能保证现场测控单元至少连续工作 1 周。

（8）系统具有较强的环境适应性，具备防雷、防潮、防锈蚀、防鼠、抗振、抗电磁干扰等性能，能够在潮湿、高雷击、强电磁干扰条件下长期、连续、稳定、正常运行。

（9）系统具有方便操作的人工比测专用设备，备有与便携式检测仪表或便携式计算机通信的接口，能够使用便携式检测仪表或便携式计算机采集检测数据，进行人工补测、比测，防止监测资料中断。

（10）系统能提供在施工期由其他监测承包人采用常规的二次仪表定期对监测传感器进行数据测读的功能。

3. 系统通信方式

系统采用分布式网络结构，监测管理站、现场监测站之间采用光纤，局部测站内采用双绞线；监测中心站、各个子系统的监测管理站之间根据布置位置采用光纤连接形成环形高速局域网。监测管理中心站和雅砻江流域监控中心采用专用网络实现接入。管理站采用 2.5G 光纤环网实现与管理中心站之间的通信，光纤环网接口为 RJ45 以太网接口，带宽大于 10M。

锦屏一级水电站工程安全监测自动化系统最重要的特点是大量采用 NDA8001 网络管理单元。系统建设之前，系统测量单元模块不具备计算机网络通信功能。因此，管理站要配置计算机用于管理下级测站的 MCU 测量单元，管理站与测站之间是上下级关系，管理站就相当于原单位电话的总机，测站就相当于各办公室分机，需要总机统一调度。管理站之间、管理站与上级之间是计算机网络，计算机网络节点是管理站。采用 NDA8001 后，MCU 测量单元就虚拟演变为一台计算机，可分配虚拟 IP 地址，可接入互联网，可采用 TCP/IP 协议，计算机网络节点是测站 MCU 单元。NDA8001 网络管理单元是嵌入式系统，接入旧网络，实现自动化现场网络及数据采集单元的计算机通信。

NDA8001 安装在管理站监控服务器以下、现场测控单元（DAU）之上，一般情况下适用于大型、复杂的网络系统，并且是功能可选的一种设备。通常 NDA8001 与监控服务器之间采用以太网（或光纤以太网）连接，一台监控服务器可同时与多台 NDA8001 连接。由于锦屏一级水电站安全监测自动化系统规模庞大，如果不采取有效的技术措施，采集时间无法保障，甚至可能造成网络瘫痪。经测试，NDA8001 的自动化系统数据采集速度可提高 10 倍，且可使不同子网之间形成物理隔离，某一区域内的个别节点或子网引起的故障可得到有效限制，同时 NDA8001 本身还支持总线环形冗余，从而可有效提高网络的可靠性、可维护性及运行效率，因而大大降低了安全监测自动化系统日常维护管理的难度。

4. 系统供电

监测中心站和监测管理站分别配置防雷隔离稳压电源和交流不间断电源（UPS），容量 3kV·A，蓄电池按维持设备正常工作 60min 设置。电源采用专用厂用电供电，采用配电箱输入交流 380V 回路引自专属配电设备，输出 220V 对站内设备供电。管理中心站和管理站的设置符合国家现行的有关计算机机房的规定，设置独立的接地线。安全监测自动化系统电源主要来自 6 个永久供电电源点，即第一副厂房四楼 400V 配电室、尾水洞出口配电房、进水口配电房、坝顶控制楼配电房、坝体深孔及底孔配电室、坝体深井泵房配电室。管理站还提供较近测点的交流供电回路。

考虑到电源检修备用的需要，大坝永久自动化电源设置双电源系统，考虑到各 400V 系统备用开关有限，结合现场和已使用电源布设情况，新增 5 个电源供电点与自动化原电源点进行整合，形成双电源线路。新增加电源供电点包括第一副厂房五楼通信设备室、进厂交通洞配电室、坝顶控制楼配电房、坝体深孔及底孔配电室、坝体深井泵房配电室。大坝进水口电源点（坝顶右岸观测房电源点）和大坝坝体内电源点形成双电源供电，尾水洞出口配电室与厂房交通洞电源点形成双电源供电，第一副厂房四楼与第一副厂房五楼通信设备室形成双电源供电。在不同时断电的情况下，采用双路电源开关将一个或几个负载电路从一个电源自动转换至另一个电源，以保证在一个电源点断电时另外一个电源能继续为自动化系统供电。各电源点均采用继电器＋接触器方式进行电源自动切换。电源自动切换方式为优先使用和保持当前电源。经核算各监测站负荷，并考虑以后设备扩展需求，接触器的触点容量为 32A，选用型号为施耐德 LC1-D32；进线电源开关型号为 ABB-2 极-32A，负荷开关型号为 ABB-2 极-16A。

大坝和引水发电系统的大部分监测站，从相应各监测管理站通过专用电缆直接引入 220V 交流电对设备进行供电，个别距离较远的站点可就近采用电源插孔取电。

5. 过电压保护、接地方式和设备防护措施

（1）监测中心站、管理站设置防雷隔离稳压电源，并直接利用工程的防雷接地网和采用接地扁铜与基岩中的垂线保护管连接；机房内设备的工作地、保护地采用联合接地方式与电站接地网可靠连接。

（2）监测站采用接地扁铜与基岩中的垂线保护管连接；测站设备的引入电缆采用屏蔽电缆，其屏蔽层可靠接地。边坡等户外测站，设置接地装置，装置的电阻小于 10Ω。安全监测自动化系统除对所有暴露在野外的信号电缆、通信电缆等加装镀锌钢管保护外，对数据采集单元在供电系统的防雷、一次传感器及通信接口的防雷及中心计算机房的防雷等方面做全面的考虑，保证系统在雷击和电源波动等情况下能正常工作。

6. 系统性能要求

锦屏一级水电站工程安全监测自动化系统的性能满足《大坝安全监测自动化技术规范》（DL/T 5211—2019）和《大坝安全监测自动化系统实用化要求及验收规程》（DL/T 5272—2012）的要求。

7. 系统接入原则

结合安全监测仪器布置的整体设计和安全监测自动化系统建设目的，确定接入系统的项目、仪器的选择原则，简述如下。

（1）为监视工程安全运行而设置的监测项目，施工期监测及为科学研究、工艺研究而设置的测点原则上不纳入安全监测自动化系统。

（2）需要进行高准确度、高频次监测而人工观测难以胜任的监测项目纳入安全监测自动化系统。

（3）监测点所在部位的环境条件不允许或不可能用人工方式进行观测的监测项目纳入安全监测自动化系统。

（4）纳入自动化监测的项目已有成熟的、可供选用的监测仪器设备。

（5）测点应反映工程建筑物的工作性态，监测目的明确。

（6）测点选择宜相互呼应，重点部位的监测值宜能相互校核，必要时进行冗余设置。

（7）自动测量设备和测点仪器设备能够满足自动化要求。

（8）安装时间超过 2 年的监测仪器应在完成原有仪器设备检验和鉴定后进行。

（9）自动化测站中配置人工测量设备，不接入安全监测自动化系统的监测仪器仍然按有关规定进行观测和管理。

（10）边坡工程的重要监控时段是工程开挖期及开挖完成后的前两年。在实施自动化系统时，多数测点的重点监控时段均已经达到工程安全监控的目的，可不接入自动化系统。但考虑到工程存在一些长期变形现象，仍然需要全面考虑长期监测的自动化设施。基于安全运行的需要，边坡锚索测力计与多点位移计按同等数量和原则接入。

2.6.3 系统接入

锦屏一级水电站工程安全监测自动化系统接入的范围包括大坝及坝基、枢纽区边坡、水垫塘、引水发电系统和泄洪洞工程等，共设置 33 个监测站，其中左岸边坡 3 个，右岸边坡 1 个，大坝及坝基 17 个，水垫塘及二道坝 1 个，引水发电系统及泄洪洞工程 11 个。监测中心站设置在坝顶值守楼，管理站设于坝体、坝顶平台及第二副厂房内。根据设计系统，接入差阻式传感器 2515 个、振弦式传感器 3136 个、CCD 传感器 168 个，总计 5819 个。系统由 205 个数据采集单元箱（DAU2000）组成，需要配置差阻式数据采集模块（NDA1103）11 个、差阻式数据采集模块（NDA1104）156 个、振弦式数据采集模块（NDA1403）208 个、智能式数据采集模块（NDA1705）23 个。工程安全监测自动化系统试运行 10 个月时，无故障工作时间超过 6300h，数据完整率 99% 以上。截至 2020 年 12 月 30 日，经测试统计，采集 398 个自动化模块的 4970 个测点数，采集 1 次数据总时间为 13min，自动化系统平均无故障时间为 8300h。

2.7 安全监测系统运行情况

锦屏一级水电站工程安全监测设计依据国家有关规范和相关技术标准提出的安全监测目的、原则和范围明确，结合水电站地质条件和建筑物特点设计的监测项目和各类监测仪器设备是合适的。监测项目和测点布置全面，注意"永临结合"，可动态监控主要建筑物运行性态和反馈信息。施工期结合工程需要及时对监测范围、监测项目进行了调整。设计提出的各项技术要求、监测仪器设备数量及技术参数满足了工程施工期和运行期安全及质量控制要求。截至 2015 年 9 月底，枢纽工程安全监测仪器设施共计 5713 套/8793

支（点），仪器完好率为 95.67％。枢纽区安全监测自动化系统于 2012 年 11 月开始分阶段建设，共计 33 个监测站、6 个监测管理站、1 个监测中心站，系统接入 5819 个测点。截至 2020 年 12 月大坝及坝肩边坡在测安全监测点共计 4140 个，见表 2.7－1。

表 2.7－1　　　　　　　　　　大坝与坝肩边坡在测安全监测仪器情况

序号	测 点 位 置	监测项目	测点数量/个	监测仪器和频次		
				仪器型号	方法	频次
1	大坝	正垂线	40	HT－CZY0140－50	自动化	3 次/天
					人工	2 次/月
2	大坝	倒垂线	13	HT－CZY0140－50	自动化	3 次/天
					人工	
3	坝基	引张线	22	HT－YZX0140	自动化	3 次/天
4	大坝	双金属标	10	HT－SJB0140－50	自动化	3 次/天
5	大坝	石墨杆收敛计	6	4425－1－100mm	自动化	3 次/天
6	大坝	水平位移测点	25	F1－A	人工	2 次/月
7	大坝	弦长测线	5	F1－A	人工	2 次/月
8	大坝坝顶	GNSS 测点	9	M6200	自动化	1 次/天
9	呷爬滑坡体	GNSS 测点	9	M6200	自动化	1 次/天
10	水文站	GNSS 测点	6	M6200	自动化	1 次/天
11	解放沟	GNSS 测点	2	M6200	自动化	1 次/天
12	三滩右岸变形体	GNSS 测点	6	M6200	自动化	1 次/天
13	大坝	垂直位移测点	257	B－2	人工	2 次/月
14	大坝	静力水准	96	NIVOLIC SG	自动化	3 次/天
15	坝基	多点位移计	15	振弦式/JM－T	自动化	3 次/天
16	大坝	横缝测缝计	556	NZJ－12G2	自动化	3 次/天
17	坝基	坝基测缝计	69	NZJ－12G2	自动化	3 次/天
18	坝基	五点式锚杆应力计	36	NZGR－28T1G3	自动化	3 次/天
19	坝基	坝基温度计	10	NZWD－G3	自动化	3 次/天
20	大坝	永久温度计	401	NZWD	自动化	3 次/天
21	大坝	辐射温度计	104	NZWD	自动化	24 次/天
22	大坝	渗压计	106	PWS－1000～2000kPa	自动化	3 次/天
23	大坝	测压管	136	—	人工	1 次/月
24	大坝	水位计	3	PWS－2000～3000kPa	人工	3 次/天
25	大坝	单向应变计	18	差阻/NZS－25	自动化	3 次/天
26	大坝	五向应变计组	657	差阻/NZS－25	自动化	3 次/天
27	垫座	七向应变计组	57	差阻/NZS－25	自动化	3 次/天
28	大坝	九向应变计组	277	差阻/NZS－25	自动化	3 次/天
29	大坝	无应力计	17	差阻/NZS－25	自动化	3 次/天

续表

序号	测 点 位 置	监测项目	测点数量/个	监测仪器和频次		
				仪器型号	方法	频次
30	大坝	钢筋计	213	NZR-32T1	自动化	3次/天
31	大坝	锚索测力计	30	弦式/NVMS-4000	自动化	3次/天
32	大坝	裂缝计	15	NVJ-100	人工	1次/月
33	大坝	强震仪	22	EDAS-24GN3	自动化	实时
34	大坝	量水堰	78	—	人工	2次/月
35	大坝	量水堰计	25	NIVOLIC WL	自动化	3次/天
36	大坝	库盘水准测点	12	B-2	人工	1次/月
37	垫座	差阻式测缝计	26	NZJ-12G2	自动化	3次/天
38	垫座	振弦式裂缝计	15	振弦/NZS-25	自动化	3次/天
39	垫座	差阻式无应力计	15	差阻/NZS-25	自动化	3次/天
40	垫座	温度计	244	差阻/NZWD	人工	1次/月
41	左岸高程 1960.00m 以上边坡	四点式位移计	31	JM-T	自动化	3次/天
42	左岸高程 1960.00m 以上边坡	四点式位移计	4	JM-T	人工	1次/月
43	左岸高程 1960.00m 以上边坡	六点式位移计	12	JM-T	自动化	3次/天
44	左岸高程 1960.00m 以上边坡	三点式锚杆应力计	13	NVR-28T1G2	自动化	3次/天
45	左岸高程 1960.00m 以上边坡	锚索测力计（四弦）	12	BGK4900/2000KN	自动化	3次/天
46	左岸高程 1960.00m 以上边坡	锚索测力计（六弦）	3	BGK4900/2000KN	自动化	3次/天
47	左岸边坡 1~3 号危岩体	三点式锚杆应力计	5	NVGR-32T1G2	人工	1次/月
48	左岸边坡 1~3 号危岩体	锚索测力计（四弦）	5	BGK4900/2000KN	自动化	3次/天
49	左岸高程 1885.00~1960.00m 边坡	四点式位移计	23	JM-T	自动化	3次/天
50	左岸高程 1885.00~1960.00m 边坡	四点式位移计	1	JM-T	人工	1次/月
51	左岸高程 1885.00~1960.00m 边坡	六点式位移计	6	JM-T	自动化	3次/天
52	左岸高程 1885.00~1960.00m 边坡	振弦式裂缝计	2	NVJ-100	自动化	3次/天
53	左岸高程 1885.00~1960.00m 边坡	三点式锚杆应力计	21	NVGR-32T1G2	自动化	3次/天
54	左岸高程 1885.00~1960.00m 边坡	三点式锚杆应力计	1	NVGR-32T1G2	人工	1次/月
55	左岸高程 1885.00~1960.00m 边坡	锚索测力计（四弦）	6	BGK4900HP/2000KN	自动化	3次/天
56	左岸高程 1885.00~1960.00m 边坡	锚索测力计（四弦）	1	BGK4900HP/2000KN	人工	1次/月
57	左岸高程 1885.00~1960.00m 边坡	锚索测力计（六弦）	11	BGK4900HP/2000KN	自动化	3次/天
58	左岸高程 1885.00~1960.00m 边坡	锚索测力计（六弦）	6	BGK4900HP/2000KN	人工	1次/月
59	左岸高程 1885.00~1960.00m 边坡	渗压计	1	PWS-1000kPa	自动化	3次/天
60	左岸高程 1885.00~1960.00m 边坡	石墨杆收敛计	40	4425-1-100	自动化	3次/天
61	左岸高程 1885.00 以下边坡	锚索测力计（六弦）	3	NVMS-2000	自动化	3次/天
62	左岸雾化区边坡及自然边坡	锚索测力计（六弦）	12	NVMS-2000	人工	1次/月
63	左岸雾化区边坡及自然边坡	石墨杆收敛计	6	4425-1-100	人工	1次/月

序号	测 点 位 置	监测项目	测点数量/个	监测仪器和频次		
				仪器型号	方法	频次
64	左岸雾化区边坡及自然边坡	水准测点	5	B-2	人工	1次/月
65	左岸雾化区边坡及自然边坡	平面外观墩测点	18	F1-A	人工	1次/月
66	左岸开挖边坡	水准测点	73	B-2	人工	2次/月
67	左岸开挖边坡	平面外观墩测点	55	B-2	人工	2次/月
68	左岸边坡	GNSS	5	M6200	自动化	3次/天
69	枢纽区工程边坡	谷幅测线	96	—	人工	2次/月
	汇总		4140			

第 3 章

特高拱坝温控及效应跟踪分析

特高拱坝混凝土性能要求高，除高强度外，还要具有微膨胀性或低收缩性、高耐久性和良好的防裂性能与施工性能。锦屏一级特高拱坝混凝土采用大理岩细骨料和砂岩粗骨料的组合骨料，但砂岩粗骨料粒型较差，且含有锈染石、锈面石及少量大理岩和板岩等不利组分，这些均影响坝体混凝土的抗裂性能。由于特高拱坝对混凝土的高强度、高耐久性和低水化热等要求，需要采用高水泥用量和高掺粉煤灰。混凝土早期水化热峰值过后，后期发热缓慢且时间长，导致二期冷却温降幅度增大，增加了温控防裂的难度。此外，锦屏一级特高拱坝混凝土自 2009 年 10 月 23 日开浇至浇筑完成历时 4 年，坝址区每年 11 月至次年 4 月为旱季，多风、日照多、湿度小、昼夜温差大，均不利于混凝土防裂，而坝面尤其是底部坝面防裂较一般拱坝要求更高。与同类工程相比，锦屏一级特高拱坝处于深 V 河谷，坝肩陡峻，陡坡坝段由于坡向约束长，浇筑底部混凝土时易形成细长条混凝土三棱体，更容易出现开裂现象；拱冠梁底宽 63m，计入下游贴角厚度达 78m，特别是左岸中上部基础，设有高 155m 的垫座，上下游底宽达 102m，底宽厚，基础约束与下部坝体约束强，且随着接缝灌浆不断跟进，已灌区对上部混凝土约束特性依然突出；而且全坝 26 个坝段有 7 个为孔口坝段，布置了 16 个泄洪孔口、6 条廊道，浇筑跳仓困难，高差控制难，温度梯度控制要求高。同时，拱坝结构体型、混凝土材料性质、温度边界条件、温度控制措施，以及分期施工、分期封拱和分期蓄水对拱坝横缝状态的影响很大。锦屏一级特高拱坝在分期蓄水中，拱坝上部混凝土的浇筑和灌浆还在进行，坝体受库水压力作用，缝面将受压挤紧，这种情况对灌浆不利，特别是经过人工二期冷却后横缝的开合度大小是灌浆能否正常进行的关键。

锦屏一级特高拱坝受坝体高、坝段少、坝体厚度大和结构孔洞多等结构及两岸坝基陡峻等因素影响，加之混凝土抗裂性能不佳、浇筑仓面大以及砂岩骨料线膨胀系数较大等，温控防裂技术极其复杂。因此，施工期坝体温度及温度应力控制成为了拱坝防裂的关键，而横缝开合度关系到接缝灌浆的可灌性，影响到拱坝整体受力性能。作为锦屏一级特高拱坝施工期的重点监测项目，主监测断面布置横缝测缝计 747 支，9 号、13 号和 19 号坝段布置坝体永久温度计 427 支，利用坝体温度和横缝开合度监测数据进行施工全过程控制和反馈，根据实际施工进度、环境边界、施工质量等各种因素进行动态跟踪，开展大坝施工期温度应力和横缝变化仿真分析，评估在当前施工进度和温控措施条件下拱坝结构温度应力的发展、变化规律以及横缝的可灌性。

3.1　温度控制设计

考虑到锦屏一级特高拱坝温度边界特别是库水温度的不确定性，采用包络式的方法分析拱坝的温度边界条件，确定运行中的实际边界温度可能的分布范围，从而确定封拱温度，使得拱坝在可能出现的各种温度边界条件下的坝体应力均能满足拉压应力控制标准，并具有较好的应力状态。下部经灌缝形成的厚拱对上部混凝土有较强的约束，混凝土弹性模量增长快，坝段的自身约束甚至超过基础约束，锦屏一级特高拱坝全坝按约束区进行温控标准和温控措施的设计。

3.1.1 设计基础资料

1. 气象资料

锦屏一级特高拱坝坝址区的主要气象条件见表 3.1-1。锦屏一级特高拱坝坝址区干湿季节变化分明，夏季多雨，温度较高，天然散热条件较差，采用通仓浇筑时必须采取有效的人工降温措施；冬季干燥温差大，需要加强混凝土养护，防止混凝土表面干缩裂缝。

表 3.1-1 　　　　　　　　　锦屏一级坝址区（三滩水文站）气象要素特征值

气象要素特征值		月　份											全年
		1	2	3	4	5	6	7	8	9	10	11	12	
气温/℃	多年平均	10.3	13.8	17.6	20.5	21.5	21.5	21.4	21.3	19.2	17.0	12.7	9.3	17.2
	极端最高	27.0	36.0	38.0	39.6	39.6	38.4	39.7	37.9	39.1	31.5	29.8	28.0	39.7
	极端最低	-3.0	-0.5	2.0	6.3	8.7	10.7	10.0	12.8	10.1	5.8	2.5	-2.0	-3.0
降雨量	多年平均/mm	1.7	1.3	11.6	16.5	64.0	196.5	180.7	160.7	108.7	40.6	10.5	1.2	793.8
	占全年的百分比/%	0.22	0.17	1.46	2.08	8.06	24.8	22.8	20.2	13.7	5.11	1.32	0.15	100
	历年一日最大/mm	5.9	3.9	21.4	15.2	26.4	87.7	62.7	45.9	40.6	32.8	12.3	4.8	87.7
地温/℃	多年平均	11.5	15.1	19.6	23.5	24.5	24.3	24.5	24.4	21.9	19.1	14.3	10.2	19.4
	极端最高	46.5	54.2	64.0	69.6	74.2	72.0	68.0	69.0	58.3	53.5	49.8	41.5	74.2
	极端最低	-9.7	-9.7	-2.8	2.1	6.5	9.2	9.5	11.8	8.0	1.0	-3.0	-6.6	-9.7
水温/℃	多年平均	5.1	7.2	10.3	13.4	15.8	16.9	17.2	17.4	15.7	13.3	9.1	5.7	12.3
相对湿度/%	多年平均	61	55	53	56	65	79	85	85	85	81	78	72	71
蒸发量/mm	多年平均	126.0	172.4	255.0	270.6	226.1	148.5	119.7	116.7	89.5	95.9	78.4	83.9	1782.7
风速/(m/s)	多年平均	1.3	1.7	2.1	1.8	1.6	1.1	0.8	0.8	1.0	1.0	1.1	1.0	1.3
	最大风速及风向	9.0 NE,S	12.0 S	12.0 S	13.0 S	12.0 SW	10.0 N	9.0 N	12.0 N	12.0 N	8.0 NNE	8.0 NNW,N	11.0 S	13.0 S

2. 混凝土试验成果及参数

试验采用峨胜 P. MH42.5 水泥、宣威 I 级粉煤灰、南京瑞迪 HLC-NAF 高效缓凝减水剂。混凝土骨料则采用大奔流沟砂岩粗骨料＋三滩大理岩细骨料，试验龄期为 7d、28d、90d、180d。组合骨料各强度等级大坝混凝土配合比及性能试验结果见表 3.1-2～表 3.1-4。

锦屏一级特高拱坝坝高超过 300m，要求拱坝混凝土具有良好的性能，结合组合骨料混凝土材料试验结果和大坝混凝土性能指标要求，确定温控设计的基本材料性能参数，见表 3.1-5。

表 3.1-2　　　　　　　　组合骨料大坝混凝土配合比

水泥品牌	粉煤灰掺量/%	水胶比	砂率/%	混凝土各材料用量/(kg/m³)					减水剂掺量/%	坍落度/cm	含气量/%
				水	水泥	粉煤灰	砂	石			
峨胜	35	0.39	21	82.0	136.7	73.6	456.0	1727.0	0.7	4.0	4.0
		0.43	22	82.0	124.0	66.7	481.0	1720.0		3.5	4.1
		0.47	23	82.0	113.4	61.1	507.0	1709.0		4.5	4.1

表 3.1-3　　　　　　各强度等级大坝混凝土的主要力学特性

项　目		大坝 A 区 $C_{180}40$	大坝 B 区 $C_{180}35$	大坝 C 区 $C_{180}30$
抗压强度/MPa	7d	21.00	16.70	13.70
	14d	28.00	24.00	20.00
	28d	33.00	28.60	24.40
	90d	39.80	35.40	31.40
	180d	45.80	40.40	35.70
受压弹性模量/GPa	7d	22.6	20.4	18.6
	14d	27.0	23.6	21.0
	28d	29.6	26.8	24.2
	90d	33.0	31.6	27.5
	180d	36.0	34.0	31.0
劈拉强度/MPa	7d	1.70	1.47	1.25
	14d	2.15	1.90	1.70
	28d	2.51	2.31	2.18
	90d	3.35	3.11	2.90
	180d	3.70	3.40	3.10
极限拉伸值/10^{-6}	7d	62	56	52
	14d	73	67	63
	28d	90	87	85
	90d	110	105	100
	180d	120	114	108

表 3.1-4　　　　　　各强度等级大坝混凝土的热学特性

混凝土抗压强度标准	导温系数/(m²/h)	导热系数/[kJ/(m·h·℃)]	比热容/[kJ/(kg·℃)]	线膨胀系数/(10⁻⁶/℃)	绝热温升计算公式中的系数		
					T_0/℃	a	相关系数
大坝 A 区 $C_{180}40$	0.0033	8.41	1.012	8.4	27.6	3.102	0.954
大坝 B 区 $C_{180}35$	0.0033	8.68	1.050	8.4	26.4	3.118	0.946
大坝 C 区 $C_{180}30$	0.0033	8.59	1.040	8.3	25.6	3.315	0.935

表 3.1-5　　　　　　　　　　组合骨料温控设计材料性能参数

项　目		大坝 A 区 $C_{180}40$	大坝 B 区 $C_{180}35$	大坝 C 区 $C_{180}30$
抗压强度/MPa	7d	16.88	14.77	11.78
	14d	22.03	19.27	15.74
	28d	27.69	24.23	20.20
	90d	36.50	31.94	27.25
	180d	40.00	35.00	30.00
弹性模量/GPa	7d	22.6	20.4	18.6
	14d	27.0	23.6	21.0
	28d	29.6	26.8	24.2
	90d	33.0	31.6	27.5
	180d	36.0	34.0	31.0
极限拉伸/10^{-6}	7d	52.3	49.3	45.7
	14d	65.2	61.8	57.7
	28d	78.5	74.6	70.2
	90d	97.7	93.2	88.3
	180d	105.0	100.0	95.0
自身体积变形/10^{-6}		-30.0	-26.0	-23.0
线膨胀系数/(10^{-6}/℃)		9.0	9.0	9.0
绝热温升/℃		28.0	27.0	26.0
比热容/[kJ/(kg·℃)]		1.012	1.050	1.040
导温系数/(m^2/h)		0.0033	0.0033	0.0033
导热系数/[kJ/(m·h·℃)]		8.41	8.68	8.59
容重/(kg/m^3)		2475.0	2475.0	2475.0
泊松比		0.17	0.17	0.17

3.1.2　水库水温

要改善拱坝的受力状态以提高拱坝的抗裂安全性，需要在合理分析温度边界的条件下，选择合适的封拱温度方案，确定相应的温度荷载。而温度边界条件中较难确定的是水库水温分布，水库水温的变化，直接影响到大坝的位移、应力。水库水温的变化是非常复杂的现象，受河道来水温度、气温、太阳辐射、云量、风速、异重流、水电站引水、枢纽布置等多种因素控制，目前还没有完善的理论计算方法，一般主要采用水库水温预报通用数学模型计算方法与工程类比法。

拱坝温度边界特别是库底温度的不确定性，将对拱坝的应力产生一定的影响。锦屏一级水电站水库水温，在充分类比下游二滩水电站工程基础上，根据锦屏一级水电站工程的特点和工程运行中可能出现的不利情况，采用水库水温预报通用数学模型计算方法分别确定了库水温度分布的低值、中值和高值（图 3.1-1～图 3.1-3），形成包络式的温度边界。

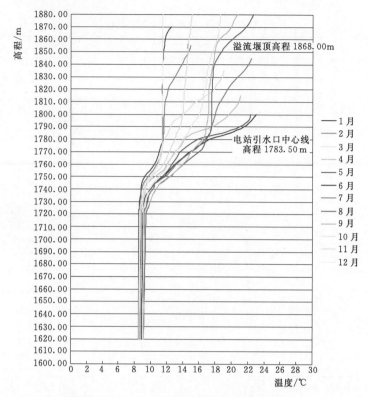

图 3.1-1 水库月平均水温分布图（低值）

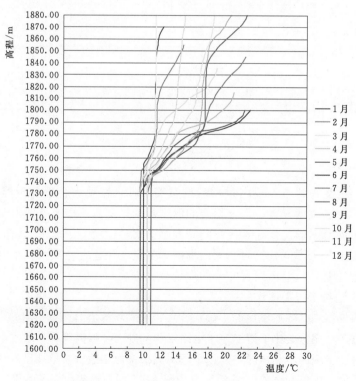

图 3.1-2 水库月平均水温分布图（中值）

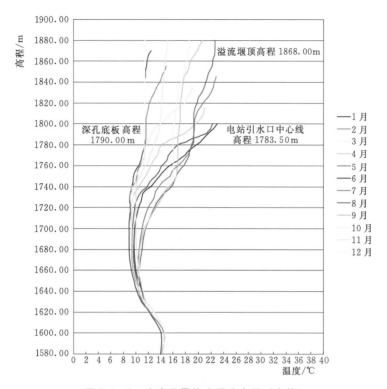

图 3.1-3　水库月平均水温分布图（高值）

3.1.3　封拱温度

根据上述拟定的包络式温度边界分析确定稳定温度场，进行封拱温度方案选择、优化和确定。封拱温度方案的选择可分为初始封拱温度方案拟定、封拱温度基本方案选定和封拱温度方案优化确定三个主要过程。

1. 初始封拱温度方案拟定

单位温度荷载的分析成果表明，平均温度 T_m（正值时）主要在拱坝上游面拱端、下游面拱冠产生压应力，上游面拱冠、下游面拱端产生拉应力；单位线性温差 T_d（下游正值时）主要在拱坝上游面产生拉应力，在拱坝下游面产生压应力。封拱温度应主要在拱坝的中下部进行调整，因此根据拱坝的温度边界条件分别拟定不同温度边界下的封拱温度方案，见表 3.1-6。

表 3.1-6　　　　　　　　　　　初始封拱温度方案拟定

封拱温度	高　程　范　围					
	1885.00～ 1850.00m	1850.00～ 1770.00m	1770.00～ 1730.00m	1730.00～ 1650.00m	1650.00～ 1615.00m	1615.00～ 1580.00m
低值封拱温度/℃	14.0	13.0	12.0	11.5	12.0	13.0
中值封拱温度/℃	15.0	13.0	13.0	13.0	12.0（13.0）*	12.0（13.0）*
高值封拱温度/℃	15.0	14.0	13.0	13.0	11.5	11.5

＊　（　）内温度为孔口部位封拱温度。

2. 封拱温度基本方案选定

按照包络式的方法确定封拱温度的原则，结合高值、中值、低值封拱温度方案在不同边界条件下的坝体应力计算成果，计算拟定的封拱温度方案在各种温度边界条件下的坝体应力。计算结果表明，高值封拱方案在温度边界为中值和低值的情况下，坝体应力超标；中值封拱方案在温度边界为中值和低值的情况下，坝体应力超标；低值封拱温度方案在温度边界为中值和高值的情况下，坝体应力基本满足应力控制标准。温度边界为低值是对拱坝应力最不利的情况。

在以上 3 个代表性封拱温度方案的基础上，通过多个改进方案的比较分析，选定的封拱温度基本方案见表 3.1-7。针对坝体应力最不利的低温温度边界进行应力复核，结果表明，坝体的拉压应力均满足设计控制标准，该封拱温度基本方案是合适的。

表 3.1-7 封 拱 温 度 基 本 方 案

高程范围	1885.00~1850.00m	1850.00~1770.00m	1770.00~1730.00m	1730.00~1650.00m	1650.00~1580.00m
封拱温度/℃	15.0	14.0	13.0	12.0	13.0

3. 封拱温度方案优化确定

针对封拱温度基本方案进行坝体应力复核，并根据坝身结构特点和施工期温控防裂要求，对局部封拱温度进行了一定的优化和调整：

（1）鉴于坝身孔口温度边界条件复杂，孔口区域的应力分布也较复杂，适当降低孔口的封拱温度，如深孔部位封拱温度由 13℃ 调整至 12℃。

（2）基础强约束区过低的封拱温度，会增加施工期混凝土应力，增加施工期混凝土开裂的风险，特别是陡坡坝段的基础部位。因此，将基础强约束区的封拱温度适当提高，封拱温度不低于 13℃。

考虑库水温的不确定性，采用前述"高、中、低"包络式温度边界进行优化选定的封拱温度下的坝体应力复核（表 3.1-8），计算结果表明，锦屏一级特高拱坝在可能出现的各种温度边界条件下坝体应力均满足应力控制标准的要求，从而最终确定封拱温度方案。大坝封拱温度及最高温度分区见图 3.1-4。

表 3.1-8 推荐封拱温度在不同温度边界条件下的上下游面最大主应力

温度边界	计算工况	上 游 面		下 游 面	
		拉应力/MPa	压应力/MPa	拉应力/MPa	压应力/MPa
高温度边界	正常+温降	−1.02	7.08	−0.93	7.76
	死水位+温降	−0.96	7.11	−1.02	7.70
	正常+温升	−1.00	7.58	−0.87	5.19
	死水位+温升	−1.03	7.60	−1.08	5.09
	校核+温升	−1.01	7.06	−0.95	7.83
中温度边界	正常+温降	−1.06	7.01	−0.79	7.80
	死水位+温降	−0.98	7.04	−0.87	7.70
	正常+温升	−1.13	7.52	−0.92	5.33
	死水位+温升	−1.11	7.55	−1.08	5.20
	校核+温升	−1.06	7.00	−0.81	7.87

温度边界	计算工况	上　游　面		下　游　面	
		拉应力/MPa	压应力/MPa	拉应力/MPa	压应力/MPa
低温度边界	正常＋温降	−1.16	6.98	−0.75	7.85
	死水位＋温降	−1.09	7.00	−0.84	7.76
	正常＋温升	−1.18	7.48	−0.96	5.37
	死水位＋温升	−1.17	7.51	−1.13	5.25
	校核＋温升	−1.16	6.96	−0.78	7.93

3.1.4　温控标准

1. 温差控制标准

采用《水工建筑物荷载设计规范》(DL 5077—1997)和三维线弹性有限元分析计算了坝体温度场和应力场。综合基础温差、上下层温差、内外温差的控制要求,同时尽可能简化大坝温度控制措施,方便施工及管理,锦屏一级特高拱坝采用温差控制标准 $\Delta T \leqslant 14℃$。

2. 最高温度控制

拱坝横缝接缝灌浆前,混凝土冷却到相应的封拱温度 T_f,混凝土最高温度 T_{max} 的控制标准为 $T_{max} \leqslant T_f + \Delta T$。依据大坝混凝土材料主要技术指标、混凝土分区、坝体横缝布置及结构型式,通过坝体准稳定温度场及稳定温度场计算和拱坝静动应力分析,确定各坝段不同高程的最高温度 T_{max} 在 26~29℃ 之间,T_{max} 控制范围见图 3.1-4。

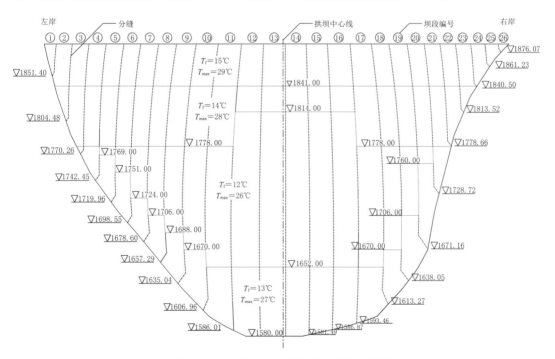

图 3.1-4　大坝封拱温度及最高温度分区图

3. 降温过程要求

根据拱坝混凝土温控要求，为将施工期混凝土温度降低至封拱温度，分一期、中期、二期等三个冷却阶段进行混凝土降温（图 3.1 - 5）。各温度控制阶段应严格控制混凝土的降温幅度及降温速率。一期冷却的降温幅度不超过 6℃，目标温度 T_{c1} 控制在 21～23℃；中期冷却的降温幅度不超过 5℃，目标温度 T_{c2} 控制在 17～18℃；二期冷却的降温幅度不超过 6℃，目标温度 T_f 控制在 12～15℃。同时，为使各阶段的降温尽可能均匀平顺，并且降温速率满足要求，各期冷却降温时间不宜低于表 3.1 - 9 的规定值。

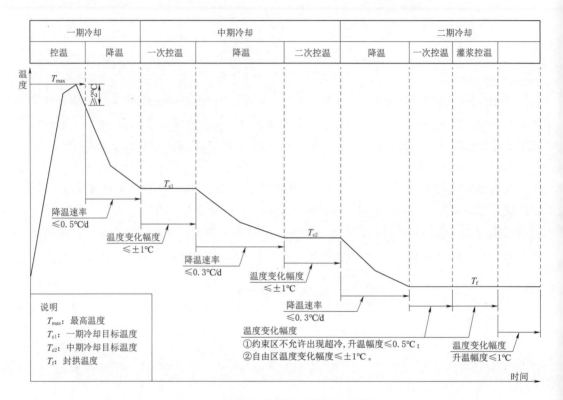

图 3.1 - 5　混凝土分期冷却降温过程示意图

表 3.1 - 9　　　　　　　　　　大坝混凝土各阶段降温控制表

冷却阶段	降温幅度/℃	目标温度/℃	降温速率/(℃/d)	降温时间/d
一期冷却	5～6	21～23	≤0.5	≥21
中期冷却	3～5	17～18	≤0.3	≥28
二期冷却	3～6	12～15	≤0.3	≥42

由于灌浆区内各浇筑层浇筑时间不同，二期冷却阶段以灌浆区为单元进行控制，在二期冷却开始之前灌浆区内的部分浇筑块应进行中期冷却控温，通过控温使同一灌区不同浇筑层的混凝土在二期冷却过程中同步降温。

为了保证灌浆质量，除了通过二期冷却把坝体温度降低到设计值外，还要保证灌浆前横缝有一定的开合度。因此，接缝灌浆时，需要考虑温控及横缝灌浆开合度等控制标准。灌浆区接缝灌浆开始时，要求灌浆区两侧坝块混凝土和同高程相邻坝段应同时冷却至设计封拱温度，同时灌浆区及其上部的同冷区、过渡区、盖重区也应进行相应的冷却，其降温幅度应满足温度梯度要求（图 3.1-6）。

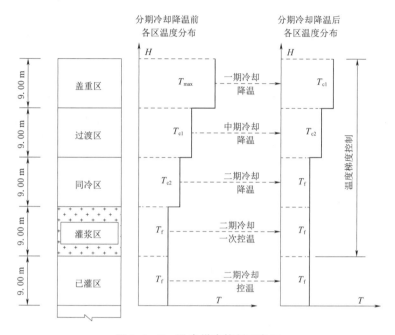

图 3.1-6 温度梯度控制示意图

（1）已灌区：温度为设计封拱温度 T_f。
（2）灌浆区：进行二期冷却灌浆控温，温度为设计封拱温度 T_f。
（3）同冷区：进行二期冷却控温，温度为设计封拱温度 T_f。
（4）过渡区：进行中期冷却降温或控温，目标温度为 T_{c2}。
（5）盖重区：进行一期冷却降温，目标温度为 T_{c1}。

此外，接缝灌浆区两侧坝体混凝土龄期不得小于 120d，接缝的开合度不应小于 0.5mm。

3.1.5 温控措施

解决拱坝裂缝问题的主要措施有结构分缝分块措施和温控措施，而温控措施是解决拱坝施工期开裂的关键。锦屏一级特高拱坝在明确分缝方案后，分别对混凝土浇筑方式、冷却方式和混凝土养护进行了数值分析和研究，确定了从原材料控制、浇筑温度控制、浇筑层厚和间歇期控制，到水管分期冷却、混凝土养护及意外应急控制的混凝土全过程的温度控制措施和标准，保证了混凝土浇筑质量，其中较为关键的水管冷却措施的主要内容如下。

（1）冷却水管垂直间距为 1.5m；0.4L（L 为坝段基础宽度）高程以下水管布置间距为 1.0m×1.5m，其上水管布置间距为 1.5m×1.5m。

（2）一期冷却通水水温为 14～16℃，控温阶段通水流量为 1.2～1.8m³/h，低温季节宜采用低值，高温季节宜采用高值，降温阶段通水流量为 0.9～1.2m³/h；中期冷却通水水温为 14～16℃，降温阶段通水流量为 0.9～1.2m³/h，控温阶段参考通水流量为 0.3～0.9m³/h；二期冷却水温为 9～12℃，降温阶段通水流量为 0.9～1.2m³/h，控温阶段通水流量为 0.9～1.2m³/h。

（3）及时准确掌握拱坝大体积混凝土施工期温度及变化过程是温控防裂工作精细化的基础，也是温控防裂工作的一部分。采用传统的冷却水管闷温量测水温的方法无法满足及时准确的要求，有必要采用更精准的技术监测拱坝混凝土施工温度。锦屏一级特高拱坝首次在全坝全部仓块埋设温度计进行混凝土全过程温度监测。开始试验性埋设时，分别按一仓混凝土埋设 27 支、9 支和 3 支温度计进行比较，以便全面掌握浇筑仓温度分布规律；正式实施时，在 3m 浇筑仓布置 2～3 支温度计（高程 1850.00m 以上每仓 2 支，高程 1850.00m 以下每仓 3 支），在 4.5m 浇筑仓布置 3～6 支温度计，在坝体特殊部位（牛腿、孔口、强约束区等）增加温度计；垫座仓面大，埋设 4～6 支温度计。浇筑仓内温度计沿上下游方向分上、中、下游分布，沿仓层厚度方向分下、中、上部布置，尽量较准确地反映浇筑仓块内部温度。若该浇筑仓内设置有应变计、永久温度计或相邻横缝上设置有测缝计，则该浇筑仓不再设置温度计。大坝混凝土温控温度计共有 3967 支，冷却水管共有 3335 套；全坝和垫座的温控温度计及永久温度计总计 5205 支。根据温控的不同阶段，每支温度计每隔 4h、8h 和 12h 观测一次，观测时长达 92～180d。临时温度计采用铜电阻式，测量范围 −30～70℃，精度 ±0.3℃，耐水压 0.5MPa。

锦屏一级特高拱坝施工期温度计数量多，监测频次高，监测时间长，监测和资料整理分析工作量浩大；且现场监测作业面宽度和高差范围大，仪器电缆多，人工监测也容易出错；常规的人工监测和资料整理难以满足实时快速监控的要求，因此实施了施工期温度监测自动化采集与分析。温度监测自动化采集单元 MCU 布置在高程 1730.00m、1785.00m、1829.00m 三层坝体廊道内。大体积混凝土施工期冷却通水智能控制系统、自动化温度采集系统与拱坝温控信息集成系统的数据融合应用，实现了大体积混凝土温度控制智能化，使温控工作做到"自动监测、少人维护、异常报警、智能调控"。

3.1.6 温控措施的有效性检验

针对确定的温度控制标准和拟定的温度控制措施，锦屏一级特高拱坝对河床坝段、陡坡坝段及左岸垫座进行了温度应力仿真检验计算，成果表明，主要温控指标和措施是合适的。下面以河床坝段为例，简要介绍温度应力的检验成果。

13 号坝段为河床拱冠坝段，同时集表孔、深孔和导流底孔于一体，在温度应力和温度控制方面具有典型意义。因此，考虑气候条件、表面保温、混凝土材料的热学及力学性能等，模拟按照设计方案进行 13 号坝段浇筑时坝体温度及应力的发展规律和变化历程。仿真模型见图 3.1-7，温度边界条件为多年平均地面温度，仓面表面流水时，表面温度为多年平均河水温度。地基底部采用固定约束，地基侧面采用法向约束，计算中考虑河床坝段两侧封拱灌浆后约束的情况，13 号坝段温控仿真计算结果见表 3.1-10 和图 3.1-

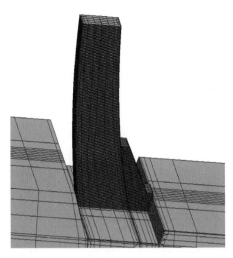

图 3.1-7 13 号河床坝段有限元模型

8～图 3.1-11。

仿真计算结果表明，按设计方案进行温控，大坝最高温度可控制在 27.0℃以下，能够满足温控标准。从坝体应力情况来看，最大拉应力 1.8MPa 左右，位于靠近基础的区域；上部坝体中心顺河向拉应力大都在 1.0MPa 以下；孔口最大拉应力在 1.0MPa 左右，安全系数都在 2.0 以上，能够满足混凝土抗裂要求。

温度应力的产生主要源于上下层约束。温控方案中，由于高度方向的冷却梯度得到了较好的控制，同冷区高度对温度应力的影响并不明显，表明在冷却时保持良好的高度方向的温度梯度是非常重要的。混凝土具有徐变的特性，温度应力随

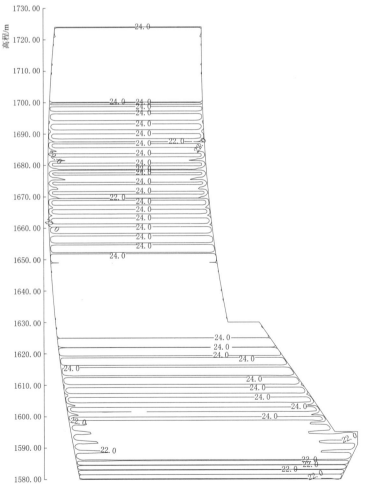

图 3.1-8 最高温度包络图（单位：℃）

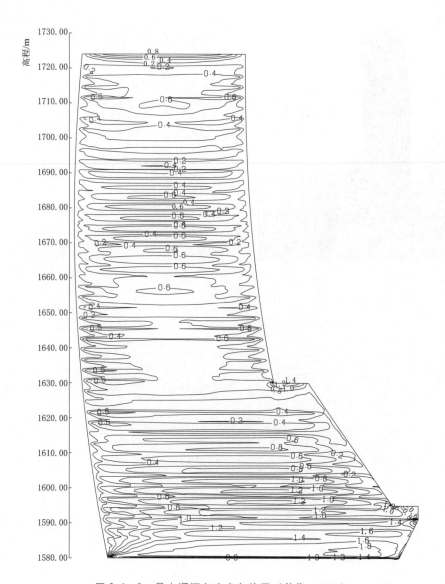

图 3.1-9 最大顺河向应力包络图 (单位: MPa)

表 3.1-10   13 号坝段温度应力计算成果

位置	最高温度 /℃	拉应力及安全系数			
		顺河向应力/MPa	安全系数	坝轴向应力/MPa	安全系数
0.4L 以下	25.6	1.8	2.10	1.0	3.78
0.4L 以上	26.3	0.8	4.73	0.7	5.40
底孔/深孔	25.8/25.3	1.0	3.78	0.6	6.30

作用时间的增长而减小,产生应力松弛。混凝土的降温冷却应充分发挥混凝土材料的徐变特性,通过持续的缓慢降温达到减小温度应力的目的。

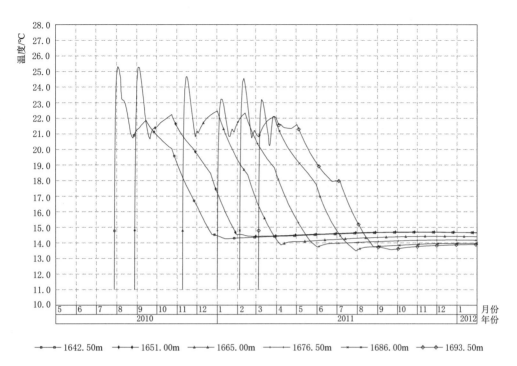

图 3.1－10　不同高程测点温度过程线

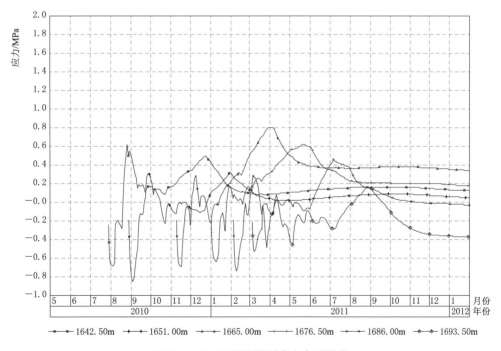

图 3.1－11　不同高程测点应力过程线

3.2 温控过程仿真及效果分析

3.2.1 仿真分析思路

    锦屏一级特高拱坝施工历时长，温度控制的边界条件复杂，为了及时评价温度控制措施的有效性，分析结构状态的安全性，进行了全过程的温度监测和温控仿真分析，思路如下：模拟混凝土浇筑过程，考虑水压、自重、温度等各种荷载和边界条件作用，根据监测资料进行热力学参数的反演和修正，采用更为真实的参数，充分考虑弹性模量、自生体积变形和徐变等作用，逐时段计算仿真整个施工期大坝的温度过程、应力过程、变形过程等基本过程，预测大坝不利应力发生的可能性及时空分布，从而准确判断拱坝施工期温度应力控制情况。特高拱坝温控仿真分析流程见图 3.2-1。

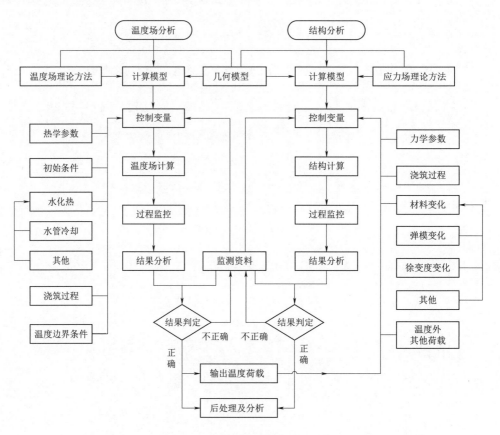

图 3.2-1 特高拱坝温控仿真分析流程

3.2.2 仿真分析方法

    考虑水管冷却的混凝土等效热传导方程为

$$\frac{\partial T}{\partial t} = a\ \nabla^2 T + (T_0 - T_w)\frac{\partial \Phi}{\partial t} + \theta_0\ \frac{\partial \Psi}{\partial t} \tag{3.2-1}$$

$$\Psi(t) = \frac{m}{m-b}(e^{-bt} - e^{-mt}) \tag{3.2-2}$$

$$a = \lambda/c\rho \tag{3.2-3}$$

式中：T 为混凝土温度，℃；t 为时间，s；a 为混凝土导温系数，m^2/s；λ 为混凝土导热系数，$kJ/(m \cdot h \cdot ℃)$；c 为混凝土比热容，$kJ/(kg \cdot ℃)$；ρ 为混凝土密度，kg/m^3；∇^2 为拉普拉斯算子；T_0 为混凝土初温，℃；T_w 为水管进口处的冷却水温度，℃；θ_0 为混凝土最终绝热温升，℃；m、b 为常数。

其中 Φ 的表达式如下：

（1）当 $z(z = a\tau/D^2) > 0.75$ 时：

其中
$$\Phi = e^{-b_1 \tau^s} \tag{3.2-4}$$

$$b_1 = k_1(a/D^2)^s \tag{3.2-5}$$

$$k_1 = 2.08 - 1.174\eta + 0.256\eta^2 \tag{3.2-6}$$

$$s = 0.971 + 0.1485\eta - 0.044\eta^2 \tag{3.2-7}$$

$$\eta = \lambda L/c_w \rho_w q_w \tag{3.2-8}$$

（2）当 $z \leqslant 0.75$ 时：

其中
$$\Phi = e^{-b\tau} \tag{3.2-9}$$

$$b = ka/D^2 \tag{3.2-10}$$

$$k = 2.09 - 1.35\eta + 0.32\eta^2 \tag{3.2-11}$$

式中：τ 为时间变量；c_w 为冷却水比热容，$kJ/(kg \cdot ℃)$；ρ_w 为冷却水密度，kg/m^3；q_w 为冷却水流量，m^3/s；D 为混凝土圆柱体的直径，m；L 为混凝土圆柱体长度，m；其他符号含义同前。

混凝土施工期应力仿真除了考虑温度等荷载和约束条件的变化外，必须要考虑混凝土材料本身的硬化过程。将混凝土的徐变度 $C(t, \tau)$ 表示为

$$C(t,\tau) = \sum \phi_s(\tau)[1 - e^{-r_s(t-\tau)}] \tag{3.2-12}$$

式中：$\phi_s(\tau)$ 为时间 τ 的函数；r_s 为拟合参数。

根据相邻时刻的徐变应变增量的比较，可以得到徐变应变增量 $\Delta\varepsilon_n^c$ 的递推公式：

$$\Delta\varepsilon_n^c = \varepsilon^c(t_n) - \varepsilon^c(t_{n-1})$$
$$= \sum (1 - e^{-r_s \Delta\tau_n})\omega_{sn} + \Delta\sigma_n C(t_n, \overline{\tau}_n)$$
$$= \eta_n + \Delta\sigma_n C(t_n, \overline{\tau}_n) \tag{3.2-13}$$

其中
$$\eta_n = \sum (1 - e^{-r_s \Delta\tau_n})\omega_{sn} \tag{3.2-14}$$

$$\omega_{sn} = \omega_{s,n-1} e^{-r_s \Delta\tau_{n-1}} + \Delta\sigma_{n-1}\phi_s(\overline{\tau}_{n-1}) e^{-0.5 r_s \Delta\tau_{n-1}} \tag{3.2-15}$$

$$\omega_{s1} = \Delta\sigma_0 \phi_s(\tau_0) \tag{3.2-16}$$

$$\Delta\tau_n = \tau_n - \tau_{n-1} \tag{3.2-17}$$

$$\overline{\tau}_n = (\tau_{n-1} + \tau_n)/2 \tag{3.2-18}$$

式中：$\Delta\sigma_n$ 为 n 时段的应力增量。

一般情况下，混凝土在时段 $\Delta\tau_n$ 内产生的应变增量为

$$\{\Delta\varepsilon_n\} = \{\Delta\varepsilon_n^e\} + \{\Delta\varepsilon_n^c\} + \{\Delta\varepsilon_n^T\} + \{\Delta\varepsilon_n^0\} + \{\Delta\varepsilon_n^s\} \qquad (3.2-19)$$

式中：$\Delta\varepsilon_n^e$ 为弹性应变增量；$\Delta\varepsilon_n^T$ 为自由温度应变增量；$\Delta\varepsilon_n^c$ 为徐变应变增量；$\Delta\varepsilon_n^0$ 为自生体积应变增量；$\Delta\varepsilon_n^s$ 为干缩应变增量。

在空间应力作用下，弹性应变增量、徐变应变增量和温度应变矩阵计算如下：

$$\begin{cases} \{\Delta\varepsilon_n^e\} = \dfrac{1}{E(\overline{\tau}_n)}[Q]\{\Delta\sigma_n\} \\[2mm] \{\Delta\varepsilon_n^c\} = \{\eta_n\} + C(t_n, \overline{\tau}_n)[Q]\{\Delta\sigma_n\} \\[2mm] \{\Delta\varepsilon_n^T\} = \{\alpha\Delta T_n, \alpha\Delta T_n, \alpha\Delta T_n, 0, 0, 0\} \end{cases} \qquad (3.2-20)$$

其中

$$\eta_n = \sum (1 - e^{-r_s\Delta\tau_n})\omega_{sn} \qquad (3.2-21)$$

$$\omega_{sn} = \omega_{s,n-1}e^{-r_s\Delta\tau_{n-1}} + [Q]\Delta\sigma_{n-1}\phi_s(\overline{\tau}_{n-1})e^{-0.5r_s\Delta\tau_{n-1}} \qquad (3.2-22)$$

$$[Q] = \begin{bmatrix} 1 & -\mu & -\mu & 0 & 0 & 0 \\ -\mu & 1 & -\mu & 0 & 0 & 0 \\ -\mu & -\mu & 1 & 0 & 0 & 0 \\ 0 & 0 & 0 & 2(1+\mu) & 0 & 0 \\ 0 & 0 & 0 & 0 & 2(1+\mu) & 0 \\ 0 & 0 & 0 & 0 & 0 & 2(1+\mu) \end{bmatrix} \qquad (3.2-23)$$

式中：$[Q]$ 为考虑泊松效应的矩阵。

将式（3.2-20）代入式（3.2-19），整理得到：

$$\{\Delta\sigma_n\} = [\overline{D}_n](\{\Delta\varepsilon_n\} - \{\eta_n\} - \{\Delta\varepsilon_n^T\} - \{\Delta\varepsilon_n^0\} - \{\Delta\varepsilon_n^s\}) \qquad (3.2-24)$$

其中

$$[\overline{D}_n] = \overline{E}_n[Q]^{-1} \qquad (3.2-25)$$

$$\overline{E}_n = \frac{E(\overline{\tau}_n)}{1 + E(\overline{\tau}_n)C(t_n, \overline{\tau}_n)} \qquad (3.2-26)$$

式中：$\overline{E}_n$ 为等效弹性模量。

3.2.3 仿真分析模型

根据现场实际的开挖、基础处理、结构设计及地质资料进行了有限元建模，采用计算精度较高的六面体网格进行剖分，仿真分析整体模型见图 3.2-2。仿真模型完整地模拟了大坝、坝体横缝、下游贴角、左岸混凝土垫座、垫座斜缝、水垫塘，以及孔口、闸墩、下游牛腿等细部结构；为适合温度场分析要求，有限元网格剖分时顾及了坝体上下游面、地基垫层、贴角等与水和空气接触部位网格的梯度变化（图 3.2-3）。已浇筑混凝土按实际进行模拟，真实反映整个坝段的实际跳仓浇筑进度和横缝的实际灌浆进程。基础四周轴向约束，底部全约束，初始计算参数见表 3.1-5。

3.2.4 混凝土绝热温升参数反馈分析

综合考虑现场和试验成果，分区和分浇筑时段分别进行反演分析。绝热温升参数反演公式为

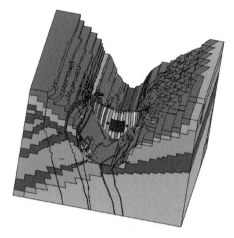 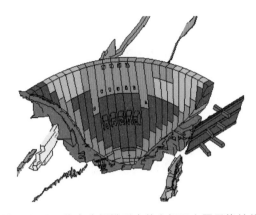

图 3.2-2 仿真分析整体模型   图 3.2-3 仿真分析模型中的大坝及主要置换结构

$$\overline{\theta} = \overline{\theta}_0 \tau / (\tau + \alpha_0) \tag{3.2-27}$$

式中：$\overline{\theta}$ 为绝热温升，℃；$\overline{\theta}_0$ 为绝热温升值，℃；τ 为混凝土浇筑后的时间，d；α_0 为绝热温升系数，d。

2011 年 9 月，对混凝土参数进行了系统的分析。选取不同混凝土分区内典型温度测点数据，进行绝热温升参数反演。经过多次试算，最终拟定 A 区纤维混凝土、A 区普通混凝土、B 区混凝土、C 区混凝土的绝热温升分别取为 29.5℃、29℃、28℃、27℃；绝热温升系数 α_0 冬季取 4.1d、夏季取 3.1d，以描述不同季节、不同浇筑温度的情况对发热快慢的影响，典型仓号混凝土中心点温度过程线对比见图 3.2-4。

采用反演参数对全坝段已浇筑混凝土进行反馈分析，不同高程典型点的反馈计算温度与实测温度吻合较好，表明仿真反馈的温度过程能够较好地反映坝体混凝土实际的温升和温降过程，由此反演得到的绝热温升曲线能够较真实地反映混凝土的绝热温升曲线，可以

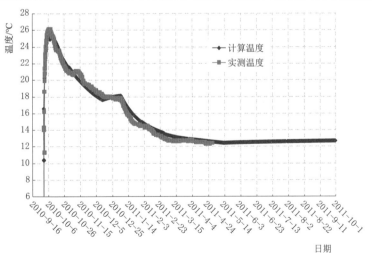

(a) 11号-21典型点

图 3.2-4 (一) 典型仓号混凝土中心点温度过程线对比图

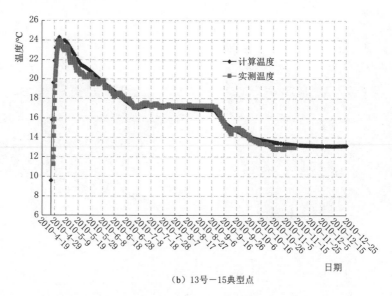

（b）13号—15典型点

图 3.2-4（二） 典型仓号混凝土中心点温度过程线对比图

用于施工期温度仿真分析。

3.2.5 仿真分析成果

1. 计算值与实测值的符合性

根据反馈的参数进行温度及应力仿真计算，典型测点的计算温度曲线见图 3.2-5，与实测温度曲线吻合较好；反馈得到的大坝最高温度包络见图 3.2-6，典型时刻大坝计算温度场见图 3.2-7，坝体混凝土的最高温度在 26~28℃ 范围内，与实际监测的最高温度值吻合。

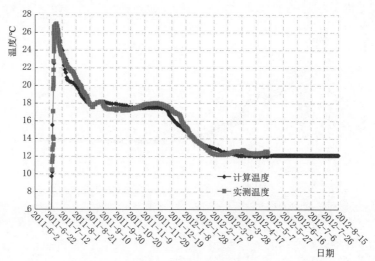

图 3.2-5 典型点计算温度与实测温度对比过程线

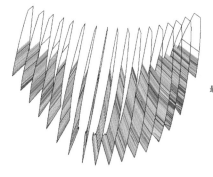

最高温度/℃

26.000
25.778
25.556
24.333
23.111
21.889
20.667
19.444
18.222

图 3.2-6　大坝最高温度包络图

最高温度/℃

25.577
23.953
22.329
20.705
19.081
17.457
15.833
14.209
12.585
10.961

图 3.2-7　典型时刻大坝计算温度场

温度仿真分析表明，仿真计算温度与实际监测的最高温度值吻合，仿真反馈的温度过程能够较好地反映坝体混凝土实际的温升和温降过程，由此产生的温度应力结果可以作为评价温度裂缝风险的依据。

2. 仿真计算的应力成果分析

根据实际实施的温控措施进行浇筑块温度场的实时分析，按照实际情况考虑混凝土浇筑的仓面，上、下游面，侧面的边界条件和初值条件包括气温、水温、风速、地基初始温度场、混凝土初始温度场、浇筑模板、保温材料的影响等，并考虑混凝土自重随浇筑进度的变化、混凝土弹性模量随时间变化过程、徐变、自生体积变形等，计算得到坝体在自重和温度作用下的施工期应力。以至 2012 年 6 月 25 日对应的结果为例，分析各坝段第一主应力、横河向、顺河向和竖直向最大应力包络，见图 3.2-8。

（1）第一主应力主要受施工期温度荷载影响，约束区温度应力较大，且陡坡坝段约束区的温度应力大于河床坝段，下游坝趾部位应力大于上游坝踵部位应力；约束区最大拉应力为 1.7MPa，脱离约束区后温度应力一般小于 1MPa，内部温度应力均小于允许拉应力。

（2）横河向应力主要受施工期温度荷载影响，约束区温度应力较大，且陡坡坝段约束区的温度应力大于河床坝段；约束区最大横河向拉应力为 1.5MPa，脱离约束区后温度应力小于 1.0MPa，内部温度应力均小于允许拉应力。

（3）顺河向应力主要受施工期温度荷载影响，约束区温度应力较大，且陡坡坝段约束区温度应力大于河床坝段，下游坝趾部位应力大于上游坝踵部位应力；约束区最大顺河向拉应力为 1.6MPa，脱离约束区后温度应力一般小于 1MPa，内部温度应力均小于允许拉应力。

（4）竖向应力主要由自重决定，主要为受压应力。由于拱坝体型倒悬的影响，上游面坝踵部位有较大压应力；11～16 号坝段坝踵部位 10m 范围压应力为 7MPa，坝踵局部有应力集中现象，受温度应力影响，上部高程内部区域存在一定的拉应力，拉应力值一般小于 0.1MPa，小于允许拉应力。

综上所述，仿真计算成果表明，坝体混凝土的最高温度控制在 26～28℃，满足温控标准；内部温度应力均小于允许拉应力，大坝整体应力状态良好。

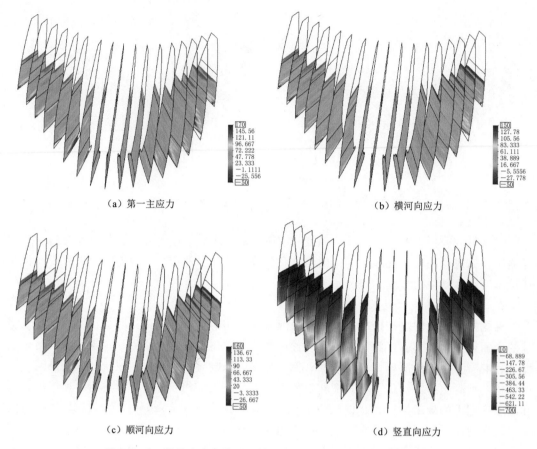

（a）第一主应力　　　　　　　　　　　　（b）横河向应力

（c）顺河向应力　　　　　　　　　　　　（d）竖直向应力

图 3.2-8　坝体应力包络图（拉为正，压为负，单位：0.01MPa）

3.2.6　温控效果分析

1. 温度过程控制

根据 2009 年 3 月 14 日至 2012 年 11 月 8 日气温数据，其昼夜温差大于 14℃的天数占 31%。坝址区每年 11 月至次年 4 月为旱季和风季，期间日照多、湿度小、日温差大、刮风时间长，温控难度较大。

锦屏一级大坝混凝土自 2009 年 10 月 23 日开始浇筑施工，2013 年 12 月 23 日全部浇筑完成，共历时 50 个月，累计浇筑大坝混凝土 507.2 万 m³。混凝土浇筑单元工程数 1492 个（其中，层厚 4.5m 浇筑单元数 534 个）。经统计分析，最高温度符合率达 96.7%（其中，高程 1730.00m 以下为 95.2%、高程 1730.00m 以上为 97.7%），大坝内部温差符合率一期为 95.4%、中期为 96.8%、二期为 100%，内部温度回升符合率达到 96.4%；降温速率符合率一期为 98.2%、中期为 98.6%、二期为 99.1%。主要指标控制效果见表 3.2-1～表 3.2-4，各检测或监测指标符合率均大于 95%，满足设计温控评价指标要求，大坝混凝土没有出现温度裂缝，工程蓄水后也未发现任何坝体渗水情况，整个大坝运行状态良好。

表 3.2-1　　　　　　　　大坝混凝土最高温度符合率统计评价表

部位	设计温度 /℃	埋设温度计 数量/支	最大值 /℃	最小值 /℃	平均值 /℃	超设计温度计 数量/支	符合率 /%	平均率 /%
高程1730.00m 以下	≤26	478	35.4	19.8	24.4	38	92.1	95.2
	≤27	910	33.6	15.6	24.2	22	97.6	
	≤28							
	≤29							
	≤32	230	38.1	21.2	26.4	17	92.6	
高程1730.00m 以上	≤26	586	39.4	19.0	24.0	28	95.2	97.7
	≤27	194	26.7	19.2	23.7	0	100.0	
	≤28	770	30.3	18.5	24.2	10	98.7	
	≤29	550	30.8	18.7	24.7	7	98.7	
	≤32	249	35.2	17.1	26.9	10	96.0	

注　孔口坝段牛腿、闸墩部位混凝土温度按不超过32℃进行评定，1730.00m高程以上为自动化监测。

表 3.2-2　　　　　　　　大坝各期冷却内部温差统计评价表

一 期 冷 却			中 期 冷 却			二 期 冷 却		
≤4℃单元数 /个	单元总数 /个	符合率 /%	≤4℃单元数 /个	单元总数 /个	符合率 /%	≤4℃单元数 /个	单元总数 /个	符合率 /%
1423	1492	95.4	1444	1492	96.8	1492	1492	100

表 3.2-3　　　　　　　　大坝各期冷却内部降温速率统计评价表

一期冷却降温速率			中期冷却降温速率			二期冷却降温速率		
符合测次	超标测次	符合率/%	符合测次	超标测次	符合率/%	符合测次	超标测次	符合率/%
109102	1974	98.2	109532	1544	98.6	165178	1436	99.1

表 3.2-4　　　　　　　　大坝混凝土温度回升统计评价表

温度回升大于1℃ 温度计/支	回升小于1℃ 温度计/支	未回升温度计 /支	温度计总数 /支	符合率 /%
144	129	3694	3967	96.4

2. 横缝封拱温度

锦屏一级特高拱坝经过合理的中期冷却和二期冷却过程，封拱温度基本控制在规定的目标温度范围内。拱坝横缝测缝计实测封拱温度见表3.2-5，大坝高程1840.00m以下146个测点，实测封拱温度最小值10.7℃，最大值15.6℃，平均值13.2℃。大坝高程1840.00m以上45个测点，实测封拱温度最小值12.5℃，最大值17.0℃，平均值14.4℃。测缝计所测温度主要反映灌区横缝中部温度，混凝土实测温度比横缝面温度低0.5～1.5℃。大坝表孔部位坝体厚度相对较薄，温度边界条件复杂，受外界热量倒灌等影响，混凝土温度偏高。以坝体温度计和闷温法成果作为封拱温度标准，温度合格率大于95%，满足设计要求。

表 3.2 - 5 拱坝实测横缝处封拱温度

高程/m	横 缝								
	3 号	5 号	7 号	10 号	13 号	16 号	19 号	21 号	23 号
	封拱温度/℃								
1882.70	13.7	13.7	14.6	14.9	17.0	14.1	13.3	12.6	15.4
1873.70	13.7	14.2	13.7	14.6	15.8	13.9	14.8	13.7	14.6
1864.70	14.0	13.9	13.7	14.8	14.2	12.9	12.5	14.8	14.5
1855.70	15.0	14.4	14.4	13.8	16.9	13.8	14.8	13.8	14.0
1846.70	14.2	14.3	14.6	15.0	14.2	14.0	13.1	16.5	15.1
1837.70	14.1	14.1	13.8	14.2	15.0	14.0	14.0	15.6	
1828.70	14.1	14.2	14.1	13.7	13.3	14.0	14.0	13.6	
1819.70	14.1	14.8	14.3	15.3	15.4	14.9	14.0	13.4	
1810.70	14.0	14.4	14.8	14.1	13.1	13.8	13.6	12.5	
1801.70	14.2	14.1	14.8	13.8	12.4	13.5	14.4	13.3	
1792.70	14.2	19.3	14.3	14.4	12.4	12.1	12.1	14.9	
1783.70	13.2	13.3	12.8	12.3	12.7	13.2	13.5	12.4	
1774.70	13.1	12.4	12.0	11.9	13.9	12.2	12.0		
1765.70		12.3	12.3	12.0	11.4	11.9	11.9		
1756.70		12.9	12.6	11.4	10.7	11.3	12.5		
1747.70		12.4	11.6	12.1	11.9	12.8	12.5		
1738.70		15.3	12.5	12.6	12.2	12.5	12.7		
1729.70		12.2	12.5	13.1	12.7	12.6	13.0		
1720.70			13.4	12.9	13.0	11.9	12.7		
1711.70			12.6	12.1	12.6	11.7	13.0		
1702.70			12.2	11.6	11.0	11.7	11.5		
1693.70			12.2	12.3	11.4	11.8	13.0		
1684.70			12.8	12.0	12.0	12.0	12.2		
1675.70				11.7	11.5	12.5			
1666.70				14.1	12.8	15.3			
1657.70				13.0	12.3	13.3			
1648.70				12.6	13.1	12.5			
1639.70				13.6	12.5	12.5			
1630.70				13.6	13.5	13.1			
1621.70				10.7	11.2	12.5			
1612.70				12.8	13.0	12.0			
1603.70					13.2	12.4			
1591.70					14.7				
1585.40					13.2				

3.3 上部封拱时机控制

混凝土高拱坝一般分阶段自下而上进行接缝灌浆形成整体，浇筑和接缝灌浆过程要经历几年时间，同时高拱坝一般要研究提前蓄水发电，分期蓄水后拱坝上部混凝土的浇筑和接缝灌浆还在继续进行，受库水压力作用坝体上部缝面受压挤紧，将会影响二期冷却后横缝的最大开合度，不利于接缝灌浆的正常进行。如果在高水位接缝灌浆，低水位运行时拱坝向上游方向的回弹变形可能会引起高高程横缝拉开。为了解坝体横缝开合度情况，在大坝典型横缝上布设测缝计对坝体横缝开合度进行监测，并且实现自动化监测，施工期用于接缝灌浆施工的数据支撑，运行期用于判断接缝性态。

锦屏一级水电站可行性研究工程进度计划安排首台机组发电水位为 1800.00m，当年保持在 1800.00～1810.00m 水位运行，第二年汛期再蓄水至正常水位。为增加该电站初期运行期及流域梯级电站发电效益，根据现场施工形象面貌蓄水计划调整为：2013 年 6 月中旬水库开始蓄水，7 月蓄水到死水位 1800.00m，开始机组充水调试；8 月具备发电条件；10 月导流底孔封堵闸门挡水，蓄水位提高到 1840.00m，下闸前大坝接缝灌浆高程为 1850.00m。

当坝前水位达到 1840.00m 时，大坝承受相当于正常蓄水位下 72％的水推力。计算分析表明，荷载作用下坝体变位对上部未封拱区域有明显的压缝效应，若在拱坝上部高程在高水位情况下进行封拱灌浆，则当水位下降时，部分横缝因坝体变位会再次被拉开，影响拱坝的整体工作性态。

针对工程蓄水计划调整带来的相关问题，基于横缝开合度和坝体温度监测开展了拱坝上部高程封拱灌浆时机专题研究工作，主要包括各种水位条件下横缝压缝情况和可灌性预测分析、降低上部封拱温度对拱坝结构应力的影响研究等，最终确定了拱坝上部封拱方案，确保了发电效益与拱坝顺利封拱。

3.3.1 施工期横缝变化情况

1. 横缝开合度变化过程

坝体横缝开合度大小是确定横缝接缝灌浆施工方案的重要依据，在大坝典型横缝上布设测缝计对坝体横缝开合度进行监测，并对灌浆前后的横缝测缝计测值进行了详细统计分析，10 号坝段和 11 号坝段间的 10 号横缝、12 号坝段和 13 号坝段间的 12 号横缝的测缝计实测过程线见图 3.3-1，监测成果见表 3.3-1。

封拱灌浆前，坝体横缝开合度受混凝土自生体积变形、徐变、悬臂高度及温度变化的影响，在封拱灌浆前呈增大趋势。封拱灌浆后，横缝处于压紧状态，开合度不再发生较大变化。

2. 封拱时横缝开合度

根据一般要求，横缝封拱的缝面开合度应大于 0.5mm。大坝接缝灌浆（封拱）前所有横缝测缝计开合度区间分布见表 3.3-2（表中 J 为开合度），坝体中下部灌浆前横缝平均开合度在 1.8mm 左右，满足接缝灌浆标准。封拱前横缝开合度大于 0.5mm 的占总数的 84.4％。

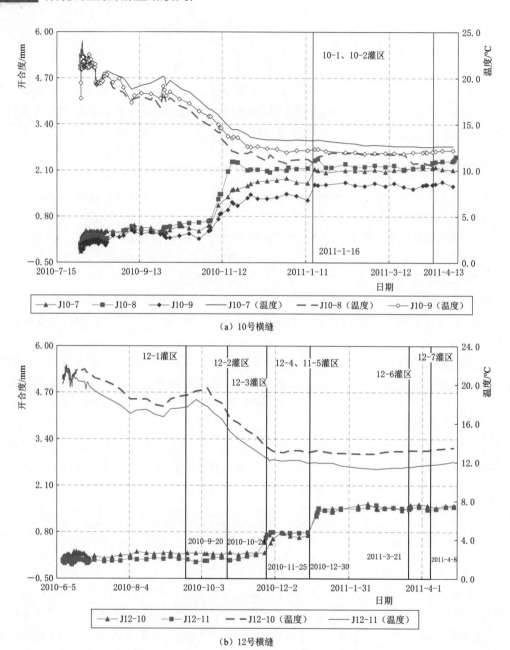

图 3.3-1 坝体典型区域横缝测缝计开合度过程线
注：J10-7、J10-8、J10-9、J12-10、J12-11 为测缝计编号。

3. 横缝开合度认识

封拱前影响横缝开合度的因素包括混凝土温度、悬臂高度、库水位、混凝土自生体积变形、基岩变形模量、徐变等，其中温度坝高与横缝开合度成较好的负相关关系，是最主要的影响因素。混凝土温度降低时，横缝开合度增大，混凝土温度升高时，横缝开合度减小。

表 3.3－1 典型横缝测缝计开合度监测成果统计表

灌区编号	横缝编号	安装高程/m	接缝灌浆日期	灌浆前开合度/mm 距上游止水3.0m	中部	距下游止水3.0m	灌浆后开合度/mm 距上游止水3.0m	中部	距下游止水3.0m	灌浆增开度/mm 距上游止水3.0m	中部	距下游止水3.0m
第1灌区	12号	1585.70	2010-9-20	0.21	0.43	-0.03	0.20	0.41	-0.03	-0.01	-0.02	0.00
	13号	1585.70	2010-9-17	0.60	0.75	0.11	0.70	0.90	0.04	0.10	0.15	-0.07
	14号	1585.70	2010-9-22	0.16	0.26	0.27	0.18	0.33	0.21	0.02	0.07	-0.06
	平均值			0.32	0.48	0.12	0.36	0.55	0.07	0.04	0.07	-0.04
第2灌区	11号	1591.70	2010-12-10	1.10	1.70	1.01	1.10	1.69	1.01	0.00	-0.01	0.00
	12号	1591.70	2010-10-24	0.39	0.30	0.42	0.48	0.47	0.42	0.09	0.17	0.00
	13号	1591.70	2010-10-24	0.63	0.73	-0.01	0.81	0.84	0.00	0.18	0.11	0.01
	14号	1591.70	2010-10-24	0.51	0.14	0.03	0.64	0.29	0.13	0.13	0.15	0.10
	15号	1591.70	2010-10-24	-0.02	0.40	0.65	0.04	0.54	0.75	0.06	0.14	0.10
	平均值			0.52	0.65	0.42	0.61	0.77	0.46	0.11	0.04	
第3灌区	13号	1603.70	2010-11-25	1.10	0.80	0.19	1.15	0.80	0.49	0.05	0.00	0.30
	16号	1603.70	2010-11-25	1.45	1.45	0.57	1.45	1.47	0.67	0.00	0.02	0.10
	平均值			1.28	1.13	0.38	1.30	1.14	0.58	0.02	0.01	0.20
第4灌区	10号	1612.70	2011-1-16	0.99	0.83	0.87	1.38	1.07	1.18	0.39	0.24	0.31
	13号	1612.70	2010-12-26	2.25	1.59	0.93	2.23	1.57	0.89	-0.02	-0.02	-0.04
	16号	1612.70	2010-12-31	1.55	1.72		1.57	1.67		0.02	-0.05	
	平均值			1.60	1.38	0.90	1.73	1.44	1.04	0.13	0.06	0.14
第5灌区	10号	1621.70	2011-1-16	1.74	2.16	1.26	2.13	2.38	1.70	0.39	0.22	0.44
	11号	1621.70	2011-4-8	3.99		1.22	4.19		1.26	0.20		0.04
	12号	1621.70	2010-12-30	0.71		0.79	1.37		1.24	0.66		0.45
	13号	1621.70	2010-12-27	3.89		1.78	3.93		1.74	0.04		-0.04
	14号	1621.70	2010-12-27	0.35		0.11	0.81		0.72	0.46		0.61
	15号	1621.70	2010-12-27	0.53		0.82	0.79		0.98	0.26		0.16
	16号	1621.70	2010-12-31	2.35	2.42	2.63	2.31	2.40	2.67	-0.04	-0.02	0.04
	平均值			1.94	2.29	1.23	2.22	2.39	1.47	0.28	0.10	0.24
第6灌区	10号	1630.70	2011-4-13	1.49	1.93	1.88	1.55	1.95	1.92	0.06	0.02	0.04
	13号	1630.70	2011-3-21	4.27		1.38	4.15		1.38	-0.12		0.00
	16号	1630.70	2011-3-21	2.69	1.85	3.03	2.77	1.93	3.15	0.08	0.08	0.12
	平均值			2.82	1.89	2.10	2.82	1.94	2.15	0.01	0.05	0.05
第7灌区	12号	1639.70	2011-3-21	0.86		0.96	1.23		1.31	0.37		0.35

表 3.3 - 2 封拱前大坝横缝开合度区间统计表

开合度范围/mm	$J<0$	$0{\leqslant}J{\leqslant}0.5$	$0.5<J<1$	$1{\leqslant}J{\leqslant}2$	$J>2$	合计
数量/支	22	82	150	272	142	668
占总数百分比/%	3.29	12.28	22.46	40.72	21.26	100.00

设坝段宽 20m，混凝土热膨胀系数取为 $7.25\times10^{-6}/℃$，则温降为 1℃时，缝隙开合度理论计算值为 0.145mm。通过对大坝温降引起的横缝开合度进行统计分析，每温降 1℃时，大坝横缝开合度平均增大 0.139mm，实测值与理论计算值基本吻合。

值得注意的是，施工期关注的是横缝的开合度变化情况，以作为接缝灌浆施工的依据；而蓄水期及运行期，更关注的是横缝是否处于压紧状态，及拱坝是否处于良好的整体受力状态。

3.3.2 坝体上部封拱时机控制

1. 首次蓄水造成高程 1850.00m 以上横缝的"压缝效应"，影响封拱灌浆

水库蓄水计划调整后，坝前水位达到 1840.00m，大坝承受相当于正常蓄水位下 72% 的水推力，荷载作用下坝体变位对上部未封拱区域有明显的压缝效应，若拱坝上部高程在高水位情况下进行封拱灌浆，缝面开合度小，可灌性差，水位下降时部分横缝因坝体变位会再次被拉开，影响拱坝整体工作性态。

针对上述问题，开展了拱坝上部高程封拱时机研究，主要包括各种水位条件下横缝压缝情况和可灌性预测分析、降低上部封拱温度对拱坝结构应力的影响研究等。

2. 影响因素分析

拱坝上部未封拱区域的横缝开合度主要受库水位和温度的影响。

(1) 库水位对横缝开合度的影响。已灌灌区横缝开合度统计资料表明，拱坝上部横缝在不考虑压缝影响时，平均开合度为 1.83mm。不同库水位与横缝开合度的仿真计算分析得到库水位与压缝总体规律如下：

1) 同一位置的横缝开合度随水位的上升呈逐步压紧状态，蓄水位越高，压缝效应越明显；拱冠梁附近下游侧横缝开合度在水位较低的情况下略呈张开趋势。

2) 靠近河床部位的横缝开合度变化规律为：同一高程上游侧压缝值最大，上游侧到下游侧压缝值逐步减小。

3) 靠近两岸部位的横缝开合度变化规律为：同一高程下游侧压缝值最大，上游侧到下游侧压缝值逐步增大。

4) 水位在 1800.00m 以下时，总体压缝值不大，平均压缝值都小于 1mm；水位由 1800.00m 升高到 1840.00m 时，平均压缝值可达 1.35mm，按照接缝灌浆前平均缝开合度 1.83mm 计算，剩余平均缝开度 0.48mm。水位达到 1840.00m 时，小范围横缝部位压缝值超过 2mm，主要集中在 1850.00m 以上部位，因此初次蓄水到 1840.00m 时，可能会对这些部位的封拱灌浆产生影响。

(2) 拱坝封拱温度对横缝开合度的影响。考虑到坝体提前挡水，水荷载引起的拱坝变位会对横缝产生部分不可恢复的压缩变形，接缝灌浆相对困难。仿真计算不同封拱温度条

件下的最大横缝开合度，成果表明封拱温度每降低1℃横缝开合度增加0.15mm左右，典型部位不同封拱温度的横缝开合度变化过程见图3.3－2。

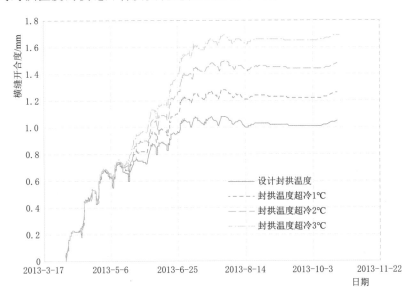

图 3.3－2　典型部位不同封拱温度的横缝开合度变化过程线

　　采用拱梁分载法计算分析了高程1840.00m以上坝体在设计封拱温度和封拱温度降低1℃时的应力情况，分别见表3.3－3和表3.3－4。封拱温度降低1℃相比设计封拱温度对高程1840.00m以上坝体应力的影响表现为：

　　1）正常蓄水位＋温降、正常蓄水位＋温升、校核洪水位＋温升工况下，上游坝面最大拉应力无变化，最大压应力增大0.11～0.12MPa；下游坝面最大拉应力无变化，最大压应力增大0.03～0.04MPa。

　　2）死水位＋温降、死水位＋温升工况下，上游坝面最大拉应力降低0.10MPa，最大压应力增大0.12MPa；下游坝面最大拉应力降低0.11MPa，最大压应力增大0.10MPa。

　　计算结果表明：由于上部封拱温度降低1℃，温度荷载中平均温度荷载相应增大，增加了拱圈的预压应力，改善了上部拱圈的应力状态。同时由于顶部拱圈分担荷载增加，中上部拱圈荷载分量相对减小，中上部拱圈的最大拉应力减小，最大压应力稍有增大，对拱坝受力有利。

表 3.3－3　　　　　设计封拱温度下高程 **1840.00m** 以上坝体的最大主应力　　　　　单位：MPa

计算工况	上　游　坝　面		下　游　坝　面	
	最大拉应力	最大压应力	最大拉应力	最大压应力
正常蓄水位＋温降	0.00	4.32	0.00	5.65
死水位＋温降	−0.34	1.60	−0.73	1.25
正常蓄水位＋温升	0.00	4.09	0.00	5.76
死水位＋温升	−0.23	2.09	−0.51	1.44
校核洪水位＋温升	0.00	4.39	0.00	6.05

表 3.3-4　　　　　　封拱温度降低 1℃ 时高程 1840.00m 以上坝体最大主应力　　　　单位：MPa

计算工况	上 游 坝 面		下 游 坝 面	
	最大拉应力	最大压应力	最大拉应力	最大压应力
正常蓄水位+温降	0.00	4.44	0.00	5.68
死水位+温降	−0.24	1.72	−0.62	1.35
正常蓄水位+温升	0.00	4.20	0.00	5.80
死水位+温升	−0.13	2.21	−0.40	1.54
校核洪水位+温升	0.00	4.50	0.00	6.08

3. 上部封拱方案

确定上部封拱灌浆方案的主要影响因素包括工程发电效益、水库运行调度、横缝实际压缝情况、表孔支撑大梁预留宽缝回填后的闸门及启闭机安装等。按照"预案研究、逐步落实、监测跟踪、动态调整、综合决策"的工作思路，结合监测成果，动态调整上部封拱方案。

按照实测开合度为主、计算开合度为辅的原则，并考虑减小作用水头、降低封拱温度、增加灌浆压力、提高横缝开度等措施，进行横缝可灌性的评价，实时确定灌浆时机，实现动态调整。具体措施如下：

（1）尽可能提高接缝灌浆高程：在 2013 年蓄水到 1840.00m 前，坝体封拱灌浆高程至 1850.00m 以上。

（2）减小水库作用水头：上部坝体在 1820.00m 水位以下进行接缝灌浆。

（3）降低封拱温度：1841.00m 高程以上封拱温度由 15℃ 降低到 14℃。

（4）在低温季节进行灌浆，尽量选择低温时段进行接缝灌浆。

（5）适当增加灌浆压力，接缝灌浆压力可增加至 0.5MPa 左右，并应根据接缝灌浆时横缝的张开、接触或闭合状态进行调整。

2014 年 4 月，通过严密监控、及时分析，在水库运行调度、现场施工等共同努力下，锦屏一级水电站在 1800.00m 死水位条件下完成了上部的接缝灌浆，除左岸 1 号、2 号横缝顶部灌区缝开合度小难以灌浆外，其余横缝均正常灌浆结束，取得了非常好的工程效益。从监测数据看，后期运行情况良好，未发现横缝灌后张开的现象。

4. 运行效果评价

全坝封拱后，接缝开合度测值进行"归零"处理，关注封拱后的变化量。截至 2018 年年底，坝体、坝基测缝计测得的特征水位下的开合度变化分布情况，见表 3.3-5～表 3.3-6 和图 3.3-3。

（1）拱坝横缝自蓄水以来，绝大多数测点测值变化量较小。首蓄期 92.75% 测缝计测值变化量小于 0.1mm。2015 年和 2016 年正常蓄水位与死水位相比，坝体测缝计测值变化较小，测值变化量小于 0.1mm 的测缝计超过 97%；2017 年正常蓄水位与死水位相比，横缝测值变化量小于 0.1mm 的测缝计超过 99%；2018 年正常蓄水位与死水位相比，横缝测值变化量小于 0.1mm 的测缝计超过 99%。

（2）建基面接触缝自蓄水以来，多数为压缩趋势。首次蓄水期坝趾区域整体呈压缩变化，说明水位上升产生的弯矩作用使得坝趾呈受压趋势，坝基接缝状态良好，且坝基 97.22% 的测缝计测值变化量小于 0.1mm。2015 年和 2016 年正常蓄水位与死水位相比，

表 3.3-5   坝体横缝开合度变化

开合度（J）变化范围/mm	首次蓄水期		2015年死水位与正常蓄水位相比		2016年死水位与正常蓄水位相比		2017年死水位与正常蓄水位相比		2018年死水位与正常蓄水位相比	
	测缝计数量/支	占总数百分比/%	测缝计数量/支	占总数百分比/%	测缝计数量/支	占总数百分比/%	测缝计数量/支	占总数百分比/%	测缝计数量/支	占总数百分比/%
$J<-0.10$	78	12.60	17	2.70	12	1.90	21	3.50	2	0.40
$-0.10\leqslant J\leqslant0$	165	26.60	443	71.30	521	83.90	480	80.50	525	98.30
$0<J<0.10$	333	53.60	148	23.80	85	13.70	94	15.80	7	1.30
$0.10\leqslant J\leqslant0.20$	30	4.80	7	1.10	3	0.50	0	0.00	0	0.00
$J>0.20$	15	2.40	6	1.00	0	0.00	1	0.20	0	0.00
合计	621	100.00	621	100.00	621	100.00	596	100.00	534	100.00

表 3.3-6   坝基测缝开合度变化

开合度（J）变化范围/mm	首蓄期		2015年死水位与正常蓄水相比		2016年死水位与正常蓄水位相比		2017年死水位与正常蓄水位相比		2018年死水位与正常蓄水位相比	
	测缝计数量/支	占总数百分比/%	测缝计数量/支	占总数百分比/%	测缝计数量/支	占总数百分比/%	测缝计数量/支	占总数百分比/%	测缝计数量/支	占总数百分比/%
$J<-0.10$	17	23.60	0	0.00	1	1.40	0	0.00	0	0.00
$-0.10\leqslant J\leqslant0$	19	26.40	46	63.90	48	66.70	52	76.50	37	63.80
$0<J<0.10$	34	47.20	25	34.70	22	30.60	16	23.50	21	36.20
$0.10\leqslant J\leqslant0.20$	2	2.80	0	0.00	1	1.40	0	0.00	0	0.00
$J>0.20$	0	0.00	1	1.40	0	0.00	0	0.00	0	0.00
合计	72	100.00	72	100.00	72	100.00	68	100.00	58	100.00

测值变化量小于 0.1mm 的测缝计超过 97%；2017 年正常蓄水位与死水位相比，所有测点的测值变化量都小于 0.1mm；2018 年正常蓄水位与死水位相比，所有测点的测值变化量都小于 0.1mm。

（3）高程 1850.00m 以上的横缝开合度与其他部位的变化规律一致，运行正常。

综上所述，首次蓄水造成高程 1850.00m 以上横缝的"压缝效应"，影响封拱灌浆。

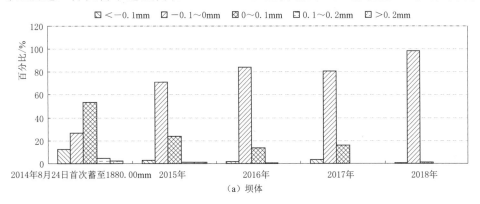

图 3.3-3 （一） 历年正常蓄水位与死水位相比测缝计测值变化分布图

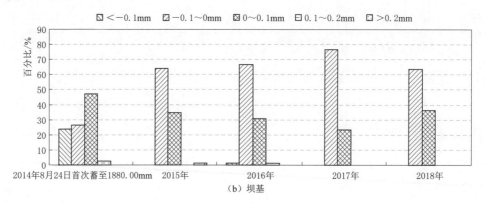

（b）坝基

图 3.3-3（二） 历年正常蓄水位与死水位相比测缝计测值变化分布图

选择有利时机，在低温季节的死水位区间，降低封拱温度、增加灌浆压力可有效增加未灌区横缝的开合度，增强灌浆效果。观测成果表明，封拱灌浆效果良好。

3.4 封拱后温度回升及其对大坝结构的影响

3.4.1 温度回升过程

拱坝封拱蓄水后，拱坝表面温度受水温、气温及坝前库底堆渣等因素影响，温度分布比较复杂。在运行一段时间后，水温沿坝面分布的规律性也逐渐显现，水体从表面至库底（堆渣以上）形成由高到低的温度梯度，而坝体内部温度呈现出不同程度的温升。截至2020 年 12 月 31 日，各坝段横缝 191 支中部测缝计实测温度回升见表 3.4-1，水库死水位 1800.00m 以下坝体混凝土温度平均回升 2.9℃，水库水位变幅区高程 1800.00m 以上坝体混凝土温度回升 4.0℃，全坝平均温度回升 3.4℃。

表 3.4-1 拱坝横缝实测温度回升统计表

高程/m	横 缝									平均值/℃
	3 号	5 号	7 号	10 号	13 号	16 号	19 号	21 号	23 号	
	实 测 温 度 回 升 值/℃									
1882.70	7.2	7.2	6.7	0.7	−0.8	8.4	6.9	7.6	3.5	5.3
1873.70	7.1	5.8	7.2	6.9	4.3	6.2	4.9	6.0	4.7	5.9
1864.70	5.9	2.5	5.9	4.7	6.6	5.3	3.7	6.5	5.1	5.1
1855.70	4.1	4.9	4.9	4.3	1.4	4.6	4.0	4.3	5.6	4.2
1846.70	3.2	4.1	3.3	4.1	3.8	4.9	5.0	4.5	4.1
1837.70	5.9	0.7	4.1	4.3	3.1	4.3	4.9	2.1	3.7
1828.70	5.0	3.7	3.7	4.9	4.5	3.8	3.9	4.5	4.3
1819.70	3.3	3.6	3.8	3.6	2.0	3.0	3.9	4.5	3.5
1810.70	2.5	3.7	3.1	3.1	3.2	3.9	1.2	1.8	2.8
1801.70	3.4	3.2	2.4	2.4	2.5	3.5	2.6	3.9	3.0

高程/m	横缝									平均值 /℃
	3 号	5 号	7 号	10 号	13 号	16 号	19 号	21 号	23 号	
	实测温度回升值/℃									
1792.70	3.6	0.0	0.0	3.3	1.9	2.2	3.5	2.2		2.1
1783.70	3.7	4.4	4.8	4.2	2.6	2.8	3.4	3.7		3.7
1774.70	3.8	4.7	4.7	4.0	3.4	3.1	2.5			3.7
1765.70		5.2	4.4	3.4	4.2	2.8	4.8			4.1
1756.70		4.6	3.7	2.8	4.9	−0.6	3.5			3.2
1747.70		5.0	4.8	2.9	4.0	1.9	2.2			3.5
1738.70		1.6	4.2	3.1	3.8	2.4	2.2			2.9
1729.70		4.8	−0.3	3.1	4.3	2.2	1.9			2.7
1720.70			3.1	2.5	4.0	4.0	3.2			3.4
1711.70			3.8	1.9	3.3	4.7	1.3			3.0
1702.70			4.0	3.9	4.1	3.4	3.6			3.8
1693.70			5.2	3.3	4.5	2.4	−2.6			2.6
1684.70			3.5	4.3	3.7	3.7	0.1			3.1
1675.70				4.5	4.1	3.4				4.0
1666.70				2.3	3.2	0.5				2.0
1657.70				3.8	4.1	3.0				3.6
1648.70				4.0	3.5	3.1				3.5
1639.70				2.7	3.5	3.4				3.2
1630.70				2.8	−0.4	3.4				1.9
1621.70				3.6	0.6	4.1				2.8
1612.70				3.5	4.3	3.9				3.9
1603.70					2.1	4.6				3.4
1591.70					0.0					0.0
1585.40					−0.3					−0.3

锦屏一级特高拱坝低高程段温度回升持续时间为 4~5 年，之后主要受外界水温影响，温度回升结束后呈小幅度下降，高程越低温降幅度越大，截至 2020 年温度在 13.8~17.0℃ 之间，仍呈缓慢温降状态。中部高程段温度回升持续时间为 3~4 年，之后主要受外界水温影响，温度回升结束后也呈小幅度下降，降幅幅度小于低高程段，截至 2020 年温度在 14.5~17.0℃ 之间，仍呈缓慢温降状态，并且部分呈小幅度周期变化。高高程段受周期性气温等影响，温度回升持续时间约 1~2 年，之后主要受外界水温和气温影响，温降过程不明显，呈较大幅度的周期变化，温度在 14.0~23.0℃ 之间。

3.4.2　温度回升拟合公式

1. 温度回升的原因分析

坝体在封拱灌浆后各高程均出现不同程度的温度回升，A 区混凝土在封拱灌浆 900d 左右内部温度回升达 5℃左右，B 区混凝土在封拱灌浆 900d 左右内部温度回升达 3.5℃左右。初步分析坝体封拱灌浆后内部温度回升由两个因素造成：

（1）外界环境因素的影响。由于坝体封拱灌浆温度一般在 12～14℃，一般低于外界环境温度，故封拱灌浆后受外界环境的影响造成坝体内部温度一定程度的回升。

（2）封拱灌浆后残余水化热的影响。锦屏一级特高拱坝一般在混凝土浇筑后 200 多天进行封拱灌浆，由于混凝土中粉煤灰的影响，其水化热持续时间一般达到几年甚至更长时间，封拱灌浆后，其残余水化热的影响仍然存在。

封拱灌浆后距离上游表面不同深度测点的温度过程线见图 3.4-1，上游表面在蓄水前随外界气温呈周期性变化，在距离坝体表面 10m 处随外界环境变化的趋势不太明显，外界环境周期性变化对坝体内部温度影响范围在 10m 左右，内部温度短时间内受外界环

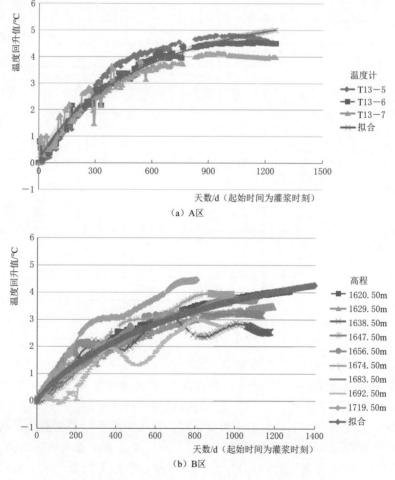

图 3.4-1　混凝土灌浆后温度回升监测曲线和拟合曲线对比

境影响很小。仿真计算表明，除距离基础较近的点外，受外界气温影响 900d 左右温度可回升 0.3~0.5℃，而坝体混凝土在封拱灌浆 900d 左右内部温度回升监测值在 3.5~5℃。因此，坝体混凝土在封拱灌浆后内部温度回升，除受外界环境因素影响外，残余水化热是主要影响因素。

2. 温度回升的拟合公式

外界环境因素的影响通过仿真反演计算得到，故运行期坝体内部回升温度减去外界环境因素影响值就可以得到残余水化热的影响值。以残余水化热的影响值作为拟合目标值进行最小二乘法拟合，建立封拱灌浆后残余水化热的拟合公式：

A 区：

$$\theta = 5.9(1 - e^{-0.0047\tau^{0.84}}) \tag{3.4-1}$$

B 区：

$$\theta = 5.5(1 - e^{-0.00305\tau^{0.8851}}) \tag{3.4-2}$$

C 区：

$$\theta = 5.0(1 - e^{-0.0022\tau^{0.902}}) \tag{3.4-3}$$

式中：θ 为残余水化热影响值，℃；τ 为封拱灌浆之后的龄期，d。

将拟合公式计算值与典型坝段温度回升实测值进行对比（图 3.4-1），发现拟合公式计算值与实测值接近，证明拟合公式能有效代表封拱后拱坝整体混凝土残余水化热的变化情况。

3.4.3 温度变化对坝体工作性态的影响分析

1. 有限元法分析

采用三维有限元方法，以封拱时刻为起点，以封拱温度为初始温度条件，考虑封拱后的残余水化热温升和外界温度边界条件变化，计算封拱后温度变化单因素对坝体工作性态的影响。拱坝内部不同高程典型测点温度变化过程见图 3.4-2，封拱后由于残余水化热作用，混凝土有 5~6℃的温度回升，2016 年左右达到最大值，之后在外界温度边界条件的作用下温度缓慢下降，预计 2044 年大坝内部基本达到稳定温度。

拱冠梁不同高程典型测点径向变形见图 3.4-3。拱坝达到稳定温度后在高温和低温时刻，温度变化引起的大坝径向、切向变形分布见图 3.4-4 和图 3.4-5。

径向总体向上游变形，径向变形最大值出现在河床坝段高程 1840.00m 附近，最大值在 17mm 左右，2016 年达到最大值，之后呈现出向下游变形的趋势；年内受气温变化影响，呈现出夏季向上游变形、冬季向下游变形的规律，高程 1850.00m 的年内变形幅度为 5mm 左右。

高程 1760.00m 以下切向变形表现为左岸向左变形、右岸向右变形，1760.00m 高程以上切向变形表现为左岸向右变形、右岸向左变形；切向变形最大值为 1.9mm 向右岸变形，最大值出现在左岸 9 号坝段高程 1810.00m 附近，并呈逐年微增趋势。

拱坝达到稳定温度后在高温和低温时刻，温度变化引起的大坝应力分布见图 3.4-6~图 3.4-9。封拱后温度变化对坝体应力影响规律如下：

（1）上游坝面第一主应力主要为拉应力，夏季最大拉应力为 3MPa 左右，大拉应力区主要位于高程 1700.00~1750.00m 区域，冬季最大拉应力略大于 3MPa，大拉应力区域大于夏季，在高程 1700.00~1800.00m 区域；夏季大部分区域的第三主应力为 0，只是在高

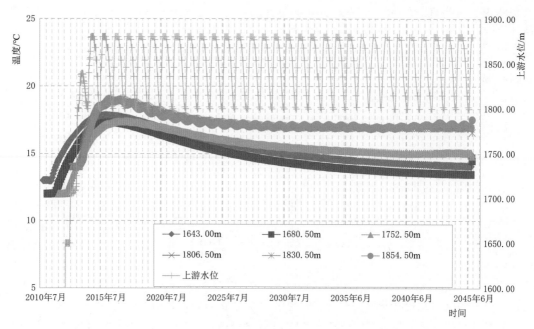

图 3.4-2　坝体内部不同高程典型测点温度变化过程

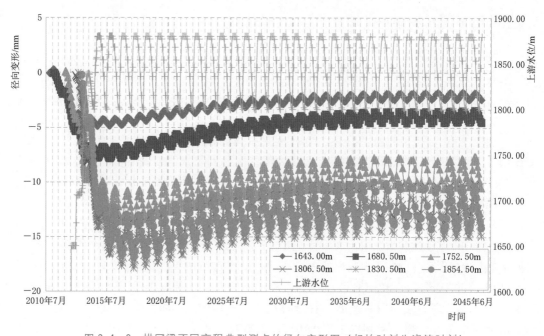

图 3.4-3　拱冠梁不同高程典型测点的径向变形图（起始时刻为浇筑时刻）

程 1750.00～1850.00m 范围靠近建基面的区域有一定的压应力，最大压应力超过 2MPa，冬季几乎所有区域的第三主应力均为 0。随着时间的延长，上、下游坝面的应力更加均化，应力最大值略有降低。

（2）下游坝面大部分区域的第一主应力值较小，夏季在建基面高程 1750.00m 附近有

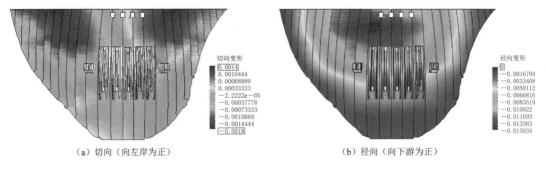

（a）切向（向左岸为正）　　　　　　　　　（b）径向（向下游为正）

图 3.4-4　2044 年 6 月上游坝面变形图（单位：m）

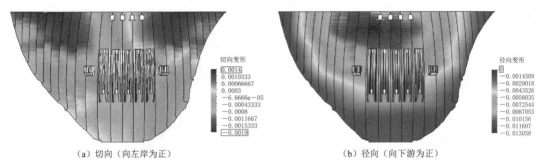

（a）切向（向左岸为正）　　　　　　　　　（b）径向（向下游为正）

图 3.4-5　2044 年 12 月上游坝面变形图（单位：m）

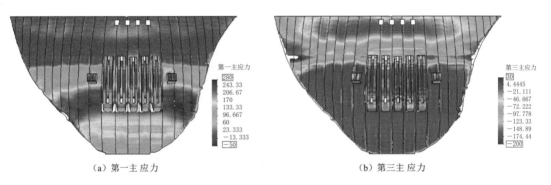

（a）第一主应力　　　　　　　　　　　　　（b）第三主应力

图 3.4-6　2044 年 6 月上游坝面主应力图（单位：0.01MPa）

较大拉应力，约为 1.8MPa，冬季拉应力范围大于夏季，最大值为 3MPa；第三主应力主要为压应力，从夏季进入冬季压应力区域逐渐减小，最大值也逐渐减小，从 3MPa 减小到1MPa，最大压应力区域主要集中在高程 1650.00～1760.00m 河床坝段。

（3）温度变化（温升）引起的坝体应力与水压力作用大致相反，在温度、水压等荷载综合作用下拱坝应力处于控制标准范围内。

2. 拱梁分载法分析

针对锦屏一级水库水深大、消落深度大、温度边界条件复杂的特点，采用了包络式温度边界条件设计方法，即考虑不同的河道来流和运行情况，提出了温度边界条件可能遭遇的高值、中值和低值，以此为封拱温度设计的基础，三种温度边界条件下的坝体特征拱圈

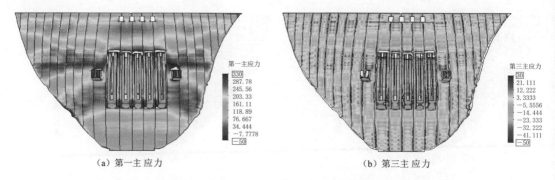

图 3.4 - 7　2044 年 12 月上游坝面主应力图（单位：0.01MPa）

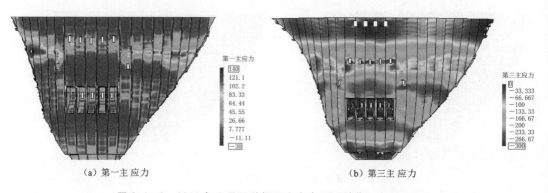

图 3.4 - 8　2044 年 6 月下游坝面主应力图（单位：0.01MPa）

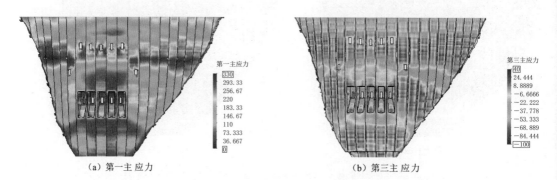

图 3.4 - 9　2044 年 12 月下游坝面主应力图（单位：0.01MPa）

的平均温度见表 3.4 - 2。

　　拱冠梁典型坝段各年温度变化过程和高、低温季节温度分布见表 3.4 - 3、表 3.4 - 4和图 3.4 - 10。根据实测温度按拱梁分载法的特征高程进行插值，整理得到温度回升对原设计温度荷载的影响为 1～3℃，平均约 2℃。正常蓄水位作用下，采用拱梁分载法在相同参数和其他荷载作用下进行设计温度边界和实测坝体温度情况下的计算，从两者的差值可以分析温度回升对坝体变位和应力的影响，计算成果见表 3.4 - 5。实测温度荷载条件下相比设计温度边界，坝体最大压应力减小 0.17MPa，最大拉应力减小 0.22MPa，坝体最大径向位移减小 0.41cm，温度回升对大坝应力有改善作用。

表 3.4－2 三种温度边界条件下的坝体特征拱圈的平均温度

特征拱圈高程/m	平均温度/℃					
	温度边界高值		温度边界中值		温度边界低值	
	温升工况	温降工况	温升工况	温降工况	温升工况	温降工况
1885.00	20.31	16.91	20.31	16.91	20.31	16.91
1870.00	19.88	17.43	19.85	17.41	19.85	17.41
1830.00	19.02	17.33	18.78	17.21	18.78	17.21
1790.00	17.92	16.58	17.72	16.36	17.72	16.36
1750.00	16.09	15.11	15.06	14.34	15.00	14.25
1710.00	14.68	14.02	14.52	13.95	14.08	13.48
1670.00	14.43	13.87	14.50	13.96	13.98	13.43
1630.00	14.41	14.13	13.73	13.46	13.11	12.84
1600.00	15.51	15.37	13.27	13.14	12.83	12.68
1580.00	15.26	15.15	13.18	13.06	12.72	12.59

表 3.4－3 拱冠梁坝段典型温度测点的平均温度

测点位置	平均温度/℃						
	2013 年	2014 年	2015 年	2016 年	2017 年	2018 年	2019 年
高程 1612.00m 上游	14.56	13.14	12.48	12.43	12.30	12.15	11.89
高程 1612.00m 下游	13.70	13.59	13.12	13.66	14.70	14.07	13.13
高程 1665.00m 上游	11.94	8.86	9.22	8.84	8.78	8.55	7.53
高程 1665.00m 坝内	14.81	12.28	11.80	11.38	11.13	10.94	10.43
高程 1665.00m 坝内	15.32	16.35	17.02	16.94	17.02	16.96	16.96
高程 1665.00m 下游	16.52	16.91	18.60	18.95	20.34	20.05	21.22
高程 1737.00m 上游	14.48	9.69	10.18	9.71	9.95	9.77	9.06
高程 1737.00m 坝内	16.22	15.90	15.08	14.89	14.80	14.69	14.53
高程 1737.00m 坝内	15.16	16.25	16.53	16.57	16.51	16.37	16.24
高程 1737.00m 坝内	15.45	16.28	16.98	17.17	17.25	17.17	17.04
高程 1737.00m 下游	15.32	16.03	15.60	16.01	16.93	16.28	17.81
高程 1809.00m 上游	18.07	15.67	14.72	15.34	15.16	14.98	14.57
高程 1809.00m 坝内	16.57	16.56	16.34	16.05	15.87	15.65	15.24
高程 1809.00m 坝内	15.17	16.23	16.75	16.64	16.41	16.21	15.84
高程 1809.00m 坝内	15.76	16.32	17.13	16.99	16.96	16.71	16.62
高程 1809.00m 下游	15.33	16.92	17.19	16.56	17.19	16.84	18.06
高程 1863.00m 上游	18.70	17.17	17.53	17.21	17.14	17.07	17.13
高程 1863.00m 坝内	16.45	17.19	18.42	17.38	17.48	17.20	17.45

续表

测点位置	平 均 温 度/℃						
	2013 年	2014 年	2015 年	2016 年	2017 年	2018 年	2019 年
高程 1863.00m 坝内	16.65	17.46	17.79	16.96	17.21	16.91	17.44
高程 1863.00m 坝内	19.95	18.96	18.64	16.86	17.51	17.23	17.87
高程 1863.00m 下游	22.56	19.23	16.45	15.99	16.72	16.38	17.43

表 3.4-4　　　　　　　　　　拱冠梁坝段典型高程高、低温季节的温度

高程/m	典型季节	测 点 温 度/℃				
		上游侧	坝 体 内 部			下游侧
		测点 1	测点 2	测点 3	测点 4	测点 5
1863.00	高温季节	17.85	17.08	16.84	18.14	22.21
	低温季节	17.11	17.67	17.72	17.41	9.71
1809.00	高温季节	14.58	15.23	16.04	16.54	20.21
	低温季节	15.37	16.04	16.27	16.98	12.50
1737.00	高温季节	9.89	14.63	16.31	16.94	19.85
	低温季节	9.02	14.71	16.33	17.38	10.49
1665.00	高温季节	8.51	10.79	16.90	17.32	19.70
	低温季节	8.42	11.11	17.06	17.39	10.58
1612.00	高温季节	12.14				15.96
	低温季节	12.06				12.79

表 3.4-5　　　　　　　　　　温度回升对应力变形影响

项 目	设计温度荷载条件	实际温度荷载条件	差异值
上游面最大主压应力/MPa	6.71	6.63	-0.08
下游面最大主压应力/MPa	7.53	7.36	-0.17
上游面最大主拉应力/MPa	-1.01	-0.79	0.22
下游面最大主拉应力/MPa	-0.01	0.00	0.01
坝体最大径向位移/cm	-8.52	-8.11	0.41
基础最大径向位移/cm	-5.48	-5.3	0.18
坝体最大切向位移/cm	-2.43	-2.42	0.01
基础最大切向位移/cm	2.44	2.42	-0.02

3. 温度回升问题的思考

为减少运行期混凝土开裂风险，拱坝一般采用低于稳定温度场的低温封拱。实践证明，不仅是锦屏一级特高拱坝，其他拱坝在封拱蓄水后，由于边界热量内传、残余水化热的影响都存在温度回升现象。计算结果分析表明，适量的温度回升对坝体应力是有利的，

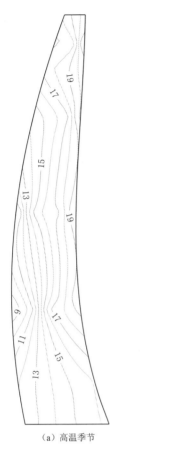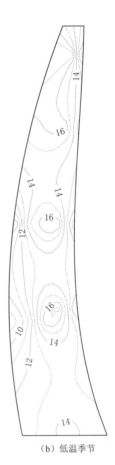

（a）高温季节　　　　　　　　　　　　　　　　（b）低温季节

图 3.4－10　拱冠梁典型季节实测温度分布图（单位：℃）

但是会增大拱座推力，提高拱坝抗滑稳定要求。另外，拱坝温度回升和回落需要较长的时间过程，使得拱坝很长时间内实际工作状态与设计状态存在差异。由于混凝土材料的强度、变形等参数都存在时效性，后期的温度变化对坝体的影响远大于浇筑早期。因此，在后续拱坝设计中应充分重视温度回升问题，其内容主要包括以下几点：

（1）早期通水冷却等温控措施抑制了水泥的早期水化反应速率，另外添加的高掺量粉煤灰是混凝土残余水化热的主要因素之一。

（2）拱坝设计阶段要充分认识温度回升现象，可以将温度回升的工况纳入设计工况之一，或者采用锦屏一级特高拱坝处理方式，采用包络式的方法分析拱坝的温度边界条件，确定运行中的实际边界温度可能出现的高值、中值和低值，合理选择封拱温度，使得拱坝在可能出现的各种温度边界条件下，拱坝的坝体应力均能满足拉、压应力控制标准，并具有较好的应力状态。

（3）合理制定温控标准，在满足设计标准的前提下，适当提高最高温度、封拱温度，使得混凝土在早期尽量释放水化热，以减小后期的残余水化热。

（4）研究采用低热水泥在拱坝上的应用，从源头上减少后期温度回升。

3.5 温控效果评价

特高拱坝具有大坝高、坝体厚、坝块长、孔口多、拱肩陡等特点，混凝土浇筑面积大，且施工上多采用通仓浇筑，基础约束和新老混凝土约束强，尤其是两岸陡坡坝段基础部位，应力控制困难，更易产生裂缝。因此，特高拱坝施工期温度和应力控制都较常规拱坝更为严格。针对锦屏一级特高拱坝可能出现的施工期温控、横缝问题，布置了监测仪器，及时获取准确完整的监测资料，并进行了过程控制和过程反馈，提升了温控指标合格率，有效保证了锦屏一级特高拱坝大坝混凝土温控质量。对锦屏一级特高拱坝温控效果评价如下：

（1）考虑到锦屏一级特高拱坝温度边界特别是库水温度的不确定性，采用包络式的方法分析拱坝的温度边界条件，确定运行中的实际边界温度可能的分布范围，从而确定封拱温度和温度荷载，在可能出现的各种温度边界条件下，拱坝的坝体应力均能满足拉、压应力控制标准，并具有较好的应力状态。这种方法可系统全面地描述拱坝温度荷载，值得后续工程推广应用。

（2）锦屏一级特高拱坝受环境温差大、结构复杂及两岸坝基陡峻等因素影响，全坝范围按约束区进行温差控制设计，实施效果良好，未出现温度失控产生的温度裂缝。

（3）通过温度过程监测、仿真、反馈和控制，混凝土一期、中期、二期冷却通水降温速率符合率分别为 97.7%、98.2%、98.6%。各期冷却内部温差符合率在 96.4% 以上，内部温度回升控制符合率 94.1%，通水冷却和控温满足设计要求。锦屏一级水电站工程大坝混凝土温控工作质量良好，各项温控指标均满足设计要求，温控防裂效果良好。

（4）高拱坝提前蓄水后，造成拱坝上部未灌浆横缝受压挤紧，不利于接缝灌浆顺利进行。锦屏一级特高拱坝在低温季节、低水位运行时，通过降低封拱温度、适当提高灌浆压力等措施，辅以跟踪监测，动态调整封拱方案，保证了拱坝上部高程接缝灌浆的顺利进行，监测数据表明后期运行情况良好。

（5）因大坝封拱温度较低，且添加了高掺量粉煤灰，拱坝出现了温度回升现象。拱坝封拱后 3~5 年，低高程坝体温度回升了 3~5℃，对大坝应力、变形有一定影响，在设计过程中应引起重视。

第 4 章

特高拱坝首蓄期变形性态跟踪监控分析

国内外许多水电工程，特别是超级水电工程的实践经验表明，在水电站首次蓄水及以后的3～5年内，近坝区域内的水文地质条件将发生较大的改变，坝体、坝基在水荷载、温度荷载等因素的作用下，其变形特征将随之发生适应性调整。坝体自身的水荷载效应、温度场效应和徐变效应等在经历此阶段后，才能逐渐达到一种相对稳定的动平衡状态。从某种意义讲，在首蓄期大坝处于安全考验期内，并且在首次蓄水时，大坝多是在未完建的状态，各项设计参数可能会随加载历史和加载路径而变化，大坝自身强度与周围实际边界的相容性与设计预想规律不完全一致，需开展水库首蓄期大坝监测反馈分析与安全性评价。大坝事故统计资料表明，60%左右的事故是发生在首蓄期或初期运行期。因此，首蓄期是非常重要的监控时段。对重要监测项目如坝体变位应做出快速、准确、跟踪的监测分析，根据监测数据迅速做出反分析，以便及时掌握大坝的运行安全状态，为制定安全运行监控标准和水库调度运行方式提供决策参考依据。

锦屏一级水电站坝址区地形地质条件复杂，建基面出露并延伸到库区的 f_5、f_8、f_2、f_{18}、f_{14}、f_{13} 断层以及右岸大理岩内发育的绿片岩等不良地质条件，坝址区地形和地质条件的不对称性，使得拱坝变形及应力分布存在一定的不对称性。为此，工程采取左岸混凝土垫座、网格置换、传力洞及大范围固结灌浆等一系列处理措施。在水库蓄水后岩体力学参数将进一步弱化，在首蓄期更为突出；水库蓄水对岩体的软化作用，可能会加大左岸高程 1820.00m 附近大理岩与砂板岩的岩体指标差异，恶化该部位建基面及坝体的受力特性。左、右岸差异较大的水文地质条件和导水构造的复杂性，使得蓄水后的大坝渗流场非常复杂，最终会对基础变形模量和坝肩抗滑稳定等产生较大影响。拱坝的超载破坏模式主要为变形失稳影响下的坝踵开裂失稳，锦屏一级特高拱坝左岸刚度相对较小，左、右岸不对称变位势必导致大坝坝踵和建基面率先起裂，起裂超载系数低于类似拱坝工程，开展锦屏一级特高拱坝首蓄期和初期运行期监测反馈分析与安全性评价显得更为重要。因此，本章提出首蓄期特高拱坝变形性态跟踪监控分析思路，重点研究首蓄期统计模型、确定性模型和混合模型，详述首蓄期拱坝变形特征分析和各阶段蓄水期间的跟踪监控预测成果，综合评价特高拱坝工作性态。

4.1 分析思路

1. 锦屏一级水电站蓄水过程

锦屏一级水电站经历四阶段蓄水后，水库蓄至正常水位。上游库水位变化过程线见图 4.1-1。

1）2012 年 11 月 30 日右岸导流洞下闸蓄水，开始第一阶段蓄水，库水位从 1648.37m 开始上升，截至 2012 年 12 月 7 日，导流洞开闸转流，水位达到 1706.67m。

2）2013 年 6 月 15 日导流底孔关闭三孔，开始第二阶段蓄水，库水位从 1712.48m 开始上升，2013 年 6 月 30 日，库水位达到 1760.00m 左右，并维持该水位至 2013 年 7 月 5 日（约 6d）；2013 年 7 月 6 日继续蓄水，2013 年 7 月 19 日库水位达到 1800.12m。

3）2013 年 9 月 3 日开始第三阶段蓄水，2013 年 10 月 14 日蓄水至 1839.14m，2013

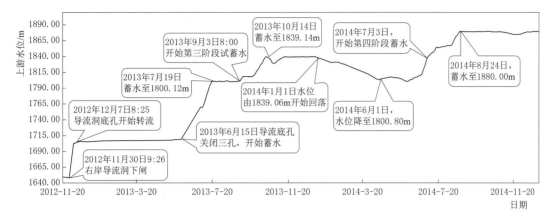

图 4.1-1　锦屏一级水电站上游库水位变化过程线

年 10 月 26 日水位回落至 1828.90m，2013 年 11 月 20 日水位又回升到 1838.67m，之后水位基本保持稳定。2014 年 1 月 1 日起水位自 1839.06m 开始回落，至 2014 年 6 月 1 日水位回落至 1800.80m；2014 年 7 月 3 日，水位回升到 1839.30m。

4）2014 年 7 月 3 日开始第四阶段蓄水，至 2014 年 8 月 24 日，蓄水至 1880.00m 正常蓄水位，首次蓄水按期达到目标。

2. 跟踪监控分析思路

在混凝土高拱坝全生命周期中，蓄水期往往是一座拱坝发生危险事故概率较大的阶段，比如马尔帕塞（Malpasset）拱坝、柯尔布莱恩（Kolnbrein）拱坝、博尔格德（Beauregard）拱坝、瓦依昂（Vajont）拱坝等。特高拱坝工程蓄水过程中，上下游水位差急剧增加，受水位变化的显著影响，坝基和坝体可能产生局部的损伤，造成开裂，容易诱发拱坝灾变，造成严重的损失。锦屏一级水电站蓄至正常水位 1880.00m 共经历了四个阶段的蓄水过程，无论是蓄水期水位的增长速度还是分期蓄水的次数，对特高拱坝变形性态均有一定的影响。尤其是双曲拱坝特殊的倒悬设计，决定了其建设过程中在自重作用下先向上游变形、蓄水后再向下游变形的特殊路径。若库水位上升速度较快，坝体变形随之逐渐变化，但在上升至某一特征水位后，水位升高的水荷载增量引起拱坝自身结构的调整，大坝的径切向水平位移和垂直位移还会在随后的若干天内持续变化。可见，变形是评价坝体坝基及坝肩稳定最重要的宏观指标之一。拱坝施工期的受力性态受各种边界条件的影响较大，要真实地反映拱坝的应力及变形性态，需按照拱坝的实际施工进度、环境边界、施工质量等各种因素进行仿真分析，并利用监测资料进行坝基及坝体结构受力变形的反馈分析，才能真实、可靠地了解拱坝的工作性态，提出监测警戒值，评价拱坝的安全性，从而指导水库的蓄水与大坝的安全运行。特高拱坝施工蓄水期即是坝体和坝基浇筑及埋设各类监测仪器的时期，这一时期的监测数据序列很短，但监测资料反映出的坝体工作状态对蓄水期的安全分析相当重要，能较好地反馈施工设计。

基于上述考虑，在锦屏一级特高拱坝首次蓄至正常蓄水位过程中，按照"分期蓄水、跟踪分析、反馈检验、分级预测"的原则进行跟踪监控，特高拱坝首蓄期变形性态跟踪监控技术路线见图 4.1-2。每一蓄水阶段，采用监测数据对有限元模型进行检验，提出后续蓄水阶段的预测值。在各蓄水阶段，着重对该时期变形与相应环境量变化的敏感性以及变化是否符合一般规律等进行评价；并利用数值模拟技术，分阶段进行坝体坝基力学参数反演和修正，分别建立统计模型和混合模型预测后续蓄至更高水位时的大坝变形，并及时分析蓄水过程中出现问题的原因，为采取相应的处理措施提供依据。第四次蓄水阶段，水位每上升10m，稳定保持水位3天左右，对拱坝工作性态进行综合分析评价，确认状态正常后继续蓄水上升；在水库首次蓄到正常蓄水位后，对大坝首蓄期变形时空变化规律和正常蓄水位下的分布特征等做出客观评价。首次蓄水期反馈分析时，采用水荷载分量的增量对比法。有限元数值计算只考虑本蓄水阶段增加的水荷载，监测位移值采用水位快速上升期的增加值。这样，在短周期中，可以不考虑温度影响、时效影响的位移值或残余变形，从而提高预测的准确度。当某一蓄水阶段的周期较长时，实测位移采用统计模型进行变量分解，提取水荷载分量与有限元计算值进行对比。水荷载作用下，实测位移分解值和基于反演参数的弹性有限元数值计算值基本一致时，可以认为大坝处于正常工作状态。

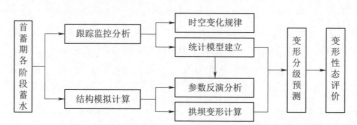

图4.1-2 特高拱坝首蓄期变形性态跟踪监控技术路线

4.2 首蓄期变形监控模型

特高拱坝位移除了受库水压力影响外，还受到温度、渗流、施工、地基、周围环境以及时效等因素的影响。因此，在建立原因量与效应量之间的关系式时，不可避免地要涉及许多因素。实践证明，仅靠理论分析计算，很难得到与实测值完全吻合的结果，但脱离基本理论的分析，也难以解析工程中存在问题的力学机制，因此两者是相辅相成的。合理的方法是根据对大坝和坝基的力学和结构理论分析，用确定性函数和物理推断法，科学选择统计模型的因子及其表达式，然后依据实测资料用数理统计方法确定模型中的各项因子的系数，建立实测点回归模型。借此推算某一组荷载集的原因量，并与其实测值比较，以判别大坝的工作状况，同时分离各个分量，并利用其变化规律分析和估计大坝与坝基的结构状态。

4.2.1 统计模型

常规的统计模型是在通过数理统计分析确定大坝监测效应量与环境影响分量之间因果关系的基础上，建立定量描述大坝监测值变化规律的数学方程，各环境影响分量表达式系数由统计回归确定。该模型主要用于揭示大坝监测效应量的变化规律以及环境量对它的影响程度，并以此为基础来预测效应量未来的变化范围或取值，它一般是一个反映环境量与效应量之间因果关系的模型。建模的过程就是分析影响相应效应量的各类环境因素，构造各环境影响分量的结构形式，再根据效应量和环境量的实测数据，利用相应的物理和数学方法确定模型中各环境影响分量表达式中的参数。针对锦屏一级特高拱坝首次蓄水，利用蓄水期间大坝变形主要受水位上升影响的特点，选取水压、温度、时效因子建立统计模型，对各阶段蓄水期大坝径向变形进行预测。

根据实测资料分析成果可知，影响锦屏一级特高拱坝径向变形的主要因素有水压、温度及时效，即变形主要由水压分量、温度分量和时效分量组成：

$$\delta = \delta_H + \delta_T + \delta_\theta \tag{4.2-1}$$

式中：δ 为变形值；δ_H、δ_T、δ_θ 分别为水压分量、温度分量、时效分量。

（1）水压分量。特高拱坝任一点在水压作用下产生的变形水压分量 δ_H 与大坝上游水深的 $1 \sim m_1$（m_1 通常取 4）次方有关，因此，水压分量的表达式为

$$\delta_H = \sum_{i=1}^{m_1} \left[a_{1i} (H_u^i - H_{u0}^i) \right] \tag{4.2-2}$$

式中：H_u、H_{u0} 分别为监测日、始测日对应的上游水深；a_{1i} 为水压因子回归系数。

（2）温度分量。选用谐波因子模拟坝体温度场的变化，即表示为

$$\delta_T = \sum_{i=1}^{m_2} \left[b_{1i} \left(\sin\frac{2\pi it}{365} - \sin\frac{2\pi it_0}{365} \right) + b_{2i} \left(\cos\frac{2\pi it}{365} - \cos\frac{2\pi it_0}{365} \right) \right] \tag{4.2-3}$$

式中：t 为始测日到监测日的累计天数；t_0 为建模资料系列始测日到第一个监测日的累计天数；b_{1i}、b_{2i} 分别为温度因子回归系数。

（3）时效分量。大坝产生时效变形的原因极为复杂，它综合反映坝体混凝土和基岩的徐变、塑性变形以及岩基地质构造的压缩变形，同时还包括坝体自生体积变形等。一般情况下，时效位移的变化规律为初期变化急剧、后期渐趋稳定，因此，时效分量 δ_θ 表示如下：

$$\delta_\theta = d_1(\theta - \theta_0) + d_2(\ln\theta - \ln\theta_0) \tag{4.2-4}$$

式中：θ 为监测日至始测日的累计天数 t 除以 100；θ_0 为建模资料系列第一个测值日到始测日的累计天数 t_0 除以 100；d_1、d_2 分别为时效因子回归系数。

综上所述，考虑监测初始值的影响，得到特高拱坝变形跟踪监控的统计模型为

$$\delta = a_0 + \sum_{i=1}^{m_1} \left[a_{1i} (H_u^i - H_{u0}^i) \right] + \sum_{i=1}^{m_2} \left[b_{1i} \left(\sin\frac{2\pi it}{365} - \sin\frac{2\pi it_0}{365} \right) + b_{2i} \left(\cos\frac{2\pi it}{365} - \cos\frac{2\pi it_0}{365} \right) \right]$$
$$+ d_1(\theta - \theta_0) + d_2(\ln\theta - \ln\theta_0) \tag{4.2-5}$$

式中：a_0 为常数项；其余各符号意义同式（4.2-1）～式（4.2-4）。

4.2.2 确定性模型

特高拱坝的变形一般可以归结为由水压引起的变形、温变引起的变形以及随时间变化的变形。数值模拟分析和地质力学模型试验均表明水压变形和温度变形均属于瞬时弹性变形，而随时间变化的变形则综合反映了坝体的徐变效应和坝基岩体的蠕变效应等。确定性模型是通过物理计算成果来确定大坝监测效应量与环境影响分量之间关系所建立起来的描

述大坝监测值变化规律的数学模型，建模时先通过物理理论计算成果构造环境量与大坝监测效应量之间的确定性关系形式，再根据实测值利用数理统计分析对实现物理计算时的假定和所采用的计算参数进行合理调整。在此基础上，通过物理计算成果与数理统计分析方法相结合，确定大坝监测效应量与环境影响分量之间关系，建立混合模型来描述大坝监测值变化规律。建模时，对于与效应量关系比较明确的环境影响因素，采用相应的物理理论计算成果来确定环境影响分量表达式的各参数，对于与效应量关系不明确或采用物理理论计算成果难以确定它们之间关系的环境影响因素，则采用数理统计方法来确定环境影响分量表达式的参数。

下面结合锦屏一级特高拱坝和坝基的结构性态，建立确定性模型。首先，用有限元方法计算荷载（如水压 H、变温 T 等）作用下的大坝和坝基的效应场，与实测值进行优化拟合，以求得调整参数，建立确定性模型；然后，水压分量利用有限元计算值，其他分量仍用统计模式，与实测值进行优化拟合建立混合模型，据此开展大坝工作性态预测。在外荷载（水压 H、变温 T 等）作用下，大坝和坝基的任一点产生位移矢量，通常将其分解为径向水平位移 δ_x、切向水平位移 δ_y 和铅直位移 δ_z，即：

$$\boldsymbol{\delta}(H,T,\theta)=\delta_x(H,T,\theta)\boldsymbol{i}+\delta_y(H,T,\theta)\boldsymbol{j}+\delta_z(H,T,\theta)\boldsymbol{k} \qquad (4.2-6)$$

式中：$\boldsymbol{i}$、$\boldsymbol{j}$、$\boldsymbol{k}$ 分别为代表 x 轴、y 轴、z 轴的单位向量。

任一点的位移及其分量按成因可分为水压分量 $f_H(t)$、温度分量 $f_T(t)$ 以及时效分量 $f_\theta(t)$，即：

$$\delta(\text{或}\,\delta_x\,\text{、}\delta_y\,\text{、}\delta_z)=f_H(t)+f_T(t)+f_\theta(t) \qquad (4.2-7)$$

由于 δ_x、δ_y、δ_z 具有相同因子，下面重点介绍 δ_x 各分量计算。

1. 水压分量 $f_H(t)$

根据坝体混凝土和岩基力学参数的已知情况，该分量有以下 3 种处理方式。

（1）已知坝体与岩基的真实平均弹性模量 E_c、E_r、E_b。用有限元法计算不同水位作用下（作用在坝体和库区岩基上），大坝任一点的位移 δ_H，用多项式拟合

$$\delta_H=\sum_{i=0}^{m_1}a_iH^i \qquad (4.2-8)$$

求得 a_i，拱坝用 4 次式（$m_1=4$）。由于 E_c、E_r、E_b 已知，所以 δ_H 无须修正，即 $f_H(t)=\delta_H$。

（2）已知坝基与坝体的弹性模量之比（$R=E_r/E_c$），坝基弹性模量 E_r 与库区岩基弹性模量 E_b 相同。

假设坝体混凝土的平均弹性模量为 E_{c0}，同样用有限元计算 δ_H，然后用多项式拟合求得 a_i。由于 δ_H 是假设 E_{c0} 用有限元求得，E_{c0} 与实际 E_c 有差异，计算值与实测值有差别，需要用一个调整参数 X 进行调整，即

$$f_H(t)=X\sum_{i=0}^{m_1}a_iH^i \qquad (4.2-9)$$

当 $R=E_r/E_c$ 一定、$E_r=E_b$ 时，水压分量 δ_H 与坝体弹模 E_c 成反比，即

$$X=E_{c0}/E_c \qquad (4.2-10)$$

（3）当 $R(=E_r/E_c)$ 未知时，库区岩基的弹性模量 E_b 也未知。实际上，运行多年

后，大坝和岩基的实际平均力学参数与设计值及试验值相差较大，库区岩基的力学参数也变化较大，这些因素对坝体变形都有较大的影响。因此，当 E_c、E_r、E_b 未知时，坝体变形以及坝基和库区岩基变形引起坝体位移 δ_{1H}、δ_{2H}、δ_{3H} 要单独计算，并分别调整参数。

水压分量的表达式为

$$f_H(t) = X\sum_{i=0}^{m_1} a_{1i}H^i + Y\sum_{i=0}^{m_1} a_{2i}H^i + Z\sum_{i=0}^{m_1} a_{3i}H^i \qquad (4.2-11)$$

其中，$X = E_{c0}/E_c$；$Y = \dfrac{R_0}{R}$，$R_0 = \dfrac{E_{r0}}{E_{c0}}$，$R = \dfrac{E_r}{E_c}$；$Z = \dfrac{z_0}{z}$，$z_0 = \dfrac{E_{b0}}{E_{c0}}$，$z = \dfrac{E_b}{E_c}$。

2. 温度分量 $f_T(t)$

$f_T(t)$ 是由于坝体混凝土的变温引起的位移，这部分位移一般在坝体总位移中占相当大的比重，尤其是拱坝，正确处理 $f_T(t)$ 对建立确定性模型是至关重要的。下面根据温度计的设置情况，分情况讨论。

（1）坝体和边界设置足够数量的温度计，并连续监测温度。在这种情况时，温度计的测值足以描述坝体的温度场，可用实测温度或等效温度来计算温度分量。在各变温值作用下的温度位移分量为

$$\delta_T = \sum_{i=1}^{m_2} T_i(t) \cdot b_i(x,y,z) \qquad (4.2-12)$$

或

$$\delta_T = \sum_{i=1}^{m_2} \left[\overline{T}_i(t) \cdot b_{1i}(x,y,z) + \beta_i(t) \cdot b_{2i}(x,y,z) \right] \qquad (4.2-13)$$

式中：$T_i(t)$ 为混凝土温度计测得的变温值；$\overline{T}_i(t)$、$\beta_i(t)$ 分别为温度实测断面第 i 层等效温度的平均温度和梯度变化值；$b_i(x, y, z)$、$b_{1i}(x, y, z)$、$b_{2i}(x, y, z)$ 分别为通过有限元计算的第 i 只温度计的单位变温或者第 i 层温度计的单位等效温度和温度梯度在变形测点的位移，或称温度载常数。

由于 b_i 或 b_{1i}、b_{2i} 是假设坝体材料的热学参数 α_{c0} 计算求得的，从而 δ_T 与真实值有差别，需要用系数 J 来调整，即

$$f_T(t) = J\sum_{i=1}^{m_2} T_i(t) \cdot b_i(x,y,z) \qquad (4.2-14)$$

或

$$f_T(t) = J\sum_{i=1}^{m_2} \left[\overline{T}_i(t) \cdot b_{1i}(x,y,z) + \beta_i(t) \cdot b_{2i}(x,y,z) \right] \qquad (4.2-15)$$

分析表明，温度位移分量仅与线膨胀系数有关，即 $J = \alpha_c/\alpha_{c0}$，而变温应力与弹性模量、线膨胀系数均有关。

（2）混凝土温度计较少或不连续监测。在这种情况下，用混凝土温度计的测值来描述坝体的温度就不够准确，尤其是竣工不久的大坝，需要研究另外的处理方法。一般坝体混凝土的温度场可以分为四个分量：初始温度 T_0、水化热散发产生的温度分量 T_1、周期分量 T_2 以及随机分量 T_3，即

$$T(x,y,z,t) = T_0(x,y,z) + T_1(x,y,z,t) + T_2(x,y,z,t) + T_3(x,y,z,t)$$

$$(4.2-16)$$

通常 T_0 可预先确定,可定出初始位移 A_0;T_3 对坝体的总变形影响较小。因此,下面着重研究 T_1、T_2 引起的位移分量。

1)T_1 引起的温度分量 δ_{T_1}。在天然冷却时,水化热产生的温升表示如下:

$$T_1(x,y,z,t) = \sum_{i=1}^{m_2} B_i \mathrm{e}^{-k_i t} \varphi_i(x,y,z) \qquad (4.2-17)$$

式中:B_i 为第 i 支温度计的变幅;$\varphi_i(x,\ y,\ z)$ 为第 i 支温度计的形函数;k_i 为特征值,每个 k_i 对应于 $\varphi_i(x,\ y,\ z)$;m_2 为温度计的支数。

由热传导方程可得到 $\varphi_i(x,\ y,\ z)$,从而确定水化热产生的变温场。用有限元计算在 $\varphi_i(x,\ y,\ z)$ 作用下的大坝任一点的位移 $b_i^{(1)}$,由此得 T_1 引起的温度分量 δ_{T_1} 为

$$\delta_{T_1} = \sum_{i=1}^{m_2} b_i^{(1)} \mathrm{e}^{-k_i t} \qquad (4.2-18)$$

2)T_2 引起的温度分量 δ_{T_2}。当温度监测资料不连续时,必须考虑温度随时间变化的梯度因素的影响。因此,温度场的表达式为

$$T_2(x,y,z,t) = \sum_{i=1}^{m_2} T_i(t) U_i(x,y,z) + \sum_{i=1}^{m_2} \frac{\mathrm{d}T_i(t)}{\mathrm{d}t} V_i(x,y,z) \qquad (4.2-19)$$

$$T_i(t) = \sum_{j=1}^{n} \overline{T}_{ij} \sin(j\omega t + \varphi_{ij}) \quad i=1,2,3,\cdots,m_2; j=1,2,4,6,\cdots,n \qquad (4.2-20)$$

式中:$U_i(x,\ y,\ z)$ 为第 i 支温度计处的单位温度;$T_i(t)$ 为周期函数,由温度实测资料求得;年周期 $j=1$,半年周期 $j=2$,季度周期 $j=4$,以此类推;$\overline{T}_{ij}$ 为第 i 支温度计处、j 周期的温度变幅;φ_{ij} 为相应的滞后相位角;$\omega=7.173\times10^{-4}$/h;$V_i(x,\ y,\ z)$ 为 $T_i(t)$ 对 t 导数的单位值(以下简称"温度梯度"),℃/h。

用有限元法计算不同周期下单位温度 U_{ij} 引起的大坝任一点位移 $b_{ij}^{(2)}$ 和温度梯度 V_{ij} 引起的大坝任一点位移 $b_{ij}^{(3)}$,则 T_2 引起的温度分量 δ_{T_2} 为

$$\delta_{T_2} = \sum_{i=1}^{m_2} \sum_{j=1}^{n} b_{ij}^{(2)} T_i(t) + \sum_{i=1}^{m_2} \sum_{j=1}^{n} b_{ij}^{(3)} \frac{\mathrm{d}T_i(t)}{\mathrm{d}t} \qquad (4.2-21)$$

$b_{ij}^{(2)}$,$b_{ij}^{(3)}$ 是在已知导温系数 a 和假设线膨胀系数 α_{c0} 的情况下用有限元求得的。为此需要用 J 参数(α/α_{c0})来调整,即

$$f_T(t) = J\left[\sum_{i=1}^{m_2} b_i^{(2)} B_i \mathrm{e}^{-k_i} + \sum_{i=1}^{m_2} \sum_{j=1}^{n} b_{ij}^{(2)} T_i(t) + \sum_{i=1}^{m_2} \sum_{j=1}^{n} b_{ij}^{(3)} \frac{\mathrm{d}T_i(t)}{\mathrm{d}t} \right] + A_0$$

$$(4.2-22)$$

如果 a 也未知,则需要假设初始导温系数 a_0 计算温度场,这与实际温度场有差异,从而引起温度位移差异,需要用参数 ζ 来修正。由热传导方程可推导 $\zeta=\sqrt{\dfrac{a}{a_0}}$,因此可得

$$f_T(t) = J\zeta\left[\sum_{i=1}^{m_2} b_i^{(1)} B_i \mathrm{e}^{-k_i} + \sum_{i=1}^{m_2} \sum_{j=1}^{n} b_{ij}^{(2)} T_i(t) + \sum_{i=1}^{m_2} \sum_{j=1}^{n} b_{ij}^{(3)} \frac{\mathrm{d}T_i(t)}{\mathrm{d}t} \right] + A_0$$

$$(4.2-23)$$

由上面分析可知,温度分量比较复杂,其一般表达式为式(4.2-23),当只考虑年周期变化,即 $j=1$ 时,则

$$f_T(t) = A_0 + J\zeta\left[\sum_{i=1}^{m_2} b_{i1}^{(1)} B_i e^{-k_i t} + \sum_{i=1}^{m_2} b_{i1}^{(2)} T_i(t) + \sum_{i=1}^{m_2} b_{i1}^{(3)} \frac{dT_i(t)}{dt}\right] \quad (4.2-24)$$

当坝体混凝土水化热已散发时，式（4.2-24）中的 $k_i t \rightarrow \infty$，因此可得

$$f_T(t) = A_0 + J\zeta\left[\sum_{i=1}^{m_2} b_{i1}^{(2)} T_i(t) + \sum_{i=1}^{m_2} b_{i1}^{(3)} \frac{dT_i(t)}{dt}\right] \quad (4.2-25)$$

若温度计连续监测，不考虑 $T_i(t)$ 随时间变化的梯度，同时由实测温度计算变温值（即 $\zeta = 1$），则式（4.2-25）变为

$$f_T(t) = A_0 + J\sum_{i=1}^{m_2} b_{i1}^{(2)} T_i(t) \quad (4.2-26)$$

3. 时效分量 $f_\theta(t)$

影响时效位移的因素复杂，它不仅与混凝土的徐变和岩基的流变有关，而且还受岩基的地质构造和坝体裂缝等因素的影响。时效分量的处理可用两种方法：

（1）统计模型分离方法。

（2）用非线性有限元计算时效分量：由坝体混凝土的徐变资料以及岩基的流变资料，求出它们的本构关系（$\sigma-\tau$）。若无这些资料，可用不同阶段的变形或应力资料反演坝体混凝土弹性模量与岩基的变形模量，推求弹性模量的历时过程线 $E(\tau)-\tau$，然后用非线性有限元计算时效分量 $f_\theta(t)$。

4. 确定性模型

综合以上分析，大坝任一监测点的位移确定性模型的一般表达式为

$$\delta = X\delta_{1H} + Y\delta_{2H} + Z\delta_{3H} + J\zeta_T + \delta_\theta$$

$$= X\sum_{i=0}^{m_1} a_{1i}H^i + Y\sum_{i=0}^{m_1} a_{2i}H^i + Z\sum_{i=0}^{m_1} a_{3i}H_i + A_0 + \quad (4.2-27)$$

$$J\zeta\left[\sum_{i=1}^{m_2} b_i^{(1)} B_i e^{-k_i t} + \sum_{i=1}^{m_2}\sum_{j=1}^{n} b_{ij}^{(2)} T_i(t) + \sum_{i=1}^{m_2}\sum_{j=1}^{n} b_{ij}^{(3)} \frac{dT_i(t)}{dt}\right] + \delta_\theta$$

其中

$$\delta_\theta = \begin{cases} c_1\theta + c_2\ln\theta \\ c(1 - e^{-k\theta}) + \sum_{i=1}^{2}\left(c_{1i}\sin\frac{2\pi i\theta}{365} + c_{2i}\cos\frac{2\pi i\theta}{365}\right) \end{cases} \quad (4.2-28)$$

4.2.3 混合模型

将水压分量用有限元计算，即用有限元计算 H_i 产生的数据子集 δ_{1H_i}，δ_{2H_i}，δ_{3H_i}，用多项式拟合得到 δ_{1H}，δ_{2H} 和 δ_{3H} 的计算式，其他分量仍用统计分量。因此，混合模型的表达式为

$$\delta = X\delta_{1H} + Y\delta_{2H} + Z\delta_{3H} + \sum_{i=1}^{m_2} b_i T_i + \delta_\theta \quad (4.2-29)$$

在求得模型后，根据置信水平确定置信带宽度 $\Delta = \pm \xi S$（ξ 常取 $1\sim3$，S 为标准差），从而得到预测方程。

4.2.4　反演分析方法

基于优化理论的拱坝力学参数反演分析的优化目标函数，以坝体弹性模量（简称"弹模"）或坝基变形模量（简称"变模"）作为反演变量，以正倒垂线测点变形计算值与实测值的离差平方和的平方根作为目标函数，用优化理论求解目标函数最小时的反演参数，可以实现拱坝变形的计算值与实测值的多点拟合，且可同时反演坝体和坝基分区多个力学参数。

（1）反演变量。以坝体弹模和坝基变模参数作为反演变量，用 X 表示。

（2）目标函数 $f(X)$。以正倒垂线变形计算值与实测值之差 $F_i(X)$ 的平方和的平方根作为目标函数，即

$$f(X) = \sqrt{\sum_{i=1}^{m} F_i^2(X)}, X \in E^n \tag{4.2-30}$$

$$F_i(X) = \delta_{ci} - \delta_{mi} \tag{4.2-31}$$

式中：δ_{ci} 为垂线测点对应的节点计算值；δ_{mi} 为实测值。

（3）反演优化问题的建立。求 X，使

$$\sqrt{\sum_{i=1}^{m} F_i^2(X)} \rightarrow \min, X \in E^n \tag{4.2-32}$$

由于 δ_{ci}、$F_i(X)$ 是反演变量 X 的非线性函数，式中一般 $m > n$，该式被称为非线性最小二乘问题。显然，由于 $f(X)$ 的极小值是 0，所以非线性方程如果有解，则 $F_i(X) \approx 0$，$i = 1, 2, \cdots, m$，故它使 $f(X) \approx 0$；反之，如果 $f(X)$ 的极小值点 X 使 $f(X) \approx 0$，则它也就是非线性方程的解。

根据拱坝垂线实测资料，以坝体或坝基位移计算值与实测值之差的平方和的平方根作为目标函数，即

$$S = \frac{1}{K} \sum_{j=1}^{K} \sqrt{\frac{1}{N} \sum_{i=1}^{N} (\delta_{ci} - \delta_{mi})^2} \tag{4.2-33}$$

式中：N 为测点个数；K 为监测次数。

当 S 达到最小时，则认为此组参数是反演参数的合理值。

坝体弹模和坝基变模反演时，先拟定材料参数的各种组合，分别计算得到正倒垂线测点的变形。各组材料参数拟定如下：

$$E = (1-\lambda)E_l + \lambda E_u \tag{4.2-34}$$

式中：E_u、E_l 分别为参数建议区间上下限；λ 为分配系数，$\lambda = 0$ 时取材料参数区间下限，$\lambda = 0.5$ 时取材料参数区间中值，$\lambda = 1$ 时取材料参数区间上限。

4.3　首蓄期变形特征分析

锦屏一级特高拱坝首蓄期变形特征的时空分析包括定性分析和定量分析。定性分析主要对监测资料进行特征值分析和有关对照比较，通过绘制过程线、挠曲线和变形空间场分布图等考察测值的变化过程和分布情况，从而对其变化规律以及相应的影响因素有定性的

认识，并对其是否异常有初步判断。定量分析通过建立统计模型和混合模型来实现，即根据监测数据，联系环境量变化过程，对效应量的状况和变化规律作出定量分析和合理解释，它是评判大坝性态是否正常的前提。

4.3.1 坝基变形

拱坝结构受力形式良好，坝体出现问题导致整体破坏的可能性较低。我国西南地区的特高拱坝坝基岩体大多存在断层等不良地质结构，在高应力场、渗流场和长期荷载作用下，均会有不同程度的流变变形。而工程施工中的开挖、浇筑和蓄水等工程扰动造成坝基岩体的蠕变损伤，也会加剧时效变形。坝基长期变形与蓄水期变形存在一定的联系，也具有各自的特点：蓄水期变形在水位上升后迅速产生，而长期的变形速率则较小，主要体现为累积效应。但拱坝是高次超静定结构，对坝基变形敏感，出现的安全问题往往与坝基变形破坏密切相关，特别是蓄水后坝基急剧变形的时期。下面主要利用锦屏一级特高拱坝坝基多点位移计、建基面测缝计和坝基垂线的监测成果分析坝基变形变化特征。

1. 坝基压缩变形

坝基卸荷松弛不仅涉及建基面边坡的稳定，也与建成蓄水后拱坝的稳定性密切相关。为监测坝基开挖后的基岩卸荷回弹变形以及混凝土浇筑过程中基岩压缩变形和各阶段蓄水期间的坝踵变形情况，以 15 号坝段为例，坝踵多点位移计 M_{15-1}^6 实测过程线见图 4.3-1（以受拉变形为正），可以看出：坝基岩体在监测初期受到基岩开挖卸荷回弹影响，随着坝体浇筑，坝基岩体呈压缩变形，且压缩量逐渐增大，表明基岩压缩变形变化主要集中在大坝施工期；2011 年 10 月，该坝段浇筑高程达到 1730.00m（建基面以上 150.0m，为坝体高度的一半），位移值 10.08mm，达到总位移量的 76.7%；2013 年 6 月后坝基岩体变形变化量较小，坝基位移逐渐趋缓，表明首蓄期坝基变形已经稳定，坝基垂直变形已收敛。蓄水至正常蓄水位期间，多点位移计测值变化平稳，受库水位上升变化的影响不明显，至 2014 年 11 月底，孔口、1.7m、5.2m、9.2m、14.2m 和 19.2m 深处的压缩变形分别为 −13.01mm、−9.77mm、−7.46mm、−5.55mm、−3.12mm 和 −2.22mm。

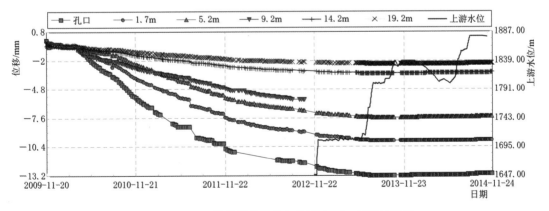

图 4.3-1　15 号坝段坝踵多点位移计 M_{15-1}^6 实测过程线

2. 建基面接缝开合度

为监测坝体与基岩接触面的接缝开合度及其变化情况，在相应坝段布设了测缝计。河床坝段坝基测缝计测值大多为负值，表明随着坝体浇筑高程的增加，建基面接缝处于压缩状态，且坝基面接缝压缩量呈增大趋势；靠两岸坝段建基面接缝开度测值大都为正，考虑到测缝计垂直岸坡方向埋设，测缝计测值受到两岸坝段自重沿岸坡指向河床的作用，使得测缝计处于张拉状态。蓄水至正常蓄水位 1880.00m 期间，坝基接缝开度测值变化平稳，变化量介于 $-0.27\sim0.18$mm，表明上游库水位上升对坝基接缝开合度变化影响不明显。

3. 坝基水平位移

坝基水平位移采用倒垂线进行监测，径向位移向下游为正、切向位移向左岸为正。

(1) 径向位移。图 4.3-2 为坝基实测径向位移分布图，可以看出：

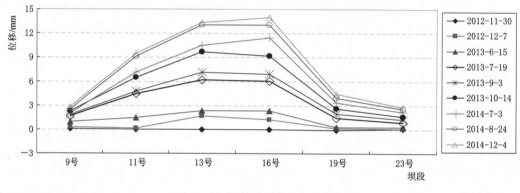

图 4.3-2 坝基实测径向位移分布图

1) 导流洞下闸蓄水前，坝基径向位移测值波动变化，有正有负，但河床坝段坝基径向位移测值大都为正，表明河床坝段坝基向下游位移；导流洞下闸蓄水后，除 9 号坝段坝基径向位移测值为负、坝基向上游有一定变形量外，坝基径向总体向下游位移，下闸蓄水期间最大变形增加量为 1.64mm（高程 1601.25m 倒垂测点 IP_{13-2}）。

2) 第二阶段蓄水期间，随着库水位上升，坝基径向向下游位移逐渐增大，最大增加量为 3.9mm（13 号坝段高程 1601.25m 倒垂测点 IP_{13-2}）。

3) 第三阶段蓄水期间，随着库水位上升，坝基径向继续保持向下游变形，最大位移增加量为 2.53mm（13 号坝段高程 1601.25m 倒垂测点 IP_{13-2}）；第三阶段蓄水结束后，库水位保持在 1839.00m 左右，坝基向下游位移呈缓慢增大趋势，有一定的时效变形。

4) 2014 年 1 月 1 日起由于发电、供水等，库水位逐渐回落至死水位 1800.80m，随着库水位降低，坝基向下游变形量有所减小；自 2014 年 6 月 1 日死水位 1800.80m 蓄水至 2014 年 7 月 3 日水位 1839.30m 期间，随着库水位上升，坝基向下游变形量有所增大，最大位移增加量为 1.49mm（13 号坝段高程 1601.25m 倒垂测点 IP_{13-2}）。

5) 第四阶段蓄水期间，上游库水位逐渐升高至正常蓄水位 1880.00m（2014 年 8 月 24 日），坝基向下游变形量逐渐增大，最大位移增量为 2.53mm（13 号坝段高程 1601.25m IP_{13-2}）；截至 2014 年 8 月 24 日，坝基向下游最大位移为 13.02mm（13 号坝段高程 1601.25m 倒垂测点 IP_{13-2}、16 号坝段高程 1601.25m 倒垂测点 IP_{16-1}）。

6）整体来看，蓄水至正常水位期间，左岸坝基径向位移大于右岸坝基，河床部位坝基向下游的径向位移最大。

（2）切向位移。图 4.3-3 为坝基实测切向位移分布图，可以看出：

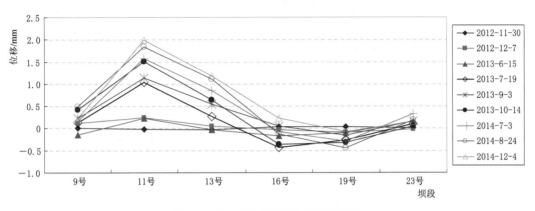

图 4.3-3　坝基实测切向位移分布图

1）导流洞下闸蓄水对坝基切向位移影响不明显，下闸蓄水期间最大变形增加量为 0.26mm（高程 1601.25m 倒垂测点 IP_{11-1}）。

2）第二阶段蓄水期间，左岸坝段坝基切向位移增加量为正，右岸坝段坝基切向位移增加量为负，表明随着库水位上升，坝基切向向两岸变形。

3）第三阶段蓄水期间，随着库水位上升，坝基切向继续向两岸变形，左岸坝段坝基最大位移增加量为 0.37mm（11 号坝段高程 1601.25m 倒垂测点 IP_{11-1}），右岸坝段坝基最大位移增加量为 0.42mm（16 号坝段高程 1601.25m 倒垂测点 IP_{16-1}）；第三阶段蓄水结束后，坝基切向位移总体保持平稳，变化量较小。

4）自 2014 年 6 月 1 日死水位 1800.80m 蓄水至 2014 年 7 月 3 日水位 1839.30m 期间，随着库水位逐渐上升，坝基向两岸变形量有所增大，其中左岸坝段坝基最大位移增加量为 0.30mm（11 号坝段高程 1601.25m 倒垂测点 IP_{11-1}），右岸坝段坝基最大位移增加量为 -0.23mm（16 号坝段高程 1601.25m 倒垂测点 IP_{16-1}）。

5）第四阶段蓄水期间，坝基呈现向两岸变形量增大的趋势，其中左岸坝段坝基最大位移增加量为 0.32mm（9 号坝段高程 1601.25m 倒垂测点 IP_{9-1}），右岸坝段坝基最大位移增加量为 -0.15mm（19 号坝段高程 1601.25m 倒垂测点 IP_{19-1}）。

6）整体来看，蓄水至正常水位期间，切向变位的数值较小，左岸坝基切向变位大于右岸坝基，河床部位坝基切向变位最小。

4.3.2　坝体水平位移

坝体水平位移采用正垂线进行监测，径向位移向下游为正、切向位移向左岸为正。

1. 径向位移

图 4.3-4 为 13 号坝段坝体径向位移实测过程线，可以看出：

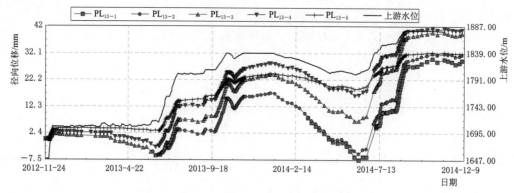

图 4.3-4　13号坝段坝体径向位移实测过程线

（1）浇筑前期，随着坝体浇筑高程的增加，受自重倒悬影响，坝体逐渐向上游位移；随着导流洞下闸蓄水至高程 1710.00m，在坝前约 130m 水头的推力作用下，坝基继续向下游变形，同时低高程坝体也逐渐向下游变形，高高程坝体仍向上游有一定位移。

（2）第二阶段蓄水期间，随着库水位上升，坝体逐渐向下游变形，其中低高程 1730.25m 和 1664.25m 位移较大，中高程 1778.25m 向下游位移相对较小，考虑到 2013 年 7 月大坝封拱至高程 1832.00m，坝体这种变形现象是由坝体倒悬和封拱后的反向荷载作用引起。

（3）第三阶段蓄水期间，随着库水位上升，坝体逐渐向下游变形，中高程 1778.25m 位移较大，高高程 1829.00m 向下游位移相对较小，考虑到 2013 年 10 月大坝封拱至高程 1868.00m，坝体这种变形现象是由封拱后的反向荷载作用引起。此后，库水位保持在 1839.00m 左右，坝体向下游位移略呈缓慢增大趋势。第三阶段蓄水期间，高程 1778.25m 坝体径向位移增加量最大，其次为高程 1829.25m，高程 1664.25m 坝体径向位移增加量最小；河床坝段坝体径向向下游位移最大增加量为 14.08mm，发生在河床 13 号坝段高程 1778.25m 测点 PL_{13-3}。

（4）自 2014 年 6 月 1 日死水位 1800.80m 蓄水至水位 1839.30m 期间，随着库水位上升，坝体向下游位移逐渐增大，其中高程 1829.25m 坝体径向位移增加量最大，其次为高程 1778.25m，高程 1664.25m 坝体径向位移增加量最小；河床坝段坝体径向向下游位移最大增加量为 19.12mm，发生在河床 11 号坝段高程 1829.25m 测点 PL_{11-2}。第四阶段蓄水期间，水位由 1839.30m 蓄水至正常蓄水位 1880.00m，随着库水位上升，坝体向下游变形逐渐增大，其中高程 1829.25m 坝体径向位移增加量最大，其次为高程 1885.25m，高程 1664.25m 坝体径向位移增加量最小；河床坝段坝体径向向下游位移最大增加量为 27.02mm，发生在河床 13 号坝段高程 1829.25m 测点 PL_{13-2}。

（5）根据坝体垂线实测径向位移绘制了各阶段蓄水期间坝体径向位移变化量分布图（图 4.3-5），从空间分布上对坝体径向位移进行分析：坝体径向向下游变形略有偏向左岸的趋势，考虑到左岸主要软弱结构面有 f_5、f_8、f_{38-6}、f_2 断层及层间挤压错动带、深部裂缝（Ⅳ2 级岩体）及低波速岩带、层间挤压错动带等，右岸坝基由大理岩组成，发育 f_{13}、f_{14}、f_{18}、f_{18-1}、fRC_1、fRC_2、fRC_3、fRC_4 等 8 条断层，左、右岸都分布有煌斑岩脉，地质条件对大坝结构变形的不对称性有一定影响。整体上看，低水位时大坝变形基本对称；高水位时大坝变形分布偏向左岸，与左岸 f_5、f_8 断层有关。

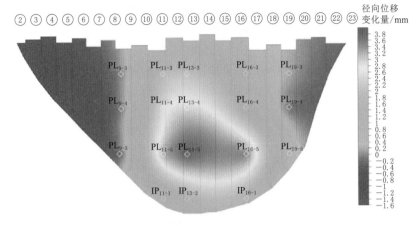

（a）第一阶段（2012-11-30—2012-12-7）

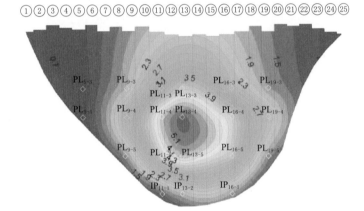

（b）第二阶段（2013-6-15—2013-7-1）

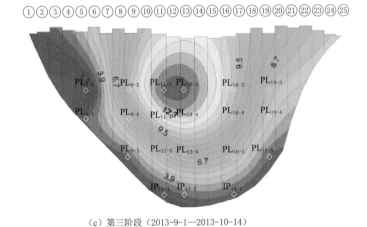

（c）第三阶段（2013-9-1—2013-10-14）

图 4.3-5（一） 首蓄期大坝实测径向位移变化量分布图

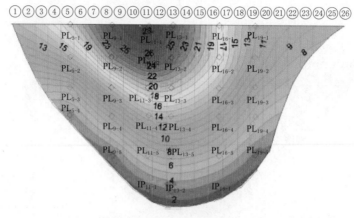

(d) 第四阶段 (2014-7-3—2014-8-24)

图 4.3-5 (二) 首蓄期大坝实测径向位移变化量分布图

(6) 锦屏一级水电站蓄水至正常蓄水位 1880.00m 过程中,在坝体自重、库水压力等作用下,各蓄水阶段典型特征水位时坝体径向位移挠曲线分布见图 4.3-6。坝体最大径向位移发生在中部偏上的高程 1750.00m 左右,约 1/2～2/3 坝高处,这种变形分布现象的产生也与拱坝受顶拱反向荷载作用有一定关系;同时,由底部至顶部同一高程处,坝体径向位移变化量总体在逐渐增加。

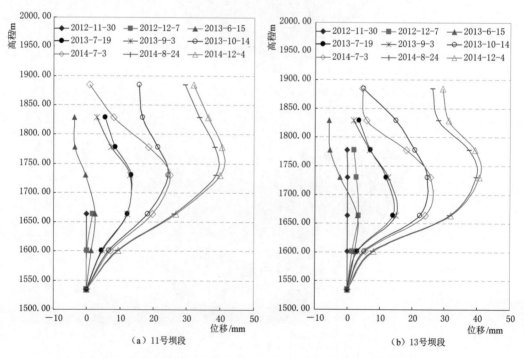

图 4.3-6 (一) 各蓄水阶段典型特征水位时坝体径向位移挠曲线分布图

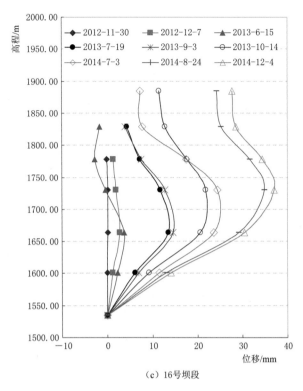

（c）16号坝段

图 4.3-6（二） 各蓄水阶段典型特征水位时坝体径向位移挠曲线分布图

（7）由高程 1885.00m、1829.00m、1778.00m、1730.00m、1664.00m 拱圈径向位移变化（图 4.3-7）可以看出：自 2014 年 6 月 1 日死水位 1800.80m 蓄水至正常蓄水位期间，随着库水位上升，各高程拱圈逐渐向下游变形，各高程拱圈变形有一定的不对称性：低高程右岸坝段变形稍大于左岸，高高程左岸坝段变形大于右岸；左岸高程 1778.00m 略有扭曲变形。截至 2014 年 12 月（图 4.3-8），在拱坝结构调整和坝基时效变形作用下，锦屏一级特高拱坝向下游变形最大为 40.76mm，出现在河床 13 号坝段高程 1730.25m 测点 PL_{13-4}。整体上看，大坝下部坝体变形基本对称，中上部坝体偏向左岸。

2. 切向位移

图 4.3-9 和图 4.3-10 为坝体垂线切向位移实测过程线，可以看出：

（1）第一阶段蓄水期间，尽管坝体切向位移数值较小，但仍反映了库水位上升使得坝体向两岸变形的影响；第二阶段蓄水对坝体切向位移变化影响明显，水位上升使得左岸坝段向左岸有一定变形、右岸坝段向右岸有一定变形，即水推力使得坝体向两岸变形。

（2）第三阶段蓄水期间，随着库水位上升，坝体切向继续向两岸变形，坝体向左岸位移最大增加量为 3.29mm（9 号坝段高程 1829.25m PL_{9-2}）；向右岸位移最大增加量为 2.25mm（19 号坝段高程 1829.25m PL_{19-2}）。第三阶段蓄水结束后，坝体向两岸位移略呈缓慢增大趋势。

（3）自 2014 年 6 月 1 日死水位 1800.80m 蓄水至水位 1839.30m 期间，随库水位抬升，坝体切向向两岸位移逐渐增大，其中向左岸位移最大增加量为 2.73mm（9 号坝段高程

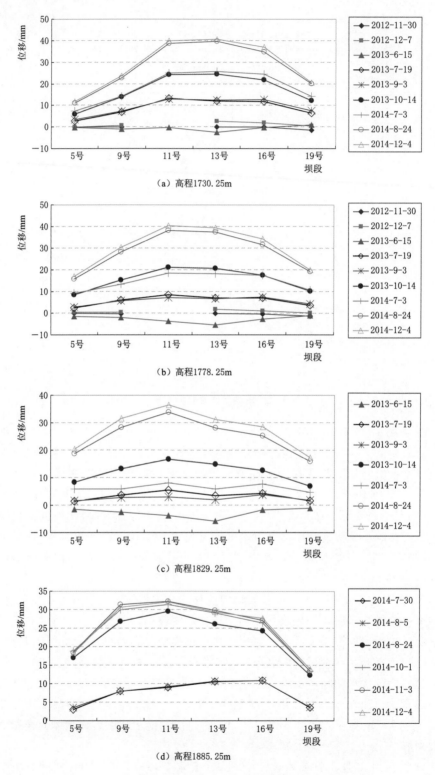

图 4.3－7　各蓄水阶段典型特征水位时拱圈径向位移分布图

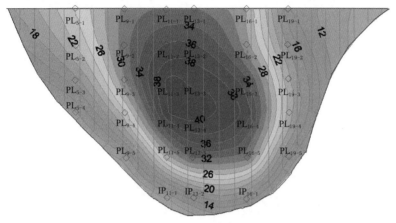

图 4.3－8　大坝实测径向位移分布图 (2014－12－4)

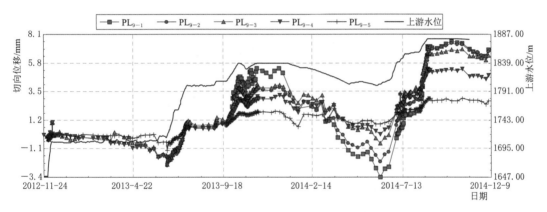

图 4.3－9　9号坝段垂线切向位移实测过程线

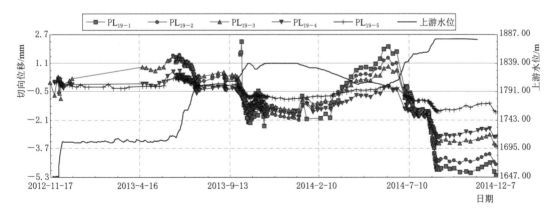

图 4.3－10　19号坝段垂线切向位移实测过程线

1778.25m PL$_{9-3}$）；向右岸位移最大增加量为－4.70mm（19 号坝段高程 1829.25m PL$_{19-2}$）；第四阶段蓄水期间，水位由 1839.30m 蓄水至 1880m 正常蓄水位，随着库水位上升，坝体切向向两岸位移继续增大，向左岸位移最大增加量为 10.47mm（9 号坝段高程 1829.25m PL$_{9-2}$）；向右岸位移最大增加量为－4.24mm（19 号坝段高程 1885.25m PL$_{19-1}$）。

（4）自 2014 年 8 月 24 日达到正常蓄水位 1880.00m 后，在拱坝结构调整和坝基时效变形作用下，坝体切向位移有一定变化量，其中左岸最大增加量为 0.54mm，发生在 11 号坝段高程 1829.25m PL$_{11-2}$，右岸最大增加量为 0.35mm，发生在 19 号坝段高程 1885.00m PL$_{19-1}$；截至 2014 年 12 月 4 日，拱坝向左岸位移最大值为 7.12mm，发生在左岸 11 号坝段高程 1730.25m PL$_{9-4}$；向右岸最大值为－5.21mm，发生在右岸 19 号坝段高程 1885.25m PL$_{19-1}$。

（5）锦屏一级特高拱坝坝体切向位移挠曲线和各高程拱圈切向位移分布见图 4.3－11 和图 4.3－12，河床坝段坝体最大切向位移大都发生在约 2/3 坝高处，靠两岸坝体最大切向位移大都发生在高高程或坝顶附近，这种变形分布现象的产生也与拱坝受顶拱反向荷载作用有一定关系；此外，坝体切向位移呈一定的不对称性，这与坝体体型不对称和所受库水压力分布荷载不对称、两岸地质条件差异性较大等均有关系。

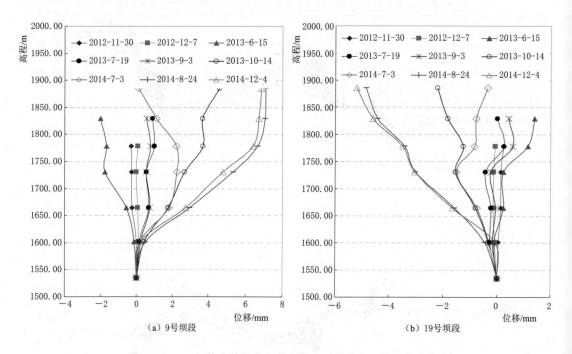

图 4.3－11　各蓄水阶段典型特征水位时坝体切向位移挠曲线

（6）各蓄水阶段坝体切向位移变化量分布见图 4.3－13，坝体 0mm 位移线略偏向右岸，即蓄水过程中，左岸坝段切向位移变化量整体上要大于右岸坝段；截至 2014 年 12 月 4 日，拱坝切向位移分布见图 4.3－14，坝体切向位移量值较小，左、右岸坝段变形呈一定的不对称性。

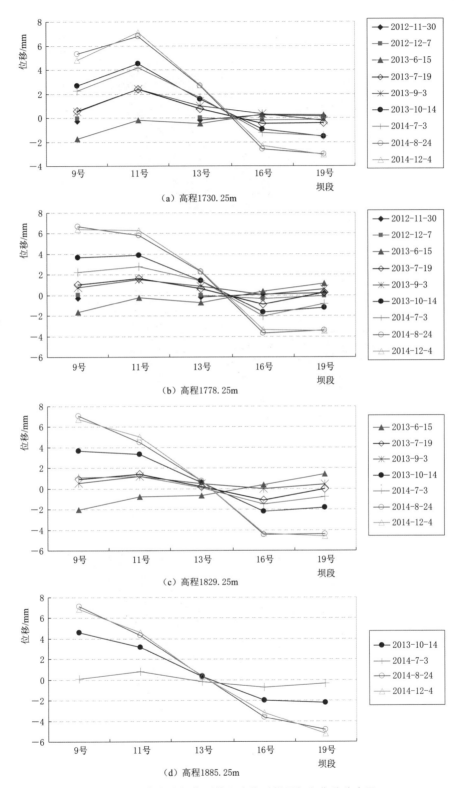

图 4.3－12　各蓄水阶段典型特征水位时拱圈切向位移分布图

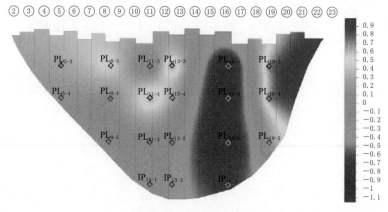

（a）第一阶段（2012-11-30—2012-12-7）

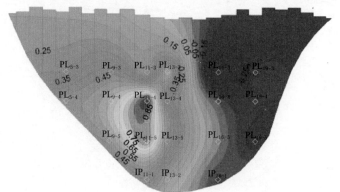

（b）第二阶段（2013-6-15—2013-7-21）

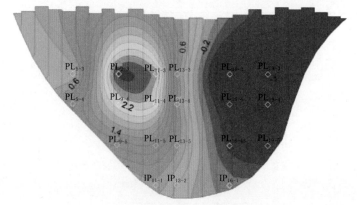

（c）第三阶段（2013-9-1—2013-10-14）

图 4.3-13（一） 各蓄水阶段坝体实测切向位移变化量

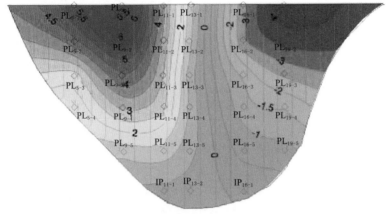

(d）第四阶段（2014-7-3—2014-8-24）

图 4.3-13（二）　各蓄水阶段坝体实测切向位移变化量

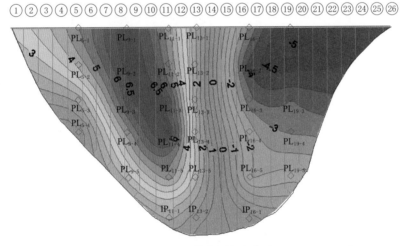

图 4.3-14　各蓄水阶段坝体实测切向位移（2014-12-4）

4.3.3　坝体垂直位移

在坝顶、1829.00m、1778.00m、1730.00m、1664.00m 和 1601.00m 高程廊道沿拱坝轴线方向各布置一排水准点，共布置 203 个水准点，大坝 1601.00m、1778.00m 高程廊道垂直位移实测过程线分别见图 4.3-15 和图 4.3-16。垂直位移以下沉为正、上抬为负。

（1）大坝 1601.00m 高程廊道于 2011 年 12 月 1 日完成垂直位移初值监测，监测结果表明：1601.00m 高程坝体处于下沉状态，中间坝段下沉量较大，两边下沉量较小，相邻坝段未发现不均匀沉降现象；随着水位升高，坝体沉降量减小，坝体沉降减小量最大为1.0mm，发生在 13 号坝段的 TC114 水准点；右岸廊道沉降增量最大为 0.1mm；蓄水至

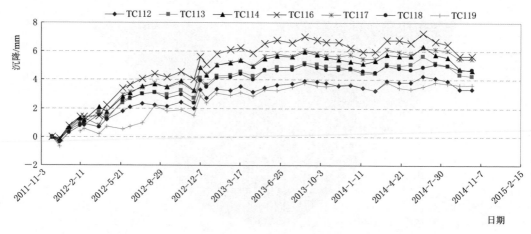

图 4.3 - 15　大坝 1601.00m 高程坝体廊道垂直位移实测过程线

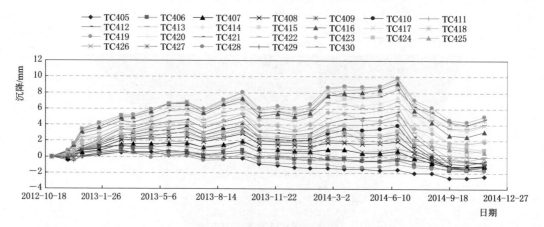

图 4.3 - 16　大坝 1778.00m 高程坝体廊道垂直位移实测过程线

1880.00m 时，大坝 1601.00m 高程最大累计下沉 5.68mm，发生在 15 号坝段 TC116 水准点。

（2）大坝 1664.00m 高程廊道于 2011 年 6 月 5 日完成垂直位移初值监测，监测结果表明：1664.00m 高程廊道整体呈中间下沉、两边稍有抬升的垂直位移变化趋势；随着水位上升，坝体沉降量有所减小，坝体沉降减小量最大为 -3.91mm，发生在 12 号坝段的 TC216 水准点；右岸廊道沉降减小量最大为 0.04mm；左岸廊道沉降减小量最大为 0.14mm；蓄水至 1880.00m 时，1664.00m 高程廊道最大累计下沉量 12.04mm，发生在 15 号坝段 TC219 水准点。

（3）大坝 1730.00m 高程廊道于 2012 年 4 月 1 日完成垂直位移初值监测，监测结果表明：随着水位上升，坝体沉降量有所减小，坝体沉降减小量最大为 -5.73mm，发生在 11 号坝段的 TC315 水准点；右岸廊道沉降减小量最大为 0.04mm；蓄水至 1880.00m 时，1730.00m 高程廊道整体呈中间下沉、两边约有抬升的变化趋势，但量级不大，其中上抬变形主要出现在左岸廊道；1730.00m 高程廊道最大累计下沉量 7.01mm，发生在 13 号坝段 TC319 水准点，最大累计抬升 3.16mm，发生在左岸廊道 TC304 水准点。

（4）大坝 1778.00m 高程于 2012 年 10 月 29 日完成垂直位移初值监测，监测结果表明：随着水位上升，坝体沉降量有所减小，坝体沉降减小量最大为 −5.82mm，发生在 10 号坝段的 TC414 水准点；蓄水至 1880.00m 时，1778.00m 高程廊道整体呈中间下沉、两边略有抬升的变化趋势，但量级不大，其中上抬主要出现在左岸廊道，1778.00m 高程廊道最大累计抬升 3.12mm，发生在左岸廊道内 TC404 水准点，坝体最大累计下沉 5.31mm，发生在 16 号坝段 TC420 水准点。

（5）大坝 1829.00m 高程于 2013 年 6 月 9 日完成垂直位移初值监测，蓄水前坝体处于沉降状态，随着蓄水位升高，坝体沉降逐步由沉降变为抬升状态，最大抬升量为 −6.26mm，出现在 10 号坝段的 TC514 测点，最大抬升增加量为 6.02mm，出现在 11 号坝段的 TC515 测点。

由大坝各高程廊道水准监测分析成果表明，大坝廊道整体呈下沉状态，蓄水期间，随着库水位上升，坝体各高程水准点均有上抬趋势。

4.4 变形跟踪分析及预测

锦屏一级水电站自 2012 年 11 月 30 日下闸蓄水至正常蓄水位 1880.00m，共经历了四阶段蓄水，监测资料分析表明，坝体径向位移在水位上升期的增量变化规律明显。因此，通过建立各阶段蓄水期对应的大坝有限元模型，分别建立统计模型和混合模型，进行大坝力学参数的反演修正和变形性态的跟踪预测分析，据此评价各蓄水阶段大坝变形量值变化和分布规律。

4.4.1 导流洞下闸蓄水期

锦屏一级水电站右岸导流洞在 2012 年 11 月 30 日下闸蓄水，下闸蓄水历时 7d，在 12 月 7 日上游水位达到 1706.67m。监测资料分析表明，坝体径向位移在水位上升期的增量变化规律明显。下面结合水位上升阶段正、倒垂线径向位移监测数据，进行坝体和坝基力学参数反演分析，重点是检验有限元数值分析模型的可靠性，并提出第二阶段的变形预测值。

1. 有限元数值分析模型

锦屏一级特高拱坝坝体材料分为 A、B、C 三区（图 4.4 − 1）。2012 年 12 月 7 日，2～23 号坝段平均浇筑高程为 1822.90m；最高坝段（14 号坝段）浇筑高程为 1833.50m；最低坝段（11 号、17 号、19 号坝段）浇筑高程为 1811.00m。表 4.4 − 1 为坝体结构和坝基岩体材料设计建议力学参数。根据地质资料，坝基分为 5 类岩体，其中 III_2 类岩石河床部位单独分类，V_1 类岩体为断层，其余材料参数参考各级岩体变形模量和强度参数建议值。考虑坝基在施工期有回弹、爆破松弛等现象以及固结灌浆等工程措施，实际材料性质较为复杂，故根据锦屏一级水电站工程施工详图阶段坝基岩体质量分级分区及工程措施，确定坝基材料初始参数。

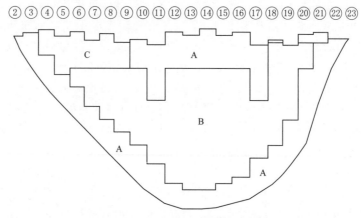

图 4.4-1 坝体材料分区示意图

表 4.4-1 坝体结构和坝基岩体材料参数设计建议值

材料分区		弹性模量 E/GPa	密度 ρ/(kg/m³)	泊松比 μ
坝体结构	大坝 A 区	30.70	24.75	0.17
	大坝 B 区	30.50	24.75	0.17
	大坝 C 区	26.00	24.75	0.17
坝基岩体	Ⅱ类岩石	21.00	28.00	0.25
	Ⅲ₁类岩石	11.50	28.00	0.25
	Ⅲ₂类岩石	6.50	28.00	0.30

2. 参数反演过程

结合坝体垂线监测资料，进行导流洞下闸蓄水过程（2012-11-30—2012-12-7，上游水位 1648.00m→1706.77m）大坝变形变化的模拟。反演分析过程中，由于该时段内的坝体径向位移变化主要是由于水位上升引起，反演计算中的实测资料为各特征水位对应的测值相对于蓄水开始时的测值的增量数据。首先进行坝基岩体材料参数反演计算，计算顺序根据各材料在坝基出露面积和对坝基变形的影响程度确定：①根据模量调整范围和间隔得到多组该类材料弹性模量和坝体特征测点的变形计算值，进行多项式拟合，建立函数关系，进行Ⅱ类岩石模量反演（其余材料使用初始模量）；②将实测变形数据代入函数中求得相应的弹性模量，输入模型，进行模拟计算。同理，进行后续材料弹性模量调整的仿真模拟计算，最终得到Ⅱ类岩体的综合变模为 20.4GPa，Ⅲ₁类岩体综合变模为 13.73GPa，Ⅲ₂类岩体综合变模为 6.61GPa。然后，通过调整坝体分区混凝土弹模进行反演计算。考虑正垂线实测数据，将各测点计算值和实测值差值的平方求平均值后开方，得到多组弹性模量和该种标准差的数据，用3阶多项式进行拟合，建立函数关系；通过求得该函数的极值点得到调整后的材料综合弹模。通过蓄水期间有限元模拟计算分析，当模型输入表4.4-2中材料参数时，可以较好地模拟导流洞下闸蓄水期间的坝体变形变化规律。

表 4.4－2 坝体结构和坝基岩体材料参数反演值

材 料 分 区		反演模量 E/GPa	密度 ρ/(kg/m³)	泊松比 μ
坝体结构	大坝 A 区	32.16	24.75	0.17
	大坝 B 区	32.06	24.75	0.17
	大坝 C 区	26.00	24.75	0.17
坝基岩体	Ⅱ类岩石	20.40	28.00	0.25
	Ⅲ₁类岩石	13.38	28.00	0.25
	Ⅲ₂类岩石	6.61	28.00	0.30

3. 计算值与实测值的对比

图 4.4－2 为 1706.00m 水位下坝体径向位移计算和实测分布图，计算结果和实测结果吻合较好，计算值与实测值的分布规律相似，量级相近，表明采用反演后材料参数的蓄水期有限元模拟计算结果能够反映坝体变形变化规律。建议在后续蓄水期间，利用高水位的垂线实测资料进行反演修正，因为高水位时的坝体位移大，可减少因监测误差引起的反演弹模的误差。

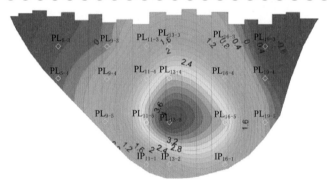

（a）计算结果

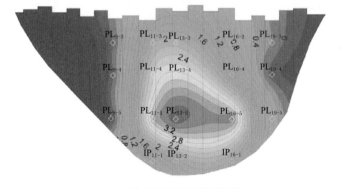

（b）2012年12月7日实测结果

图 4.4－2 1706.00m 水位下坝体径向位移计算和实测分布图

4. 导流洞下闸蓄水至 1760.00m 期间大坝变形预测

选取导流洞下闸蓄水期间 13 号坝段高程 1664.25m（PL_{13-5}）、1730.25m（PL_{13-4}）、1778.25m（PL_{13-3}）和 1601.25m（IP_{13-2}）测点径向位移实测资料进行建模分析，对蓄水至水位 1760.00m 的位移增量进行预测。PL_{13-5} 径向位移预测结果为

$$\delta_{1760}=\delta_{1706}+10.15\text{mm} \tag{4.4-1}$$

PL_{13-4} 径向位移预测结果为

$$\delta_{1760}=\delta_{1706}+15.00\text{mm} \tag{4.4-2}$$

PL_{13-3} 径向位移预测结果为

$$\delta_{1760}=\delta_{1706}+14.31\text{mm} \tag{4.4-3}$$

IP_{13-2} 的径向位移预测结果为

$$\delta_{1760}=\delta_{1706}+3.39\text{mm} \tag{4.4-4}$$

4.4.2 第二阶段蓄水期

锦屏一级特高拱坝拟定 2013 年 6 月末蓄水至水位 1760.00m，有限元模型模拟了相应的大坝浇筑形象和封拱高程，根据导流洞下闸蓄水期间反演的大坝材料参数调整模型，应用确定性模型中的结构计算部分，选取上游水位 1710.00m、1720.00m、1730.00m、1740.00m、1750.00m、1760.00m 进行坝体变形预测，其中下游水位考虑水垫塘充水溢流，设置坝体下游水位为 1645.00m。图 4.4-3 为蓄水至水位 1760.00m 的坝体径向、切向位移分布预测结果，可以看出对应的坝体向两岸最大变形和最大径向变形的分布情况（这里预测的坝体变形为相对于导流洞下闸蓄水时坝体变形的增量值）。

在第二阶段蓄水至 1760.00m 水位时，利用实测数据对上述预测成果进行检验。图 4.4-4 为数值模拟计算的大坝径向位移变化量与实测径向位移变化量分布图，图 4.4-5 为径向位移实测、计算对比结果。数值模拟计算的大坝径向位移增量分布规律与实测位移分布规律基本一致，且实测结果均小于模拟计算结果。

在图 4.4-5 中，第二阶段蓄水期间，库水位上升引起的拱坝坝体和基岩径向实测位

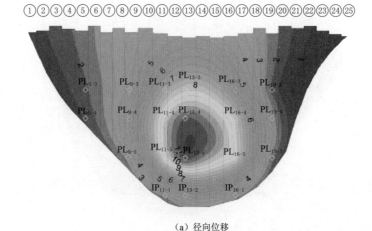

（a）径向位移

图 4.4-3（一） 蓄水至水位 1760.00m 的坝体径向、切向位移分布预测结果

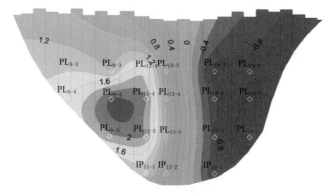

（b）切向位移

图 4.4-3（二）　蓄水至水位 1760.00m 的坝体径向、切向位移分布预测结果

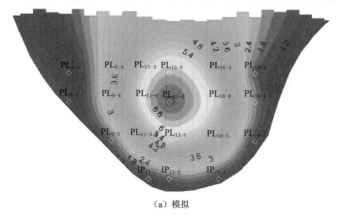

（a）模拟

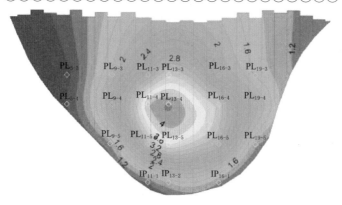

（b）实测

图 4.4-4　大坝径向位移变化量（2013 年 6 月 21 日—7 月 1 日）

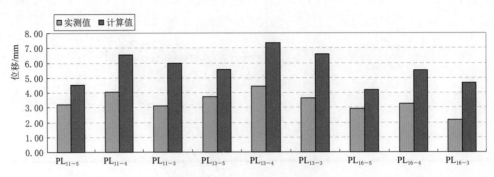

图 4.4 - 5　11 号、13 号、16 号坝段径向位移实测、计算结果对比（1760.00m 水位）

移变化量与结构计算结果有一定差异。以河床 13 号坝段正、倒垂线为例，对实测径向位移的水压分量以及坝基的时效分量进行分离（图 4.4 - 6）。表 4.4 - 3 为大坝径向位移水压分量和结构计算值对比结果。可以看出，在第二阶段蓄水过程中，库水位上升引起的坝体和坝基径向位移与数值模拟模型计算结果的差异在规定的监测中误差范围以内，表明大坝在库水位上升期间的变形规律与数值模型仿真基本一致，这充分说明：①大坝变形规律符合线弹性变化规律，未发现明显异常；②结构数值模型输入的坝体和基岩的力学反演参数合理。另外，根据坝基倒垂线径向位移时效分量分离结果，蓄水至 1760.00m（2013 年 6

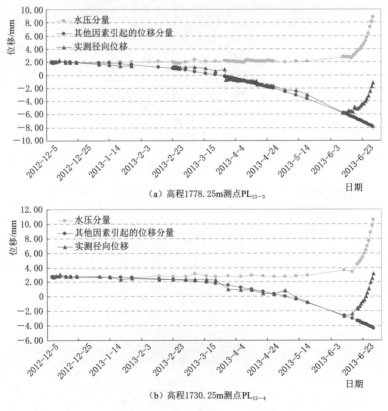

（a）高程1778.25m测点PL$_{13-3}$

（b）高程1730.25m测点PL$_{13-4}$

图 4.4 - 6（一）　13 号坝段正、倒垂线实测径向位移分量分离结果

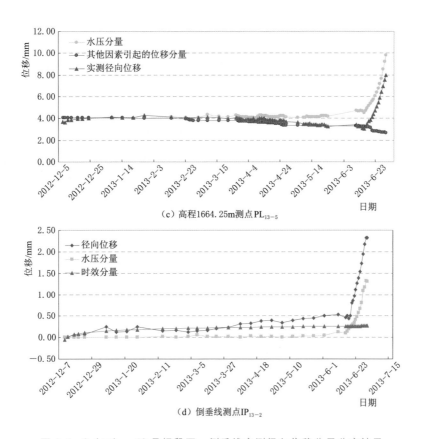

（c）高程1664.25m测点PL$_{13-5}$

（d）倒垂线测点IP$_{13-2}$

图 4.4-6（二）　13 号坝段正、倒垂线实测径向位移分量分离结果

月 30 日）时，11 号、13 号、16 号坝段坝基径向位移时效分量分别为：0.281mm、0.268mm、1.174mm，16 号坝段较大的时效变形与其基岩存在 f$_{18}$ 断层置换混凝土处理等有关。

表 4.4-3　　　　　　　大坝径向位移水压分量和结构计算值对比表　　　　　　单位：mm

测点	日　　　期													
	2013-6-24		2013-6-25		2013-6-26		2013-6-27		2013-6-28		2013-6-29		2013-6-30	
	水压分量	计算值	水压分量	计算值	水压分量	计算值	水压分量	计算值	水压分量	计算值	水压分量	计算值	水压分量	计算值
PL$_{13-3}$	0.96	1.13	1.40	1.76	1.92	2.42	2.51	3.24	3.52	4.98	4.33	5.62	5.03	6.57
PL$_{13-4}$	1.10	1.35	1.61	2.08	2.21	2.83	2.88	3.76	4.04	5.65	4.98	6.33	5.77	7.33
PL$_{13-5}$	0.81	1.13	1.18	1.71	1.62	2.29	2.12	3.00	2.97	4.37	3.65	4.86	4.24	5.55
IP$_{13-2}$	0.29	0.32	0.43	0.48	0.58	0.64	0.76	0.82	1.14	1.19	1.25	1.31	1.45	1.49

4.4.3 第三阶段蓄水期

1. 模型修整与预测

数值模型模拟2013年7月21日大坝浇筑形象和封拱情况（封拱至1832.00m），利用第二阶段蓄水期间垂线实测资料进行了坝体力学参数反演修正，参数调整较小，在此不详细叙述。坝体混凝土材料分区见图4.4-7。利用数值模型进行了第三阶段坝体和坝基变形预测，预测结果见表4.4-4和表4.4-5，该预测值为第三阶段蓄水开始后水位上升引起的坝体和坝基变形变化量。

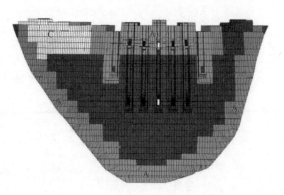

图4.4-7　坝体混凝土材料分区

表4.4-4　　　　　　第三阶段蓄水期间坝体正垂线位移变化量预测值

坝段	高程/m	测点	上 游 水 位/m			
			1810.00	1820.00	1830.00	1840.00
			位移变化量预测值/mm			
11号	1664.25	PL_{11-5}	1.58	3.22	4.91	6.65
	1730.25	PL_{11-4}	3.11	6.41	9.94	13.66
	1778.25	PL_{11-3}	3.70	7.81	12.37	17.37
13号	1664.25	PL_{13-5}	1.94	3.93	6.00	8.12
	1730.25	PL_{13-4}	3.38	6.98	10.80	14.82
	1778.25	PL_{13-3}	3.83	8.08	12.77	17.89
16号	1664.25	PL_{16-5}	1.42	2.87	4.36	5.89
	1730.25	PL_{16-4}	2.48	5.10	7.87	10.76
	1778.25	PL_{16-3}	2.75	5.78	9.13	12.77

表4.4-5　　　　　　第三阶段蓄水期间坝基倒垂线位移变化量预测值

坝段	高程/m	测点	上 游 水 位/m			
			1810.00	1820.00	1830.00	1840.00
			位移变化量预测值/mm			
11号	1601.25	IP_{11-1}	0.28	0.56	0.84	1.12
13号	1601.25	IP_{13-2}	0.43	0.86	1.30	1.75
16号	1601.25	IP_{16-1}	0.28	0.55	0.84	1.12

2. 预测值与实测值的对比

（1）通过对比第三阶段蓄水期间实测和数值模型预测径向位移变化量（图4.4-8）可以看出：随着库水位上升，数值模拟计算的大坝径向位移变化量变化规律与实测的大坝径向位移变化量基本一致，即坝体径向整体向下游变形，且变形量逐渐增大，其中河床坝

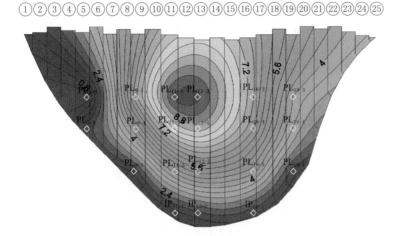

(a) 1829.00m实测（2013年10月8日）

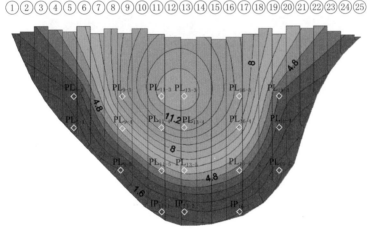

(b) 1830.00m数值模型预测

图 4.4-8　第三阶段蓄水期间大坝实测和数值模型预测径向位移变化量分布图

段中高高程向下游变形最大。

　　(2) 通过对比大坝第三阶段蓄水期间实测和结构计算切向位移变化量（图 4.4-9）可以看出：左岸坝体切向整体向左岸变形，右岸坝体切向整体向右岸变形，河床坝段中高高程向两岸变形最大，随水位上升，向两岸变形逐渐增大。需要指出，数值模拟计算向左岸最大变形出现在 5 号坝段附近，向右岸最大变形出现在 19 号坝段中高高程处，而实测最大向左岸变形出现在 9 号坝段附近，最大向右岸变形出现在 19 号坝段低高程处。

4.4.4　第四阶段蓄水期

　　第四阶段跟踪分析采用混合模型，首先根据大坝混凝土浇筑和封拱灌浆的形象面貌，修整有限元数值计算模型，并重新进行反演和水荷载分量的计算。其次，采用混合模型预

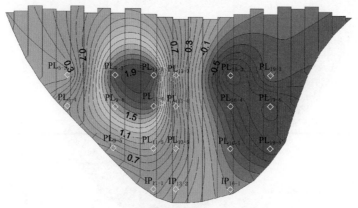

(a) 1829.00m实测（2013年10月8日）

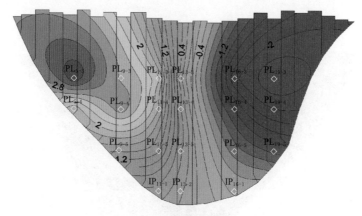

(b) 1830.00m数值模型预测

图 4.4-9　第三阶段蓄水期间大坝实测和数值模型预测切向位移变化量分布图

测结果和实测位移的分量分离结果，进行综合对比评价。

1. 第四阶段蓄水期间大坝径向位移预测

结合第三阶段蓄水至 1840.00m 期间正倒垂线径向位移监测数据，反演坝体的综合弹性模量 E_c，据此调整数值分析模型，进而对锦屏一级水电站 2014 年蓄水期间的大坝变形进行预测。锦屏一级特高拱坝模型的坝体混凝土分区见图 4.4-10，第四阶段蓄水期间大坝主要分区材料弹模反演值见表 4.4-6。

在第四阶段蓄水至高程 1853.00m，选取 13 号坝段高程 1730.00m 测点 PL_{13-4}，分析库水位、温度、时效等因素对大坝径向位移的影响。坝体径向位移分量分离结果见图 4.4-11，可以看出：水压分量对大坝径向位移的影响占较大比重，随着库水位上升，坝体径向位移逐渐增大；温度分量较小，气温升高，坝体径向向上游位移，反之，向下游有一定位移量；高程 1730.00m 坝体时效位移已由前期的偏向上游位移转变为向下游位移的趋势，13 号坝段高程 1730.00m 向下游时效位移约 1.5mm。

114

图 4.4 - 10 锦屏一级特高拱坝
模型的坝体混凝土分区图

表 4.4 - 6　　第四阶段蓄水期间大坝
主要分区材料弹模反演值

材　料　分　区		反演弹模/GPa
坝体结构	坝体 A 区	32.88
	坝体 B 区	32.67
	坝体 C 区	29.99
坝基岩体	Ⅱ类岩体	28.92
	Ⅲ1 类岩体	12.85
	Ⅲ2 类岩体	8.57

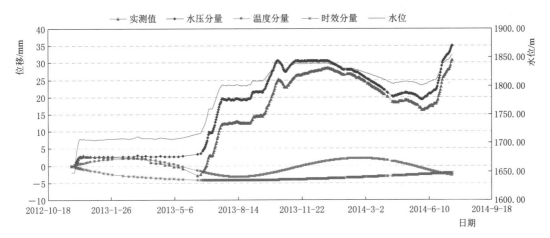

图 4.4 - 11　13 号坝段高程 1730.00m 测点 PL_{13-4} 径向位移分量分离结果图

应用混合模型对蓄水至 1880.00m 水位时的坝体径向位移进行预测，其中水压分量的构造形式由有限元模型在各蓄水期计算结果确定，温度分量和时效分量的构造形式由统计理论来确定。根据建模成果，对大坝高水位蓄水期间的变形进行了预测，蓄水至 1880.00m 水位大坝垂线径向位移混合模型预测值见表 4.4 - 7，蓄水至 1880.00m 水位坝体垂线径向位移混合模型预测值和实测值分布图。

表 4.4 - 7　　　　蓄水至水位 1880.00m 大坝垂线径向位移混合模型预测值

坝段	高程/m	测点	水位/m		
			1860.00	1870.00	1880.00
			垂线径向位移混合模型预测值/mm		
11 号	1664.25	PL_{11-5}	22.77	24.37	26.15
	1730.25	PL_{11-4}	32.39	35.06	38.41
	1778.25	PL_{11-3}	30.73	35.48	40.88

坝段	高程/m	测点	水位/m		
			1860.00	1870.00	1880.00
			垂线径向位移混合模型预测值/mm		
13 号	1664.25	PL_{13-5}	27.70	29.46	31.42
	1730.25	PL_{13-4}	33.45	36.97	40.88
	1778.25	PL_{13-3}	28.33	33.19	38.72
16 号	1664.25	PL_{16-5}	26.28	27.58	29.10
	1730.25	PL_{16-4}	29.24	31.64	34.32
	1778.25	PL_{16-3}	24.78	28.23	32.16
11 号	1601.25	IP_{11-1}	7.77	8.03	8.30
13 号	1601.25	IP_{13-2}	11.74	12.27	12.86
16 号	1601.25	IP_{16-1}	12.30	12.80	13.27

根据混合模型预测结果［图 4.4-12（a）］，蓄水至正常蓄水位 1880.00m，锦屏一级特高拱坝径向最大位移为 40.88mm，分别发生在坝体高程 1778.00m PL_{11-3} 测点和高程 1730.00m PL_{13-4} 测点，坝基最大径向位移为 13.27mm，发生在 16 号坝段 IP_{16-1} 测点。与图 4.4-12（b）实测结果对比可以看出：蓄水至 1880.00m 水位时，坝体径向位移混合模型预测值与实测值较为接近，表明混合模型的预测效果较好，预测精度较高，这同时也反映了大坝变形尚处于弹性工作状态，其变形性态基本与预期一致。

2. 蓄水至 1880.00m 期间大坝径向位移影响分量分离结果

选取 13 号坝段高程 1730.00m PL_{13-4} 测点正垂线，分析库水位、温度、时效等因素对大坝径向位移的影响。坝体径向位移各影响分量分离结果见图 4.4-13，可以看出：水压对大坝径向位移影响占较大比重，随着库水位上升，坝体径向位移逐渐增大；温度分量较

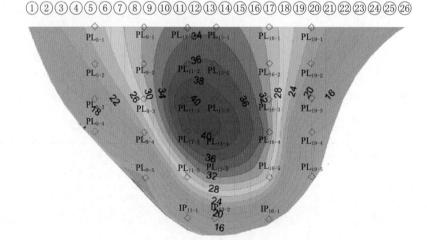

（a）混合模型预测值

图 4.4-12（一） 蓄水至水位 1880.00m 坝体垂线径向位移混合模型预测值和实测值分布图

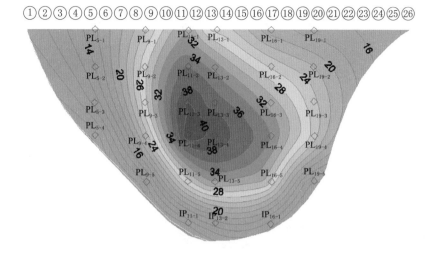

(b) 实测值

图 4.4-12 (二)　蓄水至水位 1880.00m 坝体垂线径向位移混合模型预测值和实测值分布图

小，气温升高，坝体径向向上游位移，反之，向下游有一定位移量；1730.00m 高程坝体时效位移已由前期的偏向上游位移转变为向下游位移的趋势，13 号坝段 1730.00m 高程向上游时效位移约 3.0mm。根据分量分离结果，水压引起的坝体径向变形占总变形量的 85.6%，温度引起的变形占总变形量的 6.8%，时效引起的变形占总变形量的 7.6%。

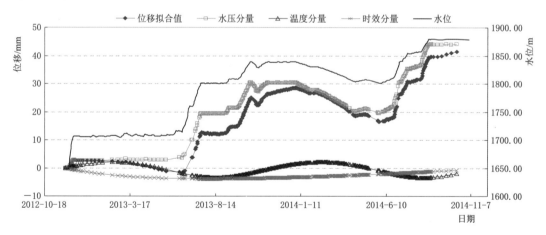

图 4.4-13　高程 1730.00m 13 号坝段 PL$_{13-4}$ 测点径向位移分量分离结果图

4.5　首蓄期变形性态评价

诸多工程实践表明，监测资料反映的大坝实际变形和受力规律往往与设计状态不尽一致，所以在锦屏一级水电站蓄水过程中，基于监测数据与统计模型和混合模型预测结果互为验证的方法，从大坝变形与水位变化的同步性、大坝变形实测数据的连续性和规律性等方面，综合判定了各阶段蓄水期间拱坝的工作状态。此外，首次蓄水至正常蓄水位过程中，坝体和坝基变形场、渗流场、温度场均缓慢变化，呈现出非线性变形特性，使得大坝变形在各阶段水位抬升消落过程中表现出一定的时效性。跟踪监控分析和反馈成果表明，在锦屏一级水电站首次蓄水至正常蓄水位过程中，大坝变形表现出以下显著特征：

（1）第一阶段蓄水后，水库水位维持在约 1706.00m 上下运行，第二阶段蓄水前，河床坝段径向位移呈向上游；第二阶段蓄水期，水位上升至 1800.12m，拱坝向下游变形；第三阶段蓄水期，水库水位先上升至 1839.14m，后水位又下降至 1828.90m，水位上升期间拱坝向下游变形，但库水位回落期间，拱坝向下游变形量有所减小；第四阶段蓄水期间，拱坝径向位移整体向下游。

（2）四个阶段蓄水期间，坝体径向以向下游位移为主，切向位移方向基本为：偏左岸坝段指向左岸、偏右岸坝段指向右岸，量级较小。截至 2014 年 11 月 28 日，坝基最大径向位移位于 16 号坝段，位移量为 14.0mm，最大切向位移位于 11 号坝段，位移量为 1.99mm。蓄水期大坝弦长累计缩短 0.06~8.18mm。坝体横缝和坝基接触缝均处于压缩状态，且变化量分别小于 0.1mm、0.2mm。经基础处理后的坝基满足承载拱坝荷载和变形的要求。坝体最大径向位移为 42.86mm，位于 11 号坝段高程 1778.00m 部位；坝体最大切向位移为 6.96mm，位于 11 号坝段高程 1730.00m 部位。坝体最大垂直位移为 12.04mm，呈现拱冠大、向两岸逐渐减小的特点。坝后弦长蓄水期以微拉伸变形为主，坝体横缝开合度基本无变化。大坝工程性态正常。

（3）位移与水位变化紧密相关性：四阶段蓄水过程中，大坝位移与水位呈现出了良好的同步性，水位抬升时，坝体位移向下游持续增加；水位消落时，坝体变形减小；同时，在库水荷载作用下，大坝各部位变形连续协调，空间位移分布合理。

（4）监测值与预测变化量值吻合性：各阶段蓄水期间，通过统计模型和混合模型预测了后续蓄水阶段的位移变化量值，后续获得的实测变化量或水压分量均与预测结果吻合，变化规律一致，且略小于预测结果，高水位蓄水期间预测误差小于 ±2%，表明大坝变形量值在预期范围之内。

（5）首次蓄水期间，反馈和预测分析采用的计算模型、计算条件和分析方法基本合适，反馈分析认为第四阶段蓄水期间大坝工作性态正常。

特高拱坝荷载与效应量之间具有相关性、周期性、时效稳定性、计算符合性。大坝变形、渗流渗压等效应量与库水位的相关性好；水荷载作用和大坝变形、渗流渗压之间都具有同步周期性；多年高水位和低水位的大坝变形、渗流渗压等数据逐步趋于相同或稳定收敛；相同水位变幅的位移增量基本一致，采用有限元计算复核的位移变化量值与实测位移分量值趋于一致，位移分布具有对称性和相对稳定性，大坝变形整体协调性好。按此规律，可以认为大坝处于弹性工作性态，大坝工作性态正常。总体上，锦屏一级特高拱坝首蓄期变形与水库水位变化过程一致，连续变化且空间分布符合客观规律，大坝实测位移与各阶段预测结果相吻合，表明锦屏一级特高拱坝首蓄期处于正常工作状态，在整个蓄水过程是安全可控的。

第 5 章

特高拱坝初期运行期变形性态分析

拱坝是一种超静定空间壳体结构，通过拱梁系统将荷载传递到两岸山体和坝基岩体上，实现坝体和坝基的联合作用。拱坝的稳定性分析即为变形与破坏分析，对于特高拱坝分析重点为非线性变形和局部破坏。特高拱坝的稳定性分析对预估坝体抗裂能力、极限承载能力、明确结构薄弱区域意义重大。相比于一般拱坝，对特高拱坝关键特征的认识有待完善，特高拱坝稳定与破坏的核心控制因素也未得到充分的认识，亟需切实可行的特高拱坝变形与破坏分析理论与方法应用于工程实践。

锦屏一级特高拱坝左坝肩边坡开挖期至蓄水初期，边坡浅表部和深部变形尚未完全收敛，左岸坝肩边坡开挖期变形相对较大；支护完成后、水库蓄水前，边坡变形减弱；水库蓄水后，边坡位移速率较明显增加；水库蓄至正常蓄水位 1880.00m 后的平稳期变形速率又有所减缓；谷幅变形监测也显示随库水位上升谷幅持续收缩。枢纽工程验收意见提出："锦屏一级特高拱坝是世界建成投运的最高大坝，工程运行库水位及相应水荷载变幅较大。今后长期运行中，要做好拱坝的安全监测和巡视检查工作，重点对左岸边坡稳定性及其对大坝受力影响进行监测和分析研究，精心运行维护，完善工程相应安全运行与应急管理体系，确保大坝长期安全运行。"因此，在首蓄期变形性态跟踪监控分析的基础上，对初期运行期的变形性态进行时空评价，利用变形监测资料剖析初期运行期坝体变形时空变化特征，运用聚类理论研究测点间变形相似程度及区域间变形相似程度，进行特高拱坝变形性态时空变化特征相似区域划分；在此基础上，通过探究特高拱坝变形主成分水压分量、温度分量及时效分量的表征方法，建立特高拱坝变形性态主成分分析模型，构建 Hotelling T^2 统计量与其控制限的关系，提出特高拱坝变形性态主成分分析模型评价准则。

5.1 变形性态时空评价方法

不同于一般拱坝，特高拱坝对坝基软弱带及建基面变形更加敏感，需格外重视坝基与坝体的相互作用。特高拱坝库区地质条件复杂，高陡边坡、高地应力、高渗压等坝基地质条件表现出高度的非线性与时效特征，在工程建设过程中的边坡开挖、混凝土浇筑、库区蓄水等扰动作用下，高地应力释放、坝面水推力、混凝土自重和坝基中高渗压等变化均使得高度的非线性及非平衡演化贯穿特高拱坝施工、蓄水、运行的全生命周期，致使特高拱坝力学行为变化极其复杂。由此可见，大坝结构型式、地形和地质条件、荷载状况、坝体和坝基物理力学性质等影响因素与特高拱坝结构性态之间均存在一定的因果关系。

特高拱坝实际运行过程中，变形变化综合反映了坝体、坝基结构性态动态变化过程，作为衡量大坝结构正常与否的重要指标，有效监控和分析特高拱坝变形性态，有助于及时发现结构异常现象，对确保工程安全服役意义重大。这不仅需要剖析特高拱坝相对于一般拱坝的变形变化规律和典型分布特征，还需要合理的特高拱坝服役稳定性和核心控制因素的评价方法及标准。锦屏一级特高拱坝处于典型的深切 V 形河谷区，坝基岩性较差，局部的地应力释放和卸荷松弛问题突出，拱坝的地质、地形条件及坝体体型呈现强非对称性，这些均为锦屏一级特高拱坝变形性态安全评价带来了诸多的不确定性。

下面首先结合监测资料，剖析特高拱坝变形时空变化特征；然后借助面板数据聚类理论，提出特高拱坝变形性态时空变化特征相似区域划分方法；最后利用主成分分析模型和时空变形场模型，进行特高拱坝初期运行期变形性态评定。

5.1.1　变形时空变化特征提取方法

受坝体结构特点、地形地质条件等影响以及两岸边坡的约束，锦屏一级特高拱坝变形较大区域集中在 1/2 高度附近，且由于河谷形状不对称，其拱冠梁两侧区域变形有一定的差异；而小湾特高拱坝河谷宽而深（宽高比为 2.82，锦屏一级特高拱坝为 1.57），坝顶受边坡约束相对较小，导致变形较大区域位于坝顶附近，且由于所处河谷近似对称，拱冠梁两侧对称坝顶变形规律相似。这两座拱坝的变形特征表明，特高拱坝变形性态时空变化呈现区域相似特征：同一区域内，变形量级及变化规律相似；不同区域之间，变形量级和变化规律存在一定的差异。因此，在研究特高拱坝变形性态分析方法时，须充分考虑特高拱坝变形的区域特征，将传统的点分析方法转变为区域分析方法。为勾勒出特高拱坝变形性态时空变化特征相似区域，将特高拱坝变形时空序列视为面板数据格式，借助面板聚类理论，对特高拱坝变形时空变化特征相似区域进行划分。

1. 测点间变形相似程度度量

假设特高拱坝变形时空序列为 δ_{it}（$i=1, 2, \cdots, N$；$t=1, 2, \cdots, T$），其中，N 为特高拱坝变形监测点的数目，T 为总时间，该时空序列体现了特高拱坝变形三种不同尺度的特征：①绝对特征；②动态特征；③波动特征。三种特征分别表征变形时空序列的绝对水平、动态发展趋势以及波动程度。因此，度量两个测点间变形相似程度时需要综合考虑上述三种特征，这里采用"距离"度量，距离越小表明两测点变形规律和量级越接近。

测点 i 变形时间序列和测点 j 变形时间序列间相似程度的绝对水平可用绝对距离度量，记为 $d_{ij(AQED)}$，可表达为

$$d_{ij(AQED)} = \sqrt{\sum_{t=1}^{T}\left[\delta_{i(t)} - \delta_{j(t)}\right]^2} \tag{5.1-1}$$

式中：$\delta_{i(t)}$ 为测点 i 在 t 时刻的变形值；$\delta_{j(t)}$ 为测点 j 在 t 时刻的变形值；T 为总时间。

测点 i 变形时间序列和测点 j 变形时间序列间相似程度的动态发展趋势可用增速距离度量，记为 $d_{ij(ISED)}$，可表达为

$$d_{ij(ISED)} = \sqrt{\sum_{t=2}^{T}\left(\frac{\Delta\delta_{i(t)}}{\Delta\delta_{i(t-1)}} - \frac{\Delta\delta_{j(t)}}{\Delta\delta_{j(t-1)}}\right)^2} \tag{5.1-2}$$

$$\Delta\delta_{i(t)} = \delta_{i(t)} - \delta_{i(t-1)}$$

式中：$\Delta\delta_{i(t)}$ 为测点 i 在 t 时刻和 $t-1$ 时刻变形的绝对增量。

测点 i 变形时间序列和测点 j 变形时间序列间相似程度的波动特征可用波动距离度量，记为 $d_{ij(VCED)}$，可表达为

$$d_{ij(VCED)} = \left|\frac{\overline{\delta}_i}{S_i} - \frac{\overline{\delta}_j}{S_j}\right| \tag{5.1-3}$$

式中：$\overline{\delta}_i$ 为测点 i 在 T 时期内的均值，$\overline{\delta}_i = \frac{1}{T}\sum_{i=1}^{T}\delta_{i(t)}$；$S_i$ 为测点 i 在 T 时期内的标准差，

$$S_i = \frac{1}{T-1} \sum_{i=1}^{T} [\delta_i(t) - \delta_i]^2 。$$

　　为综合表征测点 i 和测点 j 变形相似程度的绝对特征、动态特征和波动特征，引入两点之间的综合距离，简记为 $d_{ij(CED)}$，可表达为

$$d_{ij(CED)} = \omega_1 d_{ij(AQED)} + \omega_2 d_{ij(ISED)} + \omega_3 d_{ij(VCED)} \qquad (5.1-4)$$

式中：ω_1、ω_2、ω_3 分别为三种距离的权重，满足 $\omega_1 + \omega_2 + \omega_3 = 1$。

　　计算得到 $d_{ij(AQED)}$、$d_{ij(ISED)}$ 和 $d_{ij(VCED)}$ 后，借助熵权法求解 ω_1、ω_2 和 ω_3，首先构建如下 $3 \times m$ 阶矩阵：

$$[r_{ij}]_{3 \times m} = \begin{bmatrix} d_{1,2(AQED)} & d_{1,3} & \cdots & d_{1,N} & d_{2,3} & \cdots & d_{2,N} & \cdots & d_{N-1,N} \\ d_{1,2(ISED)} & d_{1,3} & \cdots & d_{1,N} & d_{2,3} & \cdots & d_{2,N} & \cdots & d_{N-1,N} \\ d_{1,2(VCED)} & d_{1,3} & \cdots & d_{1,N} & d_{2,3} & \cdots & d_{2,N} & \cdots & d_{N-1,N} \end{bmatrix}_{3 \times m}$$

$$(5.1-5)$$

式中：第一行为测点间的绝对距离；第二行为测点间的增速距离；第三行为测点间的波动距离。

　　2. 区域间变形相似程度的度量

　　与测点间变形相似程度度量方法类似，高拱坝区域间变形相似程度仍采用"距离"度量。设 d_{ij} 表示测点 i 与测点 j 之间的距离，G_p 和 G_q 分别表示两个区域，n_p 和 n_q 分别为 G_p 和 G_q 包含的样本个数，$\overline{x}_p$ 和 $\overline{x}_q$ 分别为 G_p 和 G_q 的重心，D_{pq} 表示 G_p 和 G_q 间的距离，下面给出两区域间变形相似程度的度量方法。

　　最短距离：两区域中所有样本之间的最近距离，其表达式为

$$D_{pq} = \min_{i \in G_p, j \in G_q} d_{ij} \qquad (5.1-6)$$

　　最长距离：两区域中所有样本之间的最远距离，其表达式为

$$D_{pq} = \max_{i \in G_p, j \in G_q} d_{ij} \qquad (5.1-7)$$

　　类平均距离：两区域所有样本两两距离的平均值，其表达式为

$$D_{pq} = \frac{1}{n_p n_q} \sum_{i \in G_p} \sum_{j \in G_q} d_{ij} \qquad (5.1-8)$$

　　重心距离：两区域重心间的距离，其表达式为

$$D_{pq} = \sqrt{(\overline{x}_p - \overline{x}_q)'(\overline{x}_p - \overline{x}_q)} \qquad (5.1-9)$$

　　离差平方和距离（Ward 距离），其表达式为

$$D_{pq} = \sqrt{W_p + W_q} \qquad (5.1-10)$$

式中：W_p、W_q 分别为 G_p、G_q 两区域的离差平方和，可表示为

$$\begin{cases} W_p = \sum_{i=1}^{n_p} [(x_i - \overline{x}_p)'(x_i - \overline{x}_p)] \\ W_q = \sum_{j=1}^{n_q} [(x_j - \overline{x}_q)'(x_j - \overline{x}_q)] \end{cases} \qquad (5.1-11)$$

　　上述区域间距离的表征方法仅考虑了区域变形相似程度的绝对水平，并未考虑动态发展趋势以及波动程度。下面基于离差平方和距离，构建可以综合表征区域间变形相似程度

绝对水平、发展趋势以及波动程度的"综合距离"方法。假定已将 N 个测点分成 k 个区域，记为 G_1，G_2，…，G_l，…，G_k。N_l 表示 G_l 中的测点个数，则时段 T 内 G_l 中所有测点变形序列的离差平方和 W_l 为

$$W_l = \sum_{i=1}^{N_l} \left[\sum_{t=1}^{T} (\delta_{i(t)} - \overline{\delta}_t)'(\delta_{i(t)} - \overline{\delta}_t) + \sum_{t=2}^{T} (\xi_{i(t)} - \overline{\xi}_t)'(\xi_{i(t)} - \overline{\xi}_t) + (\zeta_i - \overline{\zeta})'(\zeta_i - \overline{\zeta}) \right]$$

$$(5.1-12)$$

其中

$$
\begin{cases}
\overline{\delta}_t = \dfrac{1}{N_l}\sum_{i=1}^{N_l}\delta_{i(t)} \quad \Delta\delta_{i(t)} = \delta_{i(t)} - \delta_{i(t-1)} \quad \overline{\delta}_i = \dfrac{1}{T}\sum_{i=1}^{T}\delta_{i(t)} \quad S_i = \dfrac{1}{T-1}\sum_{i=1}^{T}(\delta_{i(t)} - \overline{\delta}_i)^2 \\
\xi_{i(t)} = \dfrac{\Delta\delta_{i(t)}}{\delta_{i(t-1)}} \quad \overline{\xi}_t = \dfrac{1}{N_l}\sum_{i=1}^{N_l}\xi_{i(t)} \\
\zeta_i = \dfrac{\overline{\delta}_i}{S_i} \quad \overline{\zeta} = \dfrac{1}{N_l}\sum_{i=1}^{N_l}\zeta_i
\end{cases}
$$

式中：$\delta_{i(t)}$ 为测点 i 在 t 时刻的变形值；$\overline{\delta}_t$ 为 t 时刻 G_l 中所有测点变形的均值；$\Delta\delta_{i(t)} = \delta_{i(t)} - \delta_{i(t-1)}$ 为测点 i 在 t 时刻变形值和 $t-1$ 时刻变形值间的绝对增量；$\overline{\delta}_i$ 为测点 i 在 T 时段内变形的均值；S_i 为测点 i 在 T 时段内变形的方差；$\xi_{i(t)}$ 为 G_l 中 t 时刻测点 i 变形的增量速度；$\overline{\xi}_t$ 为 t 时刻 G_l 中所有测点变形增量速度 $\xi_{i(t)}$ 的均值；ζ_i 为测点 i 变形的波动程度；$\overline{\zeta}$ 为 t 时刻 G_l 中所有测点变形波动程度 ζ_i 的均值。

则 k 个区域的总离差平方和 W^* 可表示为

$$W^* = \sum_{l=1}^{k} W_l \qquad (5.1-13)$$

若 G_p 和 G_q 合并成的新区域记为 G_r，其中包含了 $n_p + n_q$ 个样本，则 G_r 和 G_k 之间的距离递推公式为

$$D_{rk}^2 = \frac{n_p + n_k}{n_r + n_k}D_{pk}^2 + \frac{n_q + n_k}{n_r + n_k}D_{qk}^2 - \frac{n_k}{n_r + n_k}D_{pq}^2 \qquad (5.1-14)$$

当 W^* 达到极小时的测点分区方案即为最优分区方案，实际计算中，可采用阈值法确定分类数目。假设分区过程共进行 n 次合并，求出第 l 次与最后一次分区的区域间距离之比 S_l，即

$$S_l = \frac{D_l}{D_{n-1}} \qquad (5.1-15)$$

如果 S_l 与 S_{l+1} 相差较小，而 S_l 与 S_{l-1} 相差较大，可将相应的区域间距离 D_l 作为变形分区的阈值，根据此阈值进一步获得区域数。

5.1.2 时空评价模型和准则

以特高拱坝变形时空变化特征相似区域为基本建模单位，充分利用多测点变形监测数据，建立特高拱坝变形性态主成分分析模型和时空变形场分析模型，拟定特高拱坝变形性态时空评价准则。

1. 变形主成分分析模型

变形主成分效应量可表征特高拱坝变形性态的主要变化特征。假设已将变形性态划分为若干个区域，某变形区内有 m 个测点，且已提取出 l 个主成分效应量，记为 $\delta^{pc(1)}$、$\delta^{pc(2)}$、$\cdots$、$\delta^{pc(i)}$、$\cdots$、$\delta^{pc(l)}$，分别称为第 1 主成分、第 2 主成分、$\cdots$、第 i 主成分、$\cdots$、第 l 主成分，其表征了 m 个测点的主要变形特征，由主成分提取原理可知：

$$
\begin{aligned}
\delta^{pc(i)} &= p_{i1}\delta^1 + p_{i2}\delta^2 + \cdots + p_{ij}\delta^j + \cdots + p_{im}\delta^m \\
&= p_{i1}(\delta_H^1 + \delta_T^1 + \delta_\theta^1) + p_{i2}(\delta_H^2 + \delta_T^2 + \delta_\theta^2) + \cdots + p_{ij}(\delta_H^j + \delta_T^j + \delta_\theta^j) + \cdots \\
&\quad + p_{im}(\delta_H^m + \delta_T^m + \delta_\theta^m) \\
&= \sum_{j=1}^m p_{ij}\delta_H^j + \sum_{j=1}^m p_{ij}\delta_T^j + \sum_{j=1}^m p_{ij}\delta_\theta^j
\end{aligned}
\tag{5.1-16}
$$

式中：$\boldsymbol{p}_i$ 为由 p_{i1}，p_{i2}，$\cdots$，p_{ij}，$\cdots$，p_{im} 构成的第 i 主成分对应的特征向量；j 为测点编号；δ^1，δ^2，$\cdots$，δ^j，$\cdots$，δ^m 分别为测点 1，测点 2，$\cdots$，测点 j，$\cdots$，测点 m 标准化后的监测值；δ_H^1，δ_H^2，$\cdots$，δ_H^j，$\cdots$，δ_H^m 分别为测点 1，测点 2，$\cdots$，测点 j，$\cdots$，测点 m 的水压分量；δ_T^1，δ_T^2，$\cdots$，δ_T^j，$\cdots$，δ_T^m 分别为测点 1，测点 2，$\cdots$，测点 j，$\cdots$，测点 m 的温度分量；δ_θ^1，δ_θ^2，$\cdots$，δ_θ^j，$\cdots$，δ_θ^m 分别为测点 1，测点 2，$\cdots$，测点 j，$\cdots$，测点 m 的时效分量。

将第 1 项称为变形主成分水压分量，将第 2 项称为变形主成分温度分量，将第 3 项称为变形主成分时效分量，下面介绍上述 3 种变形主成分分量的数学表征方法。

（1）变形主成分水压分量。基于分数阶数值分析方法，可计算得到库水压力作用下某测点 j（$j=1$，2，$\cdots$，m）的变形值 $\delta_H'^j$，其与库水深 H 的关系可用 4 次多项式表征，4 次多项式的拟合系数记为 a_{jn}（$n=1$，2，3，4），引入调整系数 X_j，得到测点 j 变形水压分量的表达式，结合式（5.1-16），可推导得到变形第 i 主成分 $\delta^{pc(i)}$ 水压分量 $\delta_H^{pc(i)}$ 的表达式为

$$
\delta_H^{pc(i)} = \sum_{j=1}^m p_{ij} X_j \sum_{n=1}^4 a_{jn} H^n
\tag{5.1-17}
$$

式中：$\boldsymbol{p}_i$ 为第 i 主成分对应的特征向量，$\boldsymbol{p}_i = \{p_{i1}，p_{i2}，\cdots，p_{im}\}$。

（2）变形主成分温度分量。当特高拱坝坝体和边界布置有足够数目的温度计且监测连续时，结合式（5.1-16），可推导得到测点 j（$j=1$，2，$\cdots$，m）的变形第 i 主成分 $\delta^{pc(i)}$ 温度分量 $\delta_T^{pc(i)}$ 的表达式为

$$
\delta_T^{pc(i)} = \sum_{j=1}^m p_{ij} \sum_{s=1}^{m_1} b_{js} T_s(t)
\tag{5.1-18}
$$

式中：m_1 为坝体温度计数目；$T_s(t)$ 为第 s（$s=1$，2，$\cdots$，m_1）支温度计的变温值。

若采用平均温度和等效梯度为温度因子，结合式（5.1-16），可推导得到变形第 i 主成分 $\delta^{pc(i)}$ 温度分量 $\delta_T^{pc(i)}$ 的表达式为

$$
\delta_T^{pc(i)} = \sum_{j=1}^m p_{ij} \left(\sum_{s=1}^{m_1} b_{1js} \overline{T}_s + \sum_{s=1}^{m_1} b_{2js} \beta_s \right)
\tag{5.1-19}
$$

式中：j 为变形监测点编号，$j=1$，2，$\cdots$，m；s 为温度计的层号，$s=1$，2，$\cdots$，m_1；β_s 为第 s 层的温度梯度；$\overline{T}_s$ 为第 s 层的平均温度。

当无混凝土温度资料或监测不连续时，需借助气温、水温等监测资料或简谐波函数构建变形主成分温度分量，结合式（5.1-19），可推导得到变形第 i 主成分 $\delta^{pc(i)}$ 温度分量 $\delta_T^{pc(i)}$ 的表达式为

$$\delta_T^{pc(i)} = \sum_{i=1}^{m} p_{ij} \sum_{s=1}^{m_3} \left(b_{1js} \sin \frac{2\pi it}{365} + b_{2js} \cos \frac{2\pi it}{365} \right) \qquad (5.1-20)$$

式中：m_3 为简谐波组数，$m_3=1$ 为年周期，$m_3=2$ 为半年周期。

结合式（5.1-16），可推导得到变形第 i 主成分 $\delta^{pc(i)}$ 温度分量 $\delta_T^{pc(i)}$ 的表达式为

$$\delta_T^{pc(i)} = \sum_{j=1}^{m} p_{ij} \sum_{n=1}^{m_2} b_{jn} T_n(t) \qquad (5.1-21)$$

式中：$T_n(t)$ 为前 n 天的平均气温（或水温）。

（3）变形主成分时效分量。结合式（5.1-16），则可推导得到测点 $j(j=1, 2, \cdots, m)$ 变形第 i 主成分 $\delta^{pc(i)}$ 时效分量 $\delta_\theta^{pc(i)}$ 的表达式为

$$\delta_\theta^{pc(i)} = \sum_{j=1}^{m} p_{ij} (c_{j1}\theta + c_{j2}\ln\theta) \qquad (5.1-22)$$

式中：θ 为监测日 t 至始测日 t_0 的累积天数除以 100。

在此基础上，通过合理选择各因子的表达式，即可建立特高拱坝变形性态主成分分析模型。若特高拱坝坝体布置足够数目的温度计且观测连续，则特高拱坝变形第 i 主成分分析模型可表达为

$$\hat{\delta}^{pc(i)} = a_0 + \sum_{j=1}^{m} p_{ij} X_j \sum_{n=1}^{4} a_{jn} H^n + \sum_{j=1}^{m} a_{jn} \left(\sum_{s=1}^{m_1} b_{1js} \overline{T}_s + \sum_{s=1}^{m_1} b_{2js} \beta_s \right)$$
$$+ \sum_{j=1}^{m} p_{ij} (c_{j1}\theta + c_{j2}\ln\theta) \qquad (5.1-23)$$

式中：a_0 为常数项。

若无混凝土温度资料或监测不连续，则特高拱坝变形第 i 主成分分析模型可表达为

$$\hat{\delta}^{pc(i)} = a_0 + \sum_{j=1}^{m} p_{ij} X_j \sum_{n=1}^{4} a_{jn} H^n + \sum_{j=1}^{m} p_{ij} \sum_{s=1}^{m_3} \left(b_{1js} \sin \frac{2\pi it}{365} + b_{2js} \cos \frac{2\pi it}{365} \right)$$
$$+ \sum_{j=1}^{m} p_{ij} (c_{j1}\theta + c_{j2}\ln\theta) \qquad (5.1-24)$$

在主成分分析模型基础上，假设特高拱坝某变形区内有 m 个监测点，每个测点有 n 个变形监测数据，$\boldsymbol{X}=(x_1, x_2, \cdots, x_j, \cdots, x_m)$ 为原始变形时空序列，提取出主成分个数为 l，其组成的矩阵 $\boldsymbol{T}=(t_1, t_2, \cdots, t_j, \cdots, t_l)$ 可表示为

$$\boldsymbol{T}=(t_1, t_2, \cdots, t_j, \cdots, t_l) = \begin{bmatrix} t_{11} & t_{12} & \cdots & t_{1j} & \cdots & t_{1l} \\ t_{21} & t_{22} & \cdots & t_{2j} & \cdots & t_{2l} \\ \cdots & \cdots & \cdots & \cdots & \cdots & \cdots \\ t_{i1} & t_{i2} & \cdots & t_{ij} & \cdots & t_{il} \\ \cdots & \cdots & \cdots & \cdots & \cdots & \cdots \\ t_{n1} & t_{n2} & \cdots & t_{nj} & \cdots & t_{nl} \end{bmatrix} \qquad (5.1-25)$$

可知 $t_1, t_2, \cdots, t_j, \cdots, t_l$ 互相独立，由于变形主成分个数 l 一般大于 1，在拟定

125

变形主成分控制值时，传统的单变量统计理论（如典型小概率法、置信区间法等）难以解决，因此基于多元统计理论，研究特高拱坝变形主成分控制值的拟定方法。

设 $X_i(i=1, 2, \cdots, n)$ 相互独立，且 $X_i \sim N_p(0, \sum)$，记 $\boldsymbol{X}=(X_1, X_2, \cdots, X_i, \cdots, X_n)$，则随机矩阵 $\boldsymbol{W}=\boldsymbol{X}\boldsymbol{X}^{\mathrm{T}}=\sum_{i=1}^{n} X_i X_i^{\mathrm{T}}$ 服从自由度为 n 的 p 维 Wishart 分布，简记为 $\boldsymbol{W} \sim W_p(n, \sum)$，特殊的，若 $p=1$，则 $\sum$ 退化为 σ^2，此时 Wishart 分布将退化为 χ^2 分布。对于相互独立的 $\boldsymbol{W}$ 和 $X=(X_1, X_2, \cdots, X_i, \cdots, X_n)$，若 $\boldsymbol{W} \sim W_p(n, \sum)$，$X_i \sim N_p(0, c\sum)$，$c>0$，$n \gg p$，$\sum \gg O$，则随机变量 T^2 的表达式为

$$T^2 = \frac{n}{c} \boldsymbol{X}^{\mathrm{T}} \boldsymbol{W}^{-1} \boldsymbol{X} \tag{5.1-26}$$

服从第一自由度为 p、第二自由度为 n 的 Hotelling T^2 分布，Hotelling T^2 分布与 F 分布存在如下关系：

$$\frac{n-p+1}{np} T^2 \sim F(p, n-p+1) \tag{5.1-27}$$

主成分空间中 Hotelling T^2 统计量可表达为

$$T^2 = \boldsymbol{v}_i \boldsymbol{\Lambda}^{-1} \boldsymbol{v}_i^{\mathrm{T}}$$

式中：$\boldsymbol{v}_i$ 为 T 的第 i 行；$\boldsymbol{\Lambda}$ 为相关系数矩阵 $\boldsymbol{R}$ 特征值 λ_i 组成的对角矩阵。基于式（5.1-16）可求取 Hotelling T^2 统计量的控制限，若置信度水平取为 α 时，主成分空间中 Hotelling T^2 统计量控制限可表示为

$$T_\alpha^2 = \frac{(n-1)l}{n-l} F_\alpha(l, n-l) \tag{5.1-28}$$

式中：l 为变形主成分个数；n 为测点监测值的个数。

基于特高拱坝某区域变形趋势性和变形主成分是否超过控制值，可将特高拱坝某区域变形性态划分为正常、基本正常、异常三种状态。

正常：所有变形主成分 $\delta^{pc(i)}$（$i=1, 2, \cdots, l$）的时效分量 $\delta_\theta^{pc(i)}$ 均逐渐趋于稳定，即对于任意 i，满足

$$\frac{\mathrm{d}\delta_0^{pc(i)}}{\mathrm{d}t}=0 \quad \text{或} \quad \frac{\mathrm{d}\delta_\theta^{pc(i)}}{\mathrm{d}t} \neq 0 \quad \frac{\mathrm{d}^2 \theta_\theta^{pc(i)}}{\mathrm{d}t^2}<0 \tag{5.1-29}$$

且 Hotelling T^2 统计量未超过一级控制值 $T_{\alpha 1}^2$，即

$$T^2 < T_{\alpha 1}^2 \tag{5.1-30}$$

此时该区域变形性态正常。

基本正常：存在任一变形主成分 $\delta^{pc(i)}$ 的时效分量 $\delta_\theta^{pc(i)}$ 有发展的趋势，即存在任一 i，满足：

$$\frac{\mathrm{d}^2 \delta_\theta^{pc(i)}}{\mathrm{d}t^2} \neq 0 \tag{5.1-31}$$

且 Hotelling T^2 统计量未超过一级控制值 $T_{\alpha 1}^2$，即

$$T^2 < T_{\alpha 1}^2 \tag{5.1-32}$$

则该区域变形性态基本正常，需关注后期发展状况。

异常：存在任一变形主成分 $\delta^{pc(i)}$ 的时效分量 $\delta_\theta^{pc(i)}$ 有发展的趋势，即存在任一 i，满足：

$$\frac{\mathrm{d}^2 \delta_\theta^{p_c(i)}}{\mathrm{d}t^2} \neq 0 \qquad (5.1-33)$$

且 Hotelling T^2 统计量介于一级控制值 $T_{\alpha1}^2$ 和二级控制值 $T_{\alpha2}^2$ 之间，即

$$T_{\alpha1}^2 \leqslant T^2 < T_{\alpha2}^2 \qquad (5.1-34)$$

此时该区域变形性态异常，需要进行成因分析。值得指出的是，如果 Hotelling T^2 统计量大于二级控制值 $T_{\alpha2}^2$，即

$$T^2 \geqslant T_{\alpha2}^2 \qquad (5.1-35)$$

此时特高拱坝处于险情状态，须立即检查大坝运行状况，并采取相应的处理措施。

2. 时空变形场分析模型

特高拱坝时空变形场分析模型能综合表征多测点变形间的相互关系。在图 5.1-1 所示的空间直角坐标系中，时空变形场可表示为

$$\boldsymbol{\delta} = f(t, x, y, z) \qquad (5.1-36)$$

式中：t 为时间；x、y、z 为空间坐标变量；$f(t, x, y, z)$ 为变形矢量场。

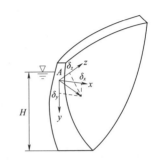

图 5.1-1　特高拱坝变形空间
直角坐标系

式 (5.1-36) 可分解为径向变形、切向变形和垂直变形，即

$$f(t, x, y, z) = u(t, x, y, z)\boldsymbol{i} + v(t, x, y, z)\boldsymbol{j} + w(t, x, y, z)\boldsymbol{k} \qquad (5.1-37)$$

式中：$u(t, x, y, z)$ 为径向变形；$v(t, x, y, z)$ 为切向变形；$w(t, x, y, z)$ 为垂直变形。

每个变形矢量按其成因可分为水压分量、温度分量和时效分量，即

$$
\begin{aligned}
f(t, x, y, z) &= f_1(H, x, y, z) + f_2(T, x, y, z) + f_3(\theta, x, y, z) \\
&= f_1[f(H), g(x, y, z)] + f_2[f(T), g(x, y, z)] + f_3[f(\theta), g(x, y, z)]
\end{aligned}
$$
$$(5.1-38)$$

式中：$f_1(H, x, y, z)$ 为水压分量场；$f_2(T, x, y, z)$ 为温度分量场；$f_3(\theta, x, y, z)$ 为时效分量场；$f(H)$、$f(T)$、$f(\theta)$ 分别为变形水压分量、温度分量和时效分量。

（1）特高拱坝变形水压分量场。特高拱坝变形水压分量场可表示为

$$\boldsymbol{f}_1(H, x, y, z) = \boldsymbol{f}_1[\boldsymbol{f}(H), g(x, y, z)] \qquad (5.1-39)$$

式中：$\boldsymbol{f}(H)$ 为坝体或坝基某点的变形水压分量；$g(x, y, z)$ 在定义域 Ω 内连续，可用多元幂级数展开，即

$$g(x, y, z) = \sum_{l, m, n = 0}^{3} a_{lmn} x^l y^m z^n \qquad (5.1-40)$$

式中：a_{lmn} 为多元幂级数各项的系数。

将式 (5.1-40) 代入式 (5.1-39) 中，展开多元幂级数，归并同类项，可得到特高拱坝变形水压分量场的表达式为

$$f_1(H, x, y, z) = \sum_{k=1}^{4} \sum_{l, m, n = 0}^{3} A_{klmn} H^k x^l y^m z^n \qquad (5.1-41)$$

式中：A_{klmn} 为水压分量场各项的系数。

（2）特高拱坝变形温度分量场。特高拱坝变形温度分量场可表达为

$$f_2(T,x,y,z)=f_2[f(T),g(x,y,z)] \tag{5.1-42}$$

式中：$f(T)$ 为坝体或坝基某点的变形温度分量。

当有连续的混凝土温度实测资料时，特高拱坝变形温度分量场可表示为

$$f_2(T,x,y,z)=\sum_{j,k=1}^{m2}\sum_{l,m,n}^{3}B_{jklmn}\overline{T}_j\beta_k x^l y^m z^n \tag{5.1-43}$$

若利用多组简谐波表征大坝单点温度变形分量，可得特高拱坝变形温度分量场的表达式为

$$f_2(T,x,y,z)=\sum_{j,k=0}^{1}\sum_{m,n=0}^{3}B_{jklmn}\sin\frac{2\pi jt}{365}\cos\frac{2\pi kt}{365}x^l y^m z^n \tag{5.1-44}$$

式中：B_{jklmn} 为温度分量场各项的系数。

（3）特高拱坝变形时效分量场。特高拱坝变形时效分量场可以表示为

$$f_3(\theta,x,y,z)=f_3[f(\theta),g(x,y,z)] \tag{5.1-45}$$

式中：$f(\theta)$ 为坝体或坝基某点的变形时效分量。

将式（5.1-40）代入式（5.1-45）中，展开多元幂级数，归并同类项，得到特高拱坝变形时效分量场可表示为

$$f_3(\theta,x,y,z)=\sum_{j,k=0}^{1}\sum_{l,m,n=0}^{3}C_{jklmn}\theta_j\ln\theta_k x^l y^m z^n \tag{5.1-46}$$

式中：C_{jklmn} 为时效分量场各项的系数。

在研究了水压分量场、温度分量场、时效分量场的基础上，即可构建特高拱坝变形性态时空变形场分析模型。若有连续的混凝土温度监测资料，则特高拱坝变形性态时空变形场分析模型可表达为

$$\hat{f}(t,x,y,z)=Xf_1(H,x,y,z)+f_2(T,x,y,z)+f_3(\theta,x,y,z)$$
$$=X\sum_{k=0}^{4}\sum_{l,m,n=0}^{3}A_{klmn}H^k x^l y^m z^n+\sum_{j,k=0}^{m2}\sum_{l,m,n}^{3}B_{jklmn}\overline{T}_j\beta_k x^l y^m z^n$$
$$+\sum_{j,k=0}^{1}\sum_{l,m,n=0}^{3}C_{jklmn}\theta_j\ln\theta_k x^l y^m z^n \tag{5.1-47}$$

若利用多组简谐波表征大坝单点温度变形分量，则特高拱坝变形性态时空变形场分析模型可表达为

$$\hat{f}(t,x,y,z)=Xf_1(H,x,y,z)+f_2(T,x,y,z)+f_3(\theta,x,y,z)$$
$$=X\sum_{k=0}^{4}\sum_{l,m,n=0}^{3}A_{klmn}H^k x^l y^m z^n+\sum_{j,k=0}^{1}\sum_{l,m,n=0}^{3}B_{jklmn}\sin\frac{2\pi jt}{365}\cos\frac{2\pi kt}{365}x^l y^m z^n$$
$$+\sum_{j,k=0}^{l}\sum_{l,m,n=0}^{3}C_{jklmn}\theta_j\ln\theta_k x^l y^m z^n \tag{5.1-48}$$

式中：X 为水压分量调整系数。

在时空变形场分析模型的基础上，假设已将特高拱坝划分为若干个变形相似区域，若某变形区有 m 个测点，对其建立时空变形场分析模型，记 t 时刻第 i 个测点的监测值为

$x_i(t)$，相应的变形场分析模型拟合值为 $\hat{x}(t)$，令

$$X = \begin{bmatrix} x_1(t_1)-\hat{x}_1(t_1) & x_2(t_1)-\hat{x}_2(t_1) & \cdots & x_i(t_1)-\hat{x}_i(t_1) & \cdots & x_m(t_1)-\hat{x}_m(t_1) \\ x_1(t_2)-\hat{x}_1(t_2) & x_2(t_2)-\hat{x}_2(t_2) & \cdots & x_i(t_2)-\hat{x}_i(t_2) & \cdots & x_m(t_2)-\hat{x}_m(t_2) \\ \vdots & \vdots & & \vdots & & \vdots \\ x_1(t_j)-\hat{x}_1(t_j) & x_2(t_j)-\hat{x}_2(t_j) & \cdots & x_i(t_j)-\hat{x}_i(t_j) & \cdots & x_m(t_j)-\hat{x}_m(t_j) \\ \vdots & \vdots & & \vdots & & \vdots \\ x_1(t_n)-\hat{x}_1(t_n) & x_2(t_n)-\hat{x}_2(t_n) & \cdots & x_i(t_n)-\hat{x}_i(t_n) & \cdots & x_m(t_n)-\hat{x}_m(t_n) \end{bmatrix}$$

$$(5.1-49)$$

式中：n 为监测值个数。

记

$$x_i = \begin{bmatrix} x_i(t_1)-\hat{x}_i(t_1) \\ x_i(t_2)-\hat{x}_i(t_2) \\ \vdots \\ x_i(t_j)-\hat{x}_i(t_j) \\ \vdots \\ x_i(t_n)-\hat{x}_i(t_n) \end{bmatrix} = \begin{bmatrix} \Delta x_i(t_1) \\ \Delta x_i(t_2) \\ \vdots \\ \Delta x_i(t_j) \\ \vdots \\ \Delta x_i(t_n) \end{bmatrix} \qquad (5.1-50)$$

则 $X = [x_1, x_2, \cdots, x_i, \cdots, x_m]$；$\mu = [\mu_1, \mu_2, \cdots, \mu_i, \cdots, \mu_m]$，$\mu_i$ 为 x_i 的均值；设 α 为显著性水平，η_α 为变形正常区域边界上的概率密度值，将 X 协方差矩阵进行特征值分解，r_i 为 λ_i 对应的特征向量，建立以样本均值 μ 为中心，各半轴长分别为 $\lambda_i \eta'_\alpha (i=1, 2, \cdots, m)$，坐标轴方向为 r_i 的 m 维超椭球。通过设置不同的置信度水平 α 可在 m 维概率空间中将特高拱坝某区域变形性态划分为正常、基本正常和异常。

正常：

$$\sum_{i=1}^{m} \frac{(X-\mu)^{\mathrm{T}} r_i r_i^{\mathrm{T}} (X-\mu)}{\lambda_i} \leqslant \eta'_{\alpha 1} \qquad (5.1-51)$$

基本正常：

$$\eta'_{\alpha 1} < \sum_{i=1}^{m} \frac{(X-\mu)^{\mathrm{T}} r_i r_i^{\mathrm{T}} (X-\mu)}{\lambda_i} \leqslant \eta'_{\alpha 2} \qquad (5.1-52)$$

异常：

$$\sum_{i=1}^{m} \frac{(X-\mu)^{\mathrm{T}} r_i r_i^{\mathrm{T}} (X-\mu)}{\lambda_i} > \eta'_{\alpha 2} \qquad (5.1-53)$$

5.2 变形时空特征分析

2014 年 8 月 24 日水库蓄至正常蓄水位 1880.00m 以后，上游水位每年均经历一轮加载至正常蓄水位和消落至死水位的过程，年变幅在 80m 左右，每年 8—9 月至 12 月或次年 1 月水位较高（约 1880.00m），5—6 月水位较低（约 1800.00m）。下面着重对 2014 年运行后近 5 年的坝基、坝体变形监测数据进行时空分析，挖掘初期运行期间特高拱坝变形

变化规律及其分布特征，从而对其进行综合评价。

5.2.1 坝基变形

1. 垂直变形

特高拱坝 15 号坝段坝基多点位移计实测过程线见图 5.2－1。坝基岩体变形与坝体浇筑高程关系密切，主要随着坝体浇筑高度的增加呈压缩变形，与水位相关性不明显。坝基压缩变形主要发生在施工期，2011 年 10 月，该坝段浇筑高程达到 1730.00m（建基面以上 150.0m，为坝体高度的一半），位移值 10.08mm，达到总位移量的 76.7%；2013 年坝体浇筑完成后，坝基垂直变形已收敛，位移变化逐渐趋缓，受蓄水影响不明显。2019 年 6 月 30 日实测压缩变形为 12.93mm，表层 0～1.7m 测段单位长度内变形最大，为 1.29mm/m；1.7～5.2m 测段和 14.2～34.2m 测段单位长度内变形大致相当，为 0.26mm/m；5.2～14.2m 测段有软弱结构带穿过，单位长度内变形为 0.51mm/m。

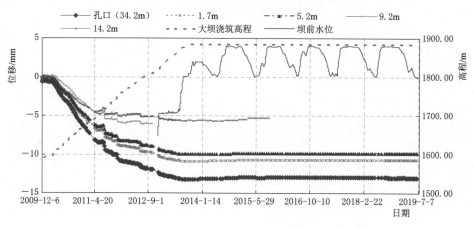

图 5.2－1　15 号坝段坝基多点位移计实测过程线

2. 水平变形

（1）典型坝段坝基径向位移实测过程线见图 5.2－2，河床中部坝段的坝基径向位移表现为向下游位移，与库水位上升和消落的相关性较好，同时河床坝基径向位移表现出一

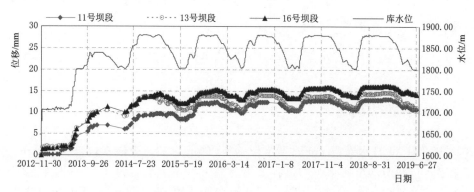

图 5.2－2　典型坝段坝基垂线测点径向位移实测过程线

定的向下游时效位移，这与坝基地质条件（如 f_{18} 断层和煌斑岩脉等）有密切关系。截至 2019 年 6 月 30 日，河床坝基最大径向位移达 14.31mm，出现在 16 号坝段；两岸坝段坝基径向位移较小。

（2）典型坝段坝基垂线测点切向位移实测过程线见图 5.2-3，蓄水期间，坝基切向位移方向左岸向左、右岸向右，整体向两岸位移；水位消落期间，坝基切向整体向河床位移。截至 2019 年 6 月 27 日，河床坝基最大切向位移 2.67mm，出现在 11 号坝段，方向向左岸；其他坝段切向位移较小，而且左岸坝段坝基切向位移大于右岸坝段。上述水平变形特征与锦屏一级拱坝结构体型、库水压力分布和大小等均有关。

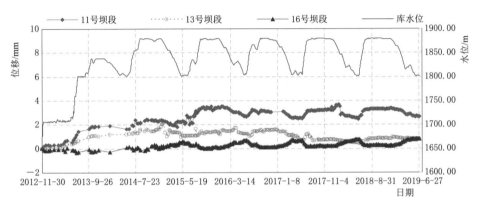

图 5.2-3 典型坝段坝基垂线测点切向位移实测过程线

5.2.2 坝体变形

1. 径向位移

（1）典型坝段坝体径向位移实测过程线见图 5.2-4，该坝段典型测点径向位移与库水位变化过程见图 5.2-5（a），2014—2019 年高水位和低水位时坝体挠曲线见图 5.2-5（b）。可以看出：5 年间坝体径向位移呈明显的年周期性变化，表现为与库水位变化之

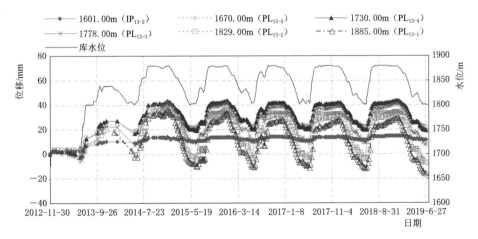

图 5.2-4 13 号坝段坝体径向位移实测过程线

间显著的正相关关系，即库水位上升，坝体向下游位移，库水位下降，坝体向上游回弹，在各阶段蓄水过程中，大坝径向位移与水位变化表现出良好的相关性，两者相关系数在 0.95～0.99，蓄水及消落过程曲线的切向斜率基本一致，显示出了良好的弹性特征。各测点径向水平位移的最大值多发生在低温高水位季节（10 月至次年 1 月），最小值一般发生在高温低水位季节（4—6 月）；也即是在高水位（1880.00m）运行时，各高程均向下游位移，在低水位（1800.00m）运行时，坝体上部高程表现出一定的向上游位移，这与双曲拱坝高高程梁上的反向荷载和两岸坝肩约束有关。首次蓄水至 1880.00m 后，在库水荷载作用下，由于基础地质构造的压缩变形以及坝体坝基的塑性变形，坝体产生了较大的不可逆位移，此后在历次特征水位下的坝体径向位移量值相近，且历次加载和卸载径向位移变化量相近，时效位移发展趋缓，坝体呈现出良好的弹性工作状态。

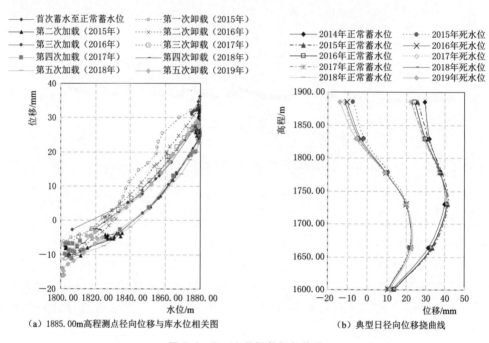

（a）1885.00m 高程测点径向位移与库水位相关图　　　（b）典型日径向位移挠曲线

图 5.2-5　13 号坝段径向位移

（2）在坝体径向位移的空间分布上，同一高程越靠近拱冠部位的坝段径向位移越大，同一坝段中高程部位径向位移较大。2019 年 6 月 11 日（1800.00m 水位），13 号坝段各高程位移值介于−17.29～25.01mm，1885.00m 高程处最小，1730.00m 高程处最大。

（3）2019 年库水位降至死水位时的坝体径向位移分布见图 5.2-6（a），大坝坝体径向整体向下游位移。由于锦屏一级特高拱坝河谷窄而深，大坝变形以中间坝段为中心、向两岸坝段测值逐渐变小，坝体径向变形空间分布协调，但左、右岸径向变形增量分布呈不对称性，左岸变形变化量较大。截至 2019 年 6 月 30 日，拱坝径向位移介于−18.89～24.62mm，16 号坝段的 1664.00m 高程测点位移最大。大坝第五次卸载期间径向位移增量分布见图 5.2-6（b），卸载后引起的坝体向上游最大变形发生在河床 11 号坝段坝顶，左、右岸变形增量分布呈不对称性，左岸变形变化量较大，这与大坝体型和承受荷载有关。

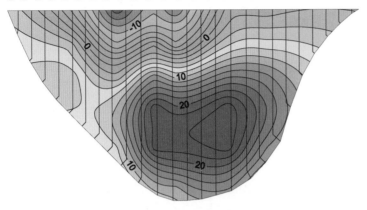

（a）2019年库水位降至死水位时

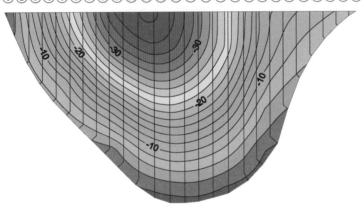

（b）第五次卸载期间（2018-12-12—2019-6-11）

图 5.2-6 大坝径向位移分布图（单位：mm）

综上所述，在库水位蓄至 1880.00m 并保持在高水位运行时，大坝径向位移随时间出现持续增大的现象，高高程增大量大，低高程增大量小；同时，2014—2019 年来的水位下降期的坝体变化量大于水位上升期的变形变化量，但分布规律正常。这两种现象均与锦屏一级水电站工程的地质特征有着密切联系，在库水作用下，软弱结构面出现时效变形，影响到拱坝本身；再次，拱坝混凝土后期水化热温升导致的内部缓慢温度回升，也会产生一定的向上游变形增量。因此，上述两种情况的累计效应使得大坝径向位移呈不明显的逐年持续减小的现象，参考二滩拱坝垂线变形监测规律，锦屏一级特高拱坝至少在正常运行10 年后，这种现象才能消失。2018 年蓄至正常蓄水位时典型坝段径向位移实测值与监控指标对比见图 5.2-7，大坝径向位移实测值都处在监控指标范围内，说明拱坝实际变形性态正常可控。

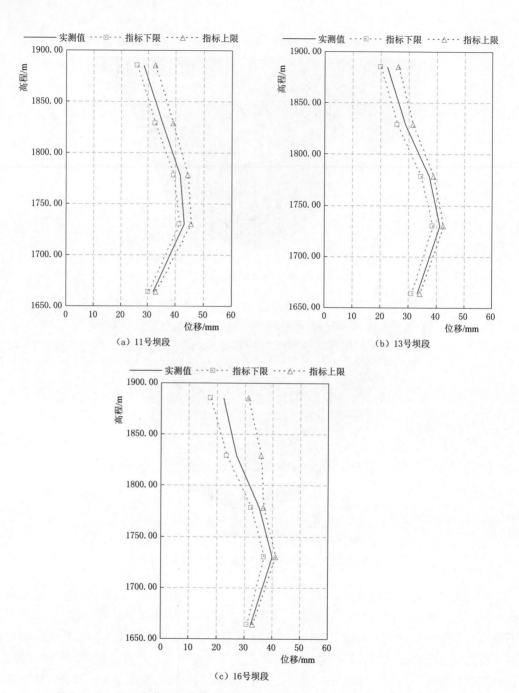

图 5.2 - 7　2018 年蓄至正常蓄水位时典型坝段径向位移实测值与监控指标对比

2. 切向位移

（1）9 号和 19 号坝段切向位移实测过程线分别见图 5.2 - 8 和图 5.2 - 9，坝体切向位移呈明显的年周期性变化，与库水位变化之间具有显著的相关性，即库水位上升，坝体向两岸位移，库水位下降，坝体向河床回弹变形；各测点向两岸水平位移最大值多发生在低温高水位季节（10月至次年1月），向河床水平位移最大值一般发生在高温低水位季节（4—6月）；首次蓄水至1880.00m后，左岸9号坝段切向位移表现出一定的向河床位移的时效变化趋势，右岸19号坝段向河床位移的时效变化趋势不明显，这与坝基地质条件有关。

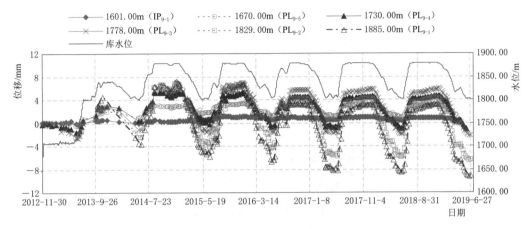

图 5.2-8　9号坝段切向位移实测过程线

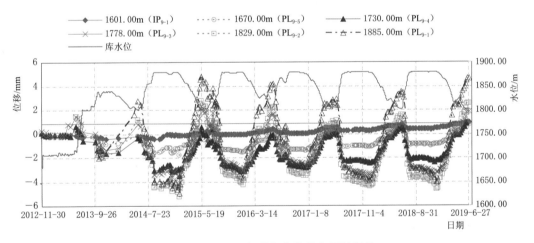

图 5.2-9　19号坝段切向位移实测过程线

（2）2019年库水位降至死水位时的坝体切向位移分布见图5.2-10（a），大坝坝体切向位移方向左岸向左、右岸向右；第五次卸载期间的切向位移增量分布见图5.2-10（b），坝体切向位移最大变化量分别发生在左岸9号坝段和右岸19号坝段，0mm位移线主要出现在13号、14号坝段，坝体切向变形空间分布协调。截至2019年6月30日，各高程测点切向位移值2.75～9.25mm，方向为向左岸，1730.00m高程测点位移最大。

（3）大坝各坝段切向位移与水库调节具有显著的同步周期性，随库水位升降的变化规律类似。下面分别以9号和19号坝段为例进行分析。库水位升降的加载和卸载过程中，这两个坝段典型测点切向位移与库水位变化过程见图5.2-11。可以看出：2014年以来的

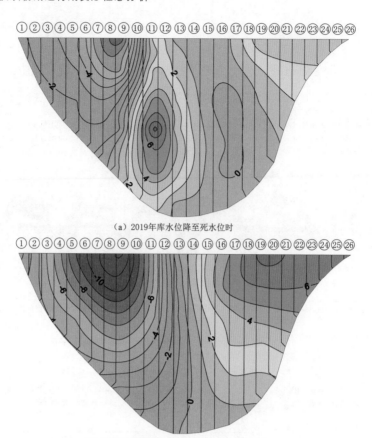

（a）2019年库水位降至死水位时

（b）第五次卸载期间（2018-12-12—2019-6-11）

图 5.2-10　坝体切向位移分布图（单位：mm）

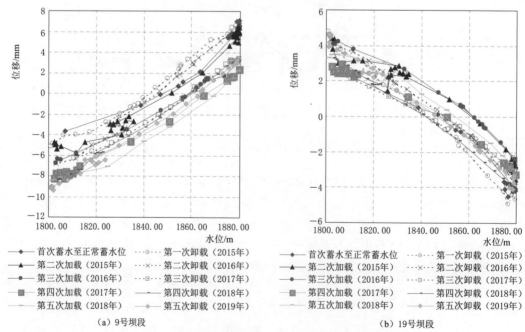

（a）9号坝段

（b）19号坝段

图 5.2-11　典型坝段 1885.00m 高程切向位移与库水位相关图

蓄水及消落过程中，在库水位变化较大时段，各曲线的切向斜率基本一致，各坝段切向位移变化规律相同，拱坝处于正常工作状态。

3. 垂直位移

各特征水位对应的大坝1664.00m高程廊道水准观测成果见图5.2-12。可以看出：上游水位上升，大坝各层廊道整体呈回弹趋势，上游水位下降，大坝整体呈沉降趋势，相邻坝段沉降变形较为协调；1778.00m及以下各层廊道水准观测成果呈河床坝段变形大并向两岸依次减小的特征；1829.00m以上廊道起测时间较晚，跟蓄水阶段同步，上游水位对该高程沉降的影响较大；1664.00m高程水准起测时间较早，目前测得的沉降量最大；历史最大变形值达到18.02mm，出现在14号坝段。如图5.2-13所示，截至2019年6月11日，14号坝段沉降量最大（17.40mm）。总体而言，蓄至正常蓄水位以来，各层廊道水准与库水位有良好的相关性（以14号坝段为例，两者相关系数−0.85～−0.96）。坝体各坝段沉降变形协调，没有突变现象，整体沉降变形正常。

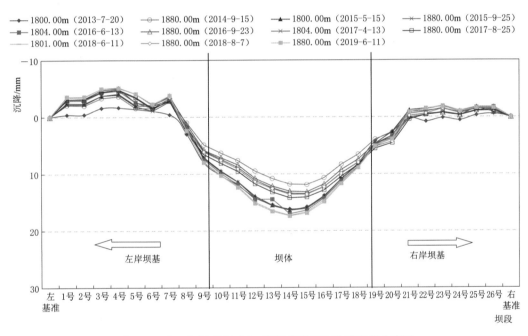

图 5.2-12　大坝 1664.00m 高程廊道垂直位移实测分布图

4. 弦长

锦屏一级特高拱坝在 1664.00m、1730.00m、1778.00m、1829.00m 高程坝后桥拱圈两端端部和 1885.00m 高程下游人行道两端端部各布设一外部变形观测墩用于弦长观测，共计 10 个测点（表 5.2-1），5 条弦长测线（图 5.2-14），其中 XC1-1、XC2-1、XC3-1、XC4-1、XC5-1 分别位于左岸的 1 号、2 号、3 号、7 号、10 号坝段；XC1-2、XC2-2、XC3-2、XC4-2、XC5-2 分别位于右岸的 26 号、23 号、21 号、20 号、19 号坝段。弦长观测按照一等边测量的观测技术要求，对测线进行平距监测。观测所用仪器为 TM50 全站仪，精度指标为测角精度 0.5″，测距精度为 0.6mm＋1ppm。

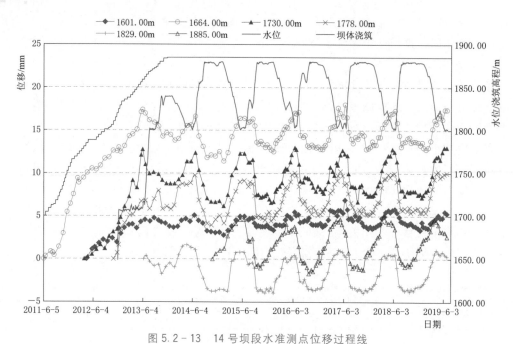

图 5.2 - 13　14 号坝段水准测点位移过程线

表 5.2 - 1　　　　　　　　　　　　　坝后弦长测线高程和首测值

高程/m	测　段	首测日期	首测值/m
1885.00	XC1 - 1～XC1 - 2	2014 - 1 - 21	447.8011
1829.00	XC2 - 1～XC2 - 2	2013 - 5 - 1	386.2323
1778.00	XC3 - 1～XC3 - 2	2012 - 11 - 21	334.1459
1730.00	XC4 - 1～XC4 - 2	2012 - 11 - 21	281.7416
1664.00	XC5 - 1～XC5 - 2	2012 - 11 - 29	186.6752

图 5.2 - 14　弦长测线布置图

弦长观测自 2012 年 11 月开始进行，蓄水期间每周观测一次，2015 年 12 月之后每月测量两次，通过计算各测值与首测值的差值，得到各弦长测线的变形过程线（图 5.2 - 15），正值表示弦长拉伸，负值表示弦长收缩。

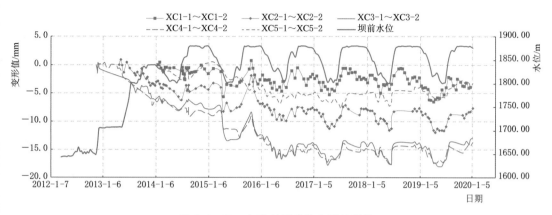

图 5.2 - 15　各弦长测线的变形过程线

由图 5.2 - 15 可以看出，2012 年始测以来，坝体 1778.00m 高程及以上的 3 条测线呈明显持续收缩变形；自第二阶段蓄水至 1800.00m 开始，随着水位升高，各高程弦长收缩变形略有减小，维持在高水位期间，受温度变化和边坡时效变形影响，各高程弦长收缩变形逐渐增加；自 2016 年以来，弦长收缩变形变化规律总体平稳，未出现趋势性变化，表明坝体变形性态正常。相比之下，1885.00m 高程坝顶弦长变形的年变幅较其他高程的弦长变化偏高一些，这主要是由于 1885.00m 高程处拱圈的弧长、弧度最大而厚度最小，其总体刚度相对偏小。截至 2019 年 12 月 31 日，1885.00m 高程的 XC1 - 1 ~ XC1 - 2 和 1664.00m 高程的 XC5 - 1 ~ XC5 - 2 测线收缩变形较小，且量值接近，两测线累计变形分别为 -3.9mm 和 -3.2mm；1829.00m、1778.00m 和 1730.00m 高程测线累计变形分别为 -7.7mm，-12.9mm 和 -13.7mm。总体上，各测线收缩变形量值较小，最大为 18.0mm（XC3 - 1 ~ XC3 - 2），发生在 2019 年 5 月，坝体弦长收缩变形变化规律正常。库区边坡变形对坝体弦长收缩的作用为：2013—2015 年，由于库水位上升，边坡发生了较大的向河床方向的倾倒变形，导致了坝体弦长的收缩；2016 年以来，边坡变形逐渐平稳，边坡对坝体的荷载增量不大，故此期间坝体弦长收缩的年际变化也较小，水位和温度变化对弦长的影响则更为显著。

5.3　变形性态评价

5.3.1　时空区域划分

为计算方便，对锦屏一级特高拱坝坝体 32 个垂线测点（图 5.3 - 1）进行分析，建模时段选为 2014 年 1 月 1 日到 2015 年 6 月 30 日，图 5.3 - 2 为所有测点的径向变形过程线。

通过计算得到各测点间综合距离，PL_{11-4} 和 PL_{13-4} 综合距离最近（综合距离为 5.87），

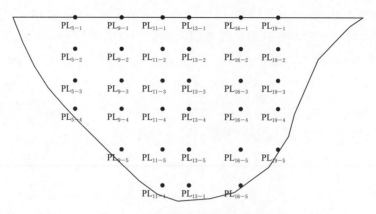

图 5.3-1 垂线变形监测点布置图

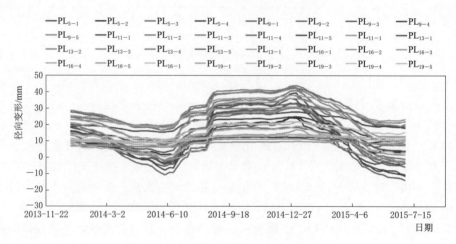

图 5.3-2 坝体垂线测点径向变形过程线

这两个测点首先合并为同一区域，进而计算新区域与其他区域间的综合距离。最后得到的拱坝径向变形相似区域分布见图 5.3-3，可知锦屏一级特高拱坝径向变形被划分为三个

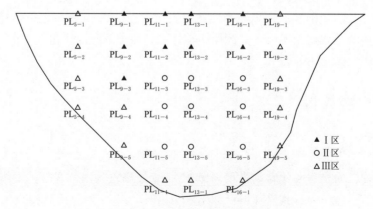

图 5.3-3 拱坝径向变形相似区域分布

注：▲、○、△为测点分区标记。

变化特征相似区域，Ⅰ区位于拱坝上部，Ⅱ区位于拱坝中部，Ⅲ区位于靠近坝基与近岸山体部位。为进一步分析各区域变形变化特征，以 2014 年 8 月 23 日到 2015 年 5 月 31 日为例具体讨论。该时期内水位变化过程见图 5.3-4，将其分为水位平稳期（水位在 1880.00m 附近波动）与水位下降期（水位由 1880.00m 降至 1800.00m）两个时段。

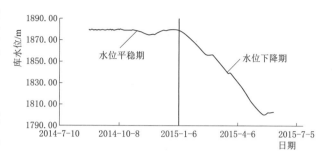

图 5.3-4　2014 年 8 月 23 日到 2015 年 5 月 31 日
上游水位变化过程

水位平稳期拱坝Ⅰ区～Ⅲ区测点径向变形过程线见图 5.3-5，可以看出：①水位平稳期内，各区域测点变形量值几乎保持不变，但不同区域径向变形绝对量值存在一定差异，其中Ⅱ区变形绝对量值最大，Ⅰ区次之，Ⅲ区由于受到坝基的约束变形绝对量值最小；②自 2014 年 10 月 28 日到 2014 年 12 月 13 日期间，上游库水位由 1880.00m 降至 1875.00m 再升至 1880.00m 的过程中，各区径向变形均表现出先向上游变形、再向下游变形的现象，但变幅较小。

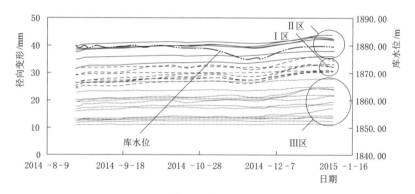

图 5.3-5　各区测点径向变形过程线（水位平稳期）

图 5.3-6 为水位下降期拱坝Ⅰ区～Ⅲ区测点径向变形过程线，可以看出：同一区域内测点径向变形趋势和规律基本一致，不同区域测点径向变形规律存在一定差异，水位由 1880.00m 降至 1800.00m 的过程中，拱坝相对向上游变形，就变形增量而言，高高程Ⅰ区变形增量最大，其次是Ⅱ区，而Ⅲ区由于受到地基与近岸山体的约束变形增量最小。

通过以上分析可知，通过特高拱坝变形性态时空变化特征相似区域划分，可以较好地提取各测点变形序列的变化特征以及发展趋势，进而将特高拱坝变形性态划分为若干个区域，这为评价特高拱坝变形性态提供了支持。

5.3.2　影响因素主成分评价

结合锦屏一级特高拱坝径向变形监测资料，利用特高拱坝变形时空变化特征相似区域

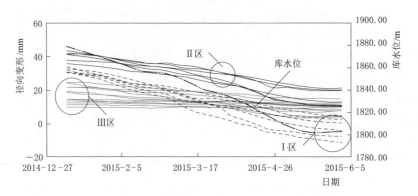

图 5.3-6 各区测点径向变形过程线（水位下降期）

划分结果进行主成分分析模型建模，时段选为 2014 年 1 月 1 日到 2015 年 6 月 30 日。

（1）特高拱坝各区域主成分效应量提取。以Ⅰ区为例，表 5.3-1 为Ⅰ区各测点变形时间序列相关系数表，表 5.3-2 为Ⅰ区相关系数矩阵特征值及贡献率表，可以看出Ⅰ区变形第 1 主成分 $\left[\delta^{pc(1)}\right]$ 的贡献率已达 0.983。因此该区域变形第 1 主成分可表征区域的变形变化特征，$\delta^{pc(1)}$ 的过程线见图 5.3-7。

表 5.3-1　　　　　　　　　　Ⅰ区各测点变形时间序列相关系数表

相关系数	PL_{9-1}	PL_{9-2}	PL_{9-3}	PL_{11-1}	PL_{11-2}	PL_{13-1}	PL_{13-2}	PL_{16-1}	PL_{16-2}
PL_{9-1}	1.000	0.988	0.959	0.987	0.956	0.996	0.987	0.986	0.964
PL_{9-2}	0.988	1.000	0.987	0.988	0.982	0.979	0.995	0.992	0.988
PL_{9-3}	0.959	0.987	1.000	0.968	0.980	0.948	0.981	0.973	0.984
PL_{11-1}	0.987	0.988	0.968	1.000	0.986	0.984	0.993	0.991	0.985
PL_{11-2}	0.956	0.982	0.980	0.986	1.000	0.949	0.984	0.982	0.996
PL_{13-1}	0.996	0.979	0.948	0.984	0.949	1.000	0.987	0.977	0.954
PL_{13-2}	0.987	0.995	0.981	0.993	0.984	0.987	1.000	0.990	0.986
PL_{16-1}	0.986	0.992	0.973	0.991	0.982	0.977	0.990	1.000	0.990
PL_{16-2}	0.964	0.988	0.984	0.985	0.996	0.954	0.986	0.990	1.000

表 5.3-2　　　　　　　　　　Ⅰ区相关系数矩阵特征值及贡献率表

相关系数矩阵特征值	贡献率	累计贡献率
8.845337	0.982815	0.982815
0.097511	0.010835	0.993650
0.032648	0.003628	0.997277
0.014708	0.001634	0.998911
0.005368	0.000596	0.999508
0.003535	0.000393	0.999901
0.000555	6.16×10^{-5}	0.999962
0.000258	2.87×10^{-5}	0.999991
8.08×10^{-5}	8.98×10^{-6}	1

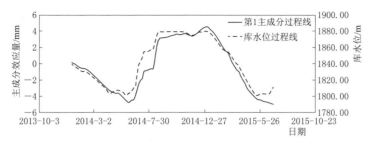

图 5.3-7 Ⅰ区径向变形第 1 主成分过程线

（2）特高拱坝各区趋势性变形提取。由于 $\delta^{pc(1)}$ 可表征区域整体变形特征，仅需针对变形第 1 主成分 $\delta^{pc(1)}$ 建立分析模型，模型分析结果见图 5.3-8，Ⅰ区变形第 1 主成分水压分量 $\delta_H^{pc(1)}$ 与库水位变化存在明显的正相关关系，且该区域变形第 1 主成分时效分量 $\delta_\theta^{pc(1)}$ 初期发展较快，后期逐渐趋于收敛。

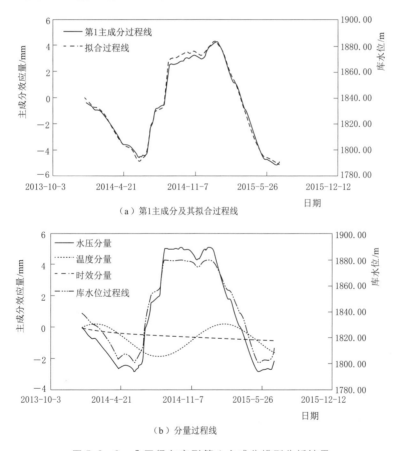

（a）第1主成分及其拟合过程线

（b）分量过程线

图 5.3-8 Ⅰ区径向变形第 1 主成分模型分析结果

（3）特高拱坝各区变形性态主成分控制值拟定。计算特高拱坝的 Hotelling T^2 统计量，并计算其控制限，得到一级控制限为 3.85（$\alpha = 0.05$），二级控制限为 6.658（$\alpha = 0.01$）。将 3 个区域 Hotelling T^2 统计量与相应的控制限绘制于图 5.3-9 中，3 个区域

Hotelling T^2 统计量均未超过一级控制限，结合已提取出的主成分时效分量趋势，可判定该特高拱坝变形性态正常。

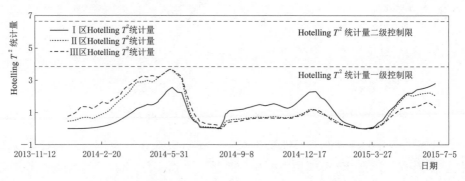

图 5.3-9 各区 Hotelling T^2 统计量与相应的控制限的关系

5.3.3 评价结果

以 I 区测点 PL_{9-1}、PL_{9-2}、PL_{11-1}、PL_{11-2}、PL_{13-1} 和 PL_{13-2} 径向变形为例，建立 I 区变形性态时空变形场分析模型，并据此评定该区域变形性态是否正常。建模时段选择为 2014 年 1 月 1 日至 2015 年 6 月 30 日，测点径向变形过程线见图 5.3-10。图 5.3-11 为 PL_{9-1}、PL_{9-2}、PL_{11-1}、PL_{11-2}、PL_{13-1} 和 PL_{13-2} 径向变形模型分析结果，可以看出，模型计算值与径向变形监测值拟合精度较高。

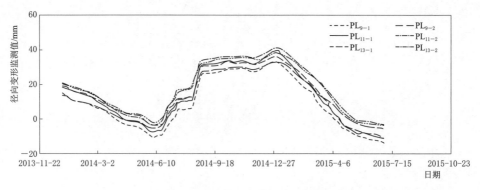

图 5.3-10 I 区测点径向变形过程线

特高拱坝 I 区变形性态时空变形场分析模型构建完毕后，计算得到残差时空序列的协方差矩阵为

$$\begin{bmatrix} 0.681 & 0.461 & 0.425 & 0.383 & 0.652 & 0.605 \\ 0.461 & 0.419 & 0.276 & 0.333 & 0.376 & 0.419 \\ 0.425 & 0.276 & 0.469 & 0.363 & 0.580 & 0.471 \\ 0.383 & 0.333 & 0.363 & 0.574 & 0.472 & 0.493 \\ 0.652 & 0.333 & 0.580 & 0.472 & 0.807 & 0.703 \\ 0.605 & 0.419 & 0.471 & 0.493 & 0.703 & 0.795 \end{bmatrix}$$

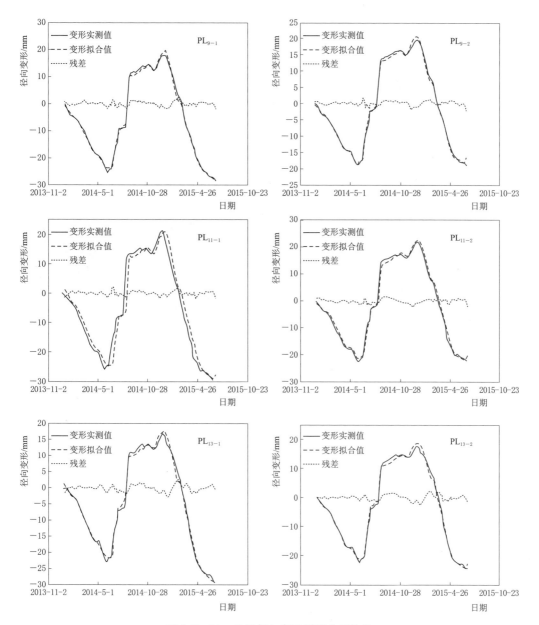

图 5.3 - 11　Ⅰ区径向变形模型分析结果

均值矩阵为：$[1.07025 \times 10^{-12}, 2.35371 \times 10^{-13}, 6.282 \times 10^{-13}, -1.221 \times 10^{-12}, -2.1 \times 10^{-13}, 9.437 \times 10^{-14}]$。

将 $\alpha = 0.05$ 设置为正常和基本正常的临界值，将 $\alpha = 0.01$ 设置为基本正常和异常的临界值，据此可在 6 维概率空间中构建超椭球，评定特高拱坝Ⅰ区的变形性态是否正常。为直观体现性态评定结果，在 6 维概率空间中，用过超椭球球心的超平面截取超椭球，得到两两测点的残差散点与相应的椭圆控制限，并绘制于同一张图中（图 5.3 - 12），可以看出，残差散点全部落在正常椭圆控制限内，因此可断定Ⅰ区变形性态正常。采用同样的方法，判断其他各区变形性态均正常。

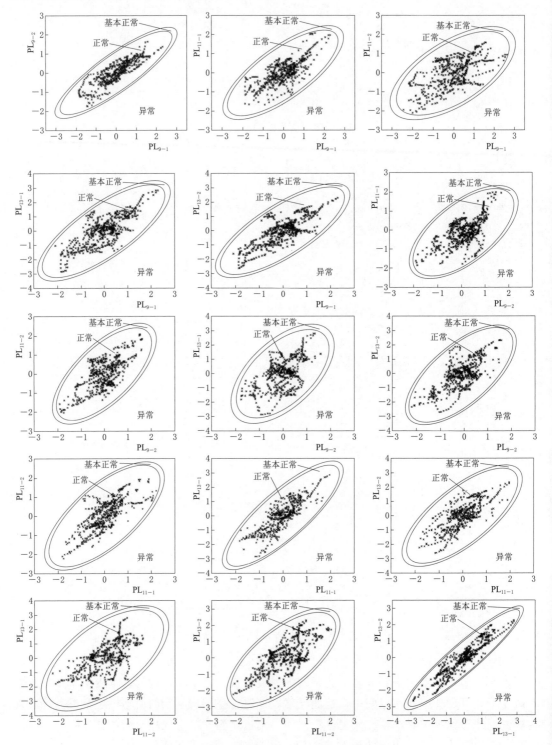

图 5.3 - 12　Ⅰ区残差散点与椭圆界限的关系

注：图中内椭圆为正常和基本正常的界限，外椭圆为基本正常和异常的界限。

5.4 综合评价

锦屏一级特高拱坝与其两岸山体、河床地基等构成一个开放、复杂巨系统，运行期在水压力、温变荷载等作用下，拱坝径向、切向位移呈明显的年周期性变化，空间分布协调性好。综合评价结论如下。

(1) 坝基径向位移方向表现为向下游，河床部位坝基最大径向位移 14.99mm，出现在 16 号坝段。河床坝基径向位移与库水位相关性较好，以拱冠梁 13 号坝段为例，相关系数达到 0.93。河床坝段坝基径向位移存在向下游的时效位移，但年变化量有逐年减小趋势，正常蓄水位时，2019 年相对 2014 年，向下游位移增大 3mm。坝基切向位移，在水位上升期间，方向左岸向左、右岸向右，水位下降期间，方向左岸向右、右岸向左。河床坝基最大切向位移 3.68mm，在 11 号坝段，方向向左岸。11 号坝段切向位移相对较大，其他坝段切向位移较小。

坝基岩体竖向变形与坝体浇筑高程关系密切，与库水位相关性不明显。随着大坝浇筑高度的增加坝基竖向变形呈压缩变形，变形主要集中在大坝施工期。15 号坝段坝基实测压缩变形值 12.98mm，已收敛，其他坝段坝基压缩变形值小。

(2) 典型工况下位移分布表明，径向位移整体表现为向下游，低温高水位工况下位移量值最大（约 44mm），高温低水位工况下位移量值最小（约 23mm）。高温高水位和低温高水位工况下位移分布规律相近，高温低水位和低温低水位工况下位移分布规律相近。各种工况下坝体径向位移大体以中间坝段为中心，向两岸测值逐渐变小，分布规律正常，变形协调，左右岸稍有不对称。从位移过程线来看，坝体径向位移与库水位变化呈周期性变化，径向位移与库水位的相关系数均在 0.9 以上，相关性好。对坝体径向位移进行了统计分析，选取的影响因素包括水压、温度和时效。建立的统计模型，复相关系数达到 0.99，剩余标准差小于 1mm，模型精度较高，说明选取的影响因子是合理的。根据统计分析成果，各测点水压分量占 65%～87%，温度分量占 9%～21%，时效分量约占 0%～20%。从历年加卸载循环径向位移与库水位相关图来看，加卸载循环位移路径趋于重合，表现出弹性、周期性和收敛性的变形特征。坝体径向位移实测值与有限元计算成果相吻合。

大坝径向位移表现为一定的时效性。低温高水位工况下（每年的 12 月末，库水位在正常蓄水位附近），高高程向上游位移，最大 -7.74mm，低高程向下游，最大 4.72mm。高温低水位工况下（每年的 6 月，库水位在 1811.00m 左右，有些年份没降到死水位 1800.00m），9 号、11 号、13 号坝段高高程向上游位移，最大值 -5.79mm，其他向下游位移，最大值 8.80mm。

(3) 大坝切向位移分布表明，水位上升期间，切向位移方向左岸向左、右岸向右；水位下降期间，切向位移方向左岸向右、右岸向左；高温高水位和低温高水位工况下位移分布规律相近，高温低水位和低温低水位工况下位移分布规律相近。各种工况下坝体切向位移分布规律正常，变形协调，空间连续性较好，但左、右岸有一定的不对称。2019 年死水位时，切向位移最大值 9.94mm，出现在 11 号坝段高程 1730.00m 处。卸载过程位移变化量最大值 -9.42mm，出现在 9 号坝段 1885.00m 高程处。2019 年正常蓄水位，径向位移最大值 13.39mm，出现在 11 号坝段高程 1730.00m 处。加载过程位移变化量最大值 8.24mm，在 9 号坝段 1885.00m 高程处。从位移过程线来看，坝体切向位移水库水位变化呈周期性变化，切向位移与库水位的相关系数均在 0.8 以上。从历年加卸载循环切向位移与库水位相关图来看，加卸载循环位移路径趋于重合，表现出弹性、周期性和收敛性的变形特征。

(4) 大坝垂直位移呈河床中部大、靠两岸小的分布特征，14 号坝段高程 1664.00m 沉降量最大为 16.1mm。各坝段变形协调，无突变现象，变形规律正常。

(5) 坝体弦长随库水位上升呈压缩状态。在首蓄期表现为调整状态，然后在运行期的库水位循环中，坝体弦长呈周期性变化，库水位上升时弦长拉伸，库水位下降时弦长压缩。坝体弦长总体呈压缩变形，1730.00m 和 1778.00m 高程弦长的压缩量值最大，低水位时最大压缩量约 17mm，1829.00m 高程弦长的压缩量值次之，低水位时最大压缩量约 12mm，1664.00m 和 1885.00m 高程弦长的压缩量值最小，低水位时最大压缩量约 8mm。统计了 6 个库水循环周期坝体弦长伸缩量与库水位的相关系数，发现有逐年增大的趋势，反映坝体弦长经过首蓄期和初期运行期的调整后，与库水位的相关性越来越好，呈周期性变化。

(6) 应该指出，拱坝变形表现出一定的时效性和不对称性。锦屏一级特高拱坝坝体径切向位移呈明显的年周期性变化，表现为与库水位变化之间有显著的相关关系，即库水位上升坝体向下游和两岸位移，库水位下降坝体向上游和河床回弹变形；各测点水平位移的最大值多发生在低温高水位季节（10 月至次年 1 月），最小值一般发生在高温低水位季节（4—6 月）；首次蓄水至 1880.00m 后，坝体产生了一定的不可逆位移，此后时效位移发展趋缓。同时，锦屏一级特高拱坝坝体径切向变形空间分布协调，但左、右岸径向变形增量分布呈不对称性，左岸变形变化量较大；坝体切向位移最大变化量分别发生在左岸 9 号坝段和右岸 19 号坝段，0mm 位移线主要发生在 13 号、14 号坝段。2014 年以来，扣除一定的时效影响，在历次特征水位下的坝体径切向位移量值相近，且历次加载和卸载径切向位移变化量基本一致，大坝径向位移时空评价正常，实测值都处在监控指标范围内，说明拱坝实际变形性态正常可控。

综上所述，锦屏一级特高拱坝变形具有周期相关性、空间连续性、收敛性、符合性的特点。周期相关性表现为坝体变形与库水位加卸载、温度升降同周期，变形效应量与荷载原因量相关性良好；空间连续性表现为坝体变形协调，分布规律正常，空间连续性好；收敛性表现为相同荷载变化量引起的变形增量逐步趋同；符合性表现为坝体变形实测值与有限元计算成果吻合。因此，以上特性反映锦屏一级特高拱坝处于正常工作状态。

第 6 章

坝基渗流性态分析

大坝工程的建设除了要考虑地基强度和变形等一般性问题以外，还要特别考虑渗透水压的问题，这些问题直接影响着大坝的安全与稳定，开展渗流分析及采取合理的渗流控制措施在很大程度上决定了工程的安全性和经济性。

锦屏一级水电站左岸坝基岩体受 f_5、f_8 等断层及深部裂缝影响，岩体总体较破碎，透水性较强，呈现微透水带埋深较大、地下水位低平及在弱透水带中分布较多的中等透水性透镜体特征。右岸发育 f_{13}、f_{14} 断层，局部 NW 和 NWW—EW 张裂隙发育，地下水为岩溶裂隙水，地下水较丰富。河床坝基以下垂直深度 20～40m 范围内岩体以中等偏弱透水性为主，在建基面以下垂直深度约 130m 开始进入第 1 层的钙质绿片岩，建基面以下垂直深度约 190m 岩体范围为较完整的绿片岩层、钙质绿片岩层，以微透水为主。由此可见，锦屏一级水电站工程库大坝高，坝区水文地质条件复杂，合理、有效的大坝渗流控制工程措施至关重要。因此，本章研究坝区渗流性态的分析方法，开展蓄水期渗流监测反馈分析，在此基础上，进行首蓄期和初期运行期的锦屏一级特高拱坝坝基渗流实测性态分析，综合评价渗流控制工程措施的实施效果。

6.1 渗流分析方法

6.1.1 非稳定渗流分析的基本方程

假定岩土体非均质各向异性可压缩材料，根据达西定律，三维非稳定渗流的控制方程可表示为

$$\frac{\partial}{\partial x}\left(k_x \frac{\partial h}{\partial x}\right) + \frac{\partial}{\partial y}\left(k_y \frac{\partial h}{\partial y}\right) + \frac{\partial}{\partial z}\left(k_z \frac{\partial h}{\partial z}\right) = S_s \frac{\partial h}{\partial t} \qquad (6.1-1)$$

式中：h 为待求水头函数，$h = h(x, y, z, t)$；k_x、k_y、k_z 分别为以 x、y、z 轴为主方向的渗透系数；S_s 为单位贮水量或贮存率。

式（6.1-1）的定解条件如下。

（1）初始条件：

$$h\big|_{t=0} = h_0(x, y, z, 0) \qquad (6.1-2)$$

（2）边界条件：假定边界面 $\Gamma = \Gamma_1 + \Gamma_2 + \Gamma_3$，其中 Γ_1 为第一类边界，如上、下游水位边界面和自由渗出面等已知水头边界；Γ_2 为不透水边界面和潜流边界面等第二类边界（已知流量边界）；Γ_3 为自由面边界，亦属第二类边界，但作为流量补给边界，其补给量随时间和位置的变化而变化。

相应的边界条件可表示为

$$h\big|_{\Gamma_1} = h_1(x, y, z, t) \qquad (6.1-3)$$

$$-k_n \frac{\partial h}{\partial n}\big|_{\Gamma_2} = q \qquad (6.1-4)$$

$$-k_n \frac{\partial h}{\partial n}\big|_{\Gamma_3} = \mu \frac{\partial h}{\partial t} \qquad (6.1-5)$$

式中：n 为边界面的外法向方向；k_n 为边界面法向方向的渗透系数；q 为过潜流面的已知

单位面积流量，$q=0$ 为不透水边界，$q \neq 0$ 为潜流边界；μ 为给水度。

自由面边界 Γ_3 上还需满足

$$h^* = z \tag{6.1-6}$$

式中：h^* 为自由面边界水头；z 为边界面上已知水头。

6.1.2 裂隙岩体渗透张量的确定方法

裂隙岩体的渗透性取决于裂隙的几何性质和空间发育特征。因此，通过对裂隙的空间展布状况（隙宽、间距、产状等）进行测量，可用统计分析方法初步确定岩体的渗透张量。假定岩体发育有 n 组结构面，每组结构面相互平行，第 i 组结构面的平均间距和平均开合度分别为 s_i 和 b_i，将岩体的渗透张量表示为

$$\boldsymbol{K} = \frac{g}{12\nu} \sum_i \frac{b_i^3}{s_i} (\boldsymbol{\delta} - \boldsymbol{n}_i \otimes \boldsymbol{n}_i) \tag{6.1-7}$$

式中：$\boldsymbol{K}$ 为岩体的渗透张量；$\boldsymbol{\delta}$ 为 Kronecher Delta 张量；$\boldsymbol{n}_i$ 为第 i 组结构面的单位法向量。

假定空间直角坐标系 x、y 轴方向与地理 N、W 方向一致，则岩体的渗透张量可表示为

$$K = \frac{g}{12\nu} \sum_{i=1}^{n} \frac{b_i^3}{s_i} \begin{pmatrix} 1 - \sin^2\alpha_i \cos^2\beta_i & \sin^2\alpha_i \sin\beta_i \cos\beta_i & -\sin\alpha_i \cos\alpha_i \cos\beta_i \\ \sin^2\alpha_i \sin\beta_i \cos\beta_i & 1 - \sin^2\alpha_i \sin^2\beta_i & \sin\alpha_i \cos\alpha_i \sin\beta_i \\ -\sin\alpha_i \cos\alpha_i \cos\beta_i & \sin\alpha_i \cos\alpha_i \sin\beta_i & 1 - \cos^2\alpha_i \end{pmatrix} \tag{6.1-8}$$

式中：α_i 和 β_i 分别为第 i 组结构面的倾角和倾向（从 N 方向顺时针旋转角度）。

根据裂隙渗流的立方定理，裂隙的渗透系数与其开合度的二次方成正比，因此裂隙开合度的变化会引起渗透特性显著改变。一般情况下，通过钻孔岩芯取样来量测隙宽，取样后，应力释放为 0，此时裂隙开合度随着应力的释放而增大。在荷载作用下，裂隙法向变形为

$$u_n = \sigma_n' / k_n \tag{6.1-9}$$

式中：u_n 为裂隙法向变形；k_n 为裂隙的法向刚度；σ_n' 为有效法向应力。

那么，卸荷前的裂隙初始开合度 b_0 可采用下式计算：

$$b_0 = b - u_n \tag{6.1-10}$$

式中：b 为裂隙实测开合度。

通过上述方法计算裂隙岩体的渗透张量，需要获得裂隙的法向刚度值，对于缺乏该参数的部分节理组，可以借鉴类似的工程经验，或采用相关室内试验结果。由于渗透张量为对称的二阶张量，按照二阶张量性质，通过求渗透矩阵的特征值和特征向量可求得渗透张量的主值（K_1、K_2、K_3）及对应的主渗透方向。为了便于对该渗透张量进行修正，取 3 个渗透主值的几何平均值作为综合渗透系数，其表达式为

$$K_0 = \sqrt[3]{K_1 K_2 K_3} \tag{6.1-11}$$

运用单孔压水试验可求得均质各向同性岩体的渗透系数值。根据野外压水试验得到的岩体透水率 q(Lu) 与单位吸水量 ω 的关系为 $\omega = 0.01q$。当 $q < 10$Lu 时，可根据巴布什

金公式近似计算岩体的渗透系数 K 值：

$$K = 0.525 \omega \lg \frac{aL}{r_0} \tag{6.1-12}$$

式中：ω 为单位吸水量，L/(min·m·m)；L 为试验段长度，m；a 为与试验段位置有关的系数，当试验段底与下部隔水层的距离大于 L 时取 0.66，反之取 1.32；r_0 为钻孔半径，m。

该方法得出的渗透系数具有尺寸效应，不能代表某一工程地质单元岩体的平均透水性。这种情况下算术平均值比岩体渗透性实际值高，而几何平均值更接近岩体渗透性实际值，故取几何平均值为岩体等效渗透系数：

$$K_\omega = \sqrt[n]{K_1 K_2 \cdots K_n} \tag{6.1-13}$$

式中：K_ω 为等效渗透系数；$K_i (i=1, 2, \cdots, n)$ 为各试验段的计算结果。

为了对渗透张量进行修正，定义修正系数为 $m = K_\omega / K_0$。将 m 代入由裂隙样本法求得的渗透张量中，得到裂隙岩体的修正渗透张量主值为

$$\boldsymbol{K}_m = m\boldsymbol{K} = \begin{pmatrix} mK_1 & 0 & 0 \\ 0 & mK_2 & 0 \\ 0 & 0 & mK_3 \end{pmatrix} \tag{6.1-14}$$

修正渗透张量 K_m 的主方向与 K 的主方向一致。

锦屏一级水电站坝址区山体各个岩层的水文地质条件复杂，渗透特性在空间上分布不均匀。因此，首先根据水文地质特点进行岩体渗透性分区，针对关键岩层的渗透张量根据钻孔压水试验值的分布规律，得到渗透系数的取值范围；再结合区域内发育的一组或多组裂隙，计算其渗透张量的方向性矩阵，进而结合渗透系数在其取值范围内进行反演分析；最终的渗透张量由渗透方向性矩阵结合反演分析的渗透系数综合确定。

6.1.3 排水孔幕的精细化模拟方法

排水孔幕在本质上是通过边界起到排水降压作用的，相应的渗流分析方法应正确反映其边界条件。排水孔（排水井）的边界条件有三类（图 6.1-1）。第一类边界条件是水头边界条件，坝基排水孔满足这类边界条件，其水头值一般取决于与之相连的排水廊道的底板高程［图 6.1-1 (a)］。第二类边界条件是潜在溢出边界条件，如坝体中介于两条水平排水廊道之间的垂直排水孔便满足这类边界条件，排水孔排出的渗流量总能通过下端的排水廊道排走［图 6.1-1 (b)］。第三类边界条件是由上述第一类和第二类边界条件组成的混合边界条件，这类边界条件与排水井或失效的排水孔有关，实际上属于总排水流量 Q 已知的边界条件［图 6.1-1 (c)］。在第三类边界条件中，渗控结构内的水头值（即 D 点的位置）一般事先未知，但可通过迭代算法由总排水流量 Q 确定。

排水孔幕的布置可导致渗流自由面在排水系统附近急剧降落，并在排水孔边界上出现奇异性的出渗点。因此，当渗流分析采用稳定/非稳定渗流分析方法时，为了准确模拟排水孔复杂的边界条件并确保数值计算的稳定性，宜采用子结构、变分不等式和自适应罚函数相结合的渗流分析方法（简称 SVA 法）。排水子结构法用于模拟小孔径密集排布的排水孔幕的渗流行为，简化有限元建模，并正确反映其边界条件。子结构方法的基本思路是

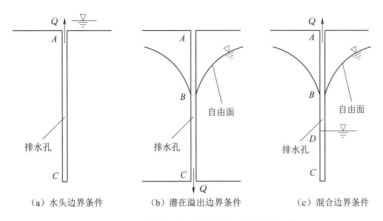

（a）水头边界条件　　（b）潜在溢出边界条件　　（c）混合边界条件

图 6.1-1　排水孔（排水井）的边界条件

在有限元网格划分时首先根据排水孔的走向布置尺寸较大的母单元，然后对排水孔穿越的母单元划分子单元形成子结构，进而在子结构上凝聚内部自由度及排水孔的边界条件，从而减小有限元网格划分的难度和方程组求解的计算量。

以排水孔穿越一组八结点六面体单元为例，通过采用等周长的正方形截面近似代替排水孔的圆形截面，并在排水孔径向方向上对母单元划分 2~3 层子单元，即可形成子结构（图 6.1-2）。从母单元表面到排水孔边界，子结构结点集合在径向方向上可划分为 3 个子集：出口结点集 o、中间结点集 m 和边界结点集 i。出口结点集 o 内的结点由母单元的结点组成，其编号从排水孔的任意一端开始，逐次向另一端顺序编号。边界结点集 i 内的结点位于排水孔边界上，其坐标取决于排水孔的位置。中间结点集 m 内的结点在出口结点集 o 和边界结点集 i 之间进行内插，从母单元表面到排水孔边界采用由疏到密的模式化方式过渡，以保证子单元具有良好的网格形态。当母单元的尺寸较大时，可通过内插 2 层或更多层的中间结点来构建形态良好的子单元。中间结点集 m 和边界结点集 i 内的结点编号次序与出口结点集 o 一致。

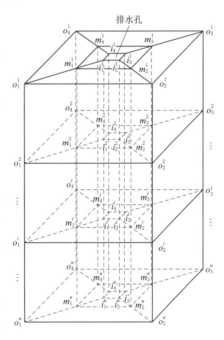

图 6.1-2　排水子结构示意图

在 $k+1$ 迭代步，排水子结构边界结点集 i 内的结点要么满足水头边界条件，要么满足 Signorini 型互补条件。而对于出口结点集 o 和中间结点集 m 内的结点，其在 $k+1$ 迭代步的流量平衡方程可表示为

$$\begin{bmatrix} \boldsymbol{K}_{oo} & \boldsymbol{K}_{om} \\ \boldsymbol{K}_{mo} & \boldsymbol{K}_{mm} \end{bmatrix} \begin{Bmatrix} \boldsymbol{\phi}_o^{k+1} \\ \boldsymbol{\phi}_m^{k+1} \end{Bmatrix} = \begin{Bmatrix} \boldsymbol{q}_o^k - \boldsymbol{K}_{oi}\boldsymbol{\phi}_i^k \\ \boldsymbol{q}_m^k - \boldsymbol{K}_{mi}\boldsymbol{\phi}_i^k \end{Bmatrix} \qquad (6.1-15)$$

式中：K_{rs} 为结点集 r 和结点集 s 之间的劲度子矩阵（$r=o$，m，i；$s=o$，m，i），$\boldsymbol{\phi}_r$ 和 $\boldsymbol{q}_r$ 为结点集 r 中结点的水头向量和右端项向量。

通过消除中间结点集 m 上的内部自由度 $\boldsymbol{\phi}_m^{k+1}$，式（6.1−15）可改写为

$$\boldsymbol{K}'_{oo}\boldsymbol{\phi}_o^{k+1}=\boldsymbol{q}'^k_o \tag{6.1−16}$$

其中，

$$\boldsymbol{K}'_{oo}=\boldsymbol{K}_{oo}-\boldsymbol{K}_{om}\boldsymbol{K}_{mm}^{-1}\boldsymbol{K}_{mo} \tag{6.1−17}$$

$$\boldsymbol{q}'^k_o=\boldsymbol{q}_o^k-\boldsymbol{K}_{om}\boldsymbol{K}_{mm}^{-1}(\boldsymbol{q}_m^k-\boldsymbol{K}_{mi}\boldsymbol{\phi}_i^k) \tag{6.1−18}$$

这样，$\boldsymbol{\phi}_m^{k+1}$ 可由下式计算：

$$\boldsymbol{\phi}_m^{k+1}=\boldsymbol{K}_{mm}^{-1}(\boldsymbol{q}_m^k-\boldsymbol{K}_{mo}\boldsymbol{\phi}_o^{k+1}-\boldsymbol{K}_{mi}\boldsymbol{\phi}_i^k) \tag{6.1−19}$$

子结构法的计算复杂性主要取决于子矩阵 $\boldsymbol{K}_{mm}$ 的求逆运算。采用前述的方式对中间结点集 m 内的结点进行顺序编号，则 $\boldsymbol{K}_{mm}$ 为分块三对角对称矩阵。若子结构仅采用一层中间结点内插，则其分块数为 4；而当采用 2 层中间结点内插时，其分块数为 8。因此，$\boldsymbol{K}_{mm}$ 的求逆运算可通过 LDLT 分解快速计算得到。此外，在大多数实际工程中，排水孔的长度一般不超过 15～30m，排水孔穿过的大尺寸母单元的个数不多，因此 $\boldsymbol{K}_{mm}$ 的阶数不高，其求逆运算的效率很高。

6.2 坝区渗流监测反馈分析

岩体渗透系数取值对渗流场分析结果的可靠性具有重要影响，而岩体的渗透特性具有一定的不确定性，钻孔压水试验值又具有一定的离散性。基于渗漏量以及渗压、钻孔水位等监测信息的渗流场反馈分析为解决岩体渗透系数取值问题提供了有效的手段。通过分析不同时段各排水廊道中量水堰的流量与渗压计测到的不同位置的渗透压力，可以推断出不同区域岩体的渗透特性和渗流场分布的基本规律，为蓄水过程中以及库水位下降后渗流场的分析提供了前提条件。因此，根据锦屏一级水库蓄水情况，结合首蓄期各阶段渗流和渗压监测资料、地下水位长期观测孔观测资料、地表出水点涌水量以及集水井和地下洞室涌水资料等，通过反演分析复核岩体的渗透张量，分析和研究首蓄期枢纽区渗流场的分布特征和渗流特性，并对蓄水过程中各时段渗流控制工程的安全性进行评价。

6.2.1 有限元渗流计算模型

根据枢纽布置和坝址区工程地质条件，考虑到枢纽区渗流分析的复杂性，充分利用两岸山体水文地质的相对独立性，以河流为两岸水文地质的纽带，将枢纽区沿着大坝中心线（河道走向）一分为二，分别建立了左、右岸三维整体有限元模型。

有限元模型对大坝体形、厂房结构、防渗排水结构、地形地貌、地层岩性及主要控制性结构面进行了模拟。模型范围如下：①取上游侧边界距拱坝约 600m，下游侧两岸取距拱坝河床中心线约 1000m；②左、右岸山体地下水各有其赋存特征，二者以河床作为水力联系的纽带，为反映实际水文地质特征并减小模型规模，选取河床中心线作为模型的左侧边界；③模型最低高程取正常蓄水位 1880.00m 以下约 580m，模型最低高程约为 1300.00m；④整个计算模型上、下游边界相距约 1600m，左边界相距河道中

心线 1100m，右边界相距 750m。模型以大坝中轴线为 x 轴，以河流的流向为 x 轴的正方向，指向左岸边坡为 y 轴正方向，竖直方向为 z 轴方向，正北方与河流流向在大坝处夹角约为 $28°$。

左岸坝基及边坡系统有限元模型包含混凝土大坝坝体的左半部分、左岸坝肩混凝土垫座、坝基及边坡中的防渗帷幕（包含帷幕廊道）、坝基排水廊道及其排水孔幕、抗力体排水洞及其排水孔幕、主要地质结构等，这些结构均采用实体单元进行模拟，采用六面体等参单元和部分退化的四面体单元剖分（图 6.2-1）。

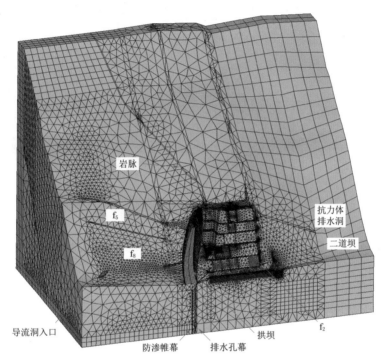

图 6.2-1　左岸三维整体有限元计算模型

右岸坝基及地下厂房系统有限元模型对坝体的右半部分、坝基及边坡中的防渗帷幕（包含帷幕廊道）、坝基排水廊道及其排水孔幕、抗力体排水洞及其排水孔幕、主要地质结构、引水输水系统、厂房厂区防渗排水廊道、排水孔幕等防渗排水系统进行了模拟，采用六面体等参单元和部分退化的四面体单元剖分（图 6.2-2）。

6.2.2　坝区渗流反馈分析思路及参数反演

1. 渗透特性反演的基本思路

由于通过试算方法确定渗透系数存在效率较低、耗时较长且容易陷入局部最优等问题，因此采用 BP 神经网络和遗传算法相结合的方法对锦屏一级水电站坝区渗透场的变化过程进行监测反馈分析，其基本思路如下：依据坝区的工程地质及水文地质条件，结合敏感性分析方法确定待反演的渗透分区及其变化范围，采用正交设计方法生成一系列样本；其中一个样本包含一种有待反演的渗透系数的组合，进而对每个样本采用非稳定有限元渗

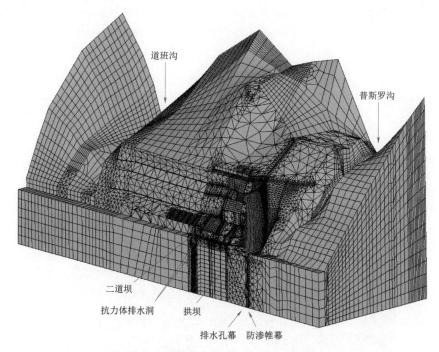

图 6.2-2 右岸三维整体有限元计算模型

流分析来模拟其渗流场的变化过程,得到相应监测点处的计算结果及其变化曲线;将各个样本对应的渗透系数的组合,结合监测点处的计算值,采用 BP 神经网络进行训练;最后通过训练得到的 BP 神经网络来预测任意渗透系数组合下的计算值,以接近监测资料为目标利用遗传算法优化得到最佳渗透系数组合。渗流场反馈分析流程见图 6.2-3。

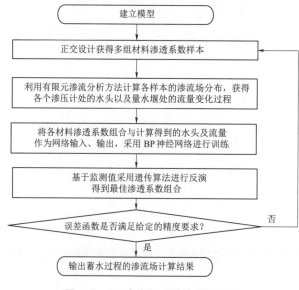

图 6.2-3 渗流场反馈分析流程图

2. 反演时段和目标值选取

锦屏一级水电站自 2012 年 11 月 30 日下闸蓄水后，上游水库蓄水至 1709.00m 左右，至 2013 年 6 月中旬继续蓄水至 1800.00m 高程并保持 40 天左右，2013 年 9 月初水库蓄水至 1840.00m 高程左右。左岸选取 PLG-1、PLG-3、PLG-4、PLG-6，右岸选取 PRG-2、PRG-3、PRG-6 为典型测点。随着上游库水位的不断增长，左、右岸帷幕后典型监测点地下水位过程线见图 6.2-4。

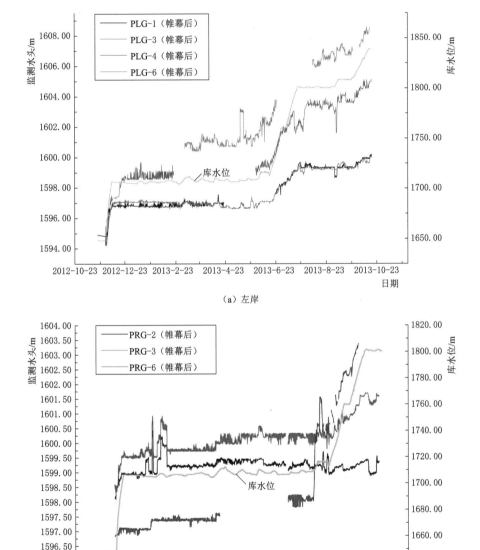

（a）左岸

（b）右岸

图 6.2-4 左、右岸帷幕后典型监测点地下水位过程线

通过对监测资料的分析可以发现，2012年12月7日至2013年10月11日期间，库水位从1700.00m附近上升至1840.00m附近。在此期间内，库水位、流量、渗压等监测资料较为齐全，能够反映锦屏一级水电站厂坝区渗流场的变化过程。因此选择该段区间内的地下水位和渗流量监测结果为目标值，采用非稳定渗流分析方法对坝区进行渗流场的监测反馈分析。

3. 左岸边坡渗流参数反演

反演分析的基础和前提条件是渗透分区与实际情况相符，能够反映岩体渗透特性的分布规律。根据压水试验成果和水文地质条件，将渗透性相近的岩体进行分区（图6.2-5）并获得其相应的渗透系数搜索范围。按照正交设计方法对每种待反演的材料选取9个渗透系数水平，生成81组渗透系数组合，进行BP神经网络训练，采用遗传算法搜索得到最优的参数组合（表6.2-1）。

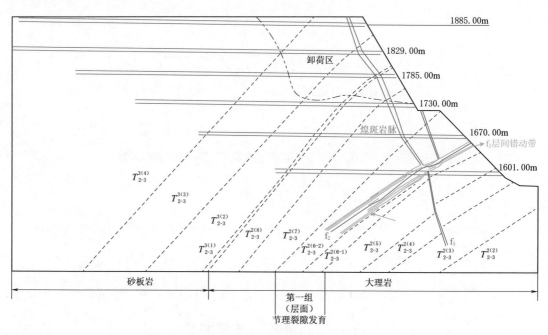

图6.2-5 左岸边坡待反演渗透特性区域示意图

表6.2-1　　　　　　　　　　　各材料反演的渗透系数　　　　　　　　　　单位：10^{-5}cm/s

反演区域编号	区域范围	渗透系数搜索范围		反演的渗透系数
		下限	上限	
K1	$T_{2-3}^{2(2)}z \sim T_{2-3}^{2(5)}z$ 岩层	0.5	30.0	1.2
K2	$T_{2-3}^{2(6-1)}z$、$T_{2-3}^{2(6-2)}z$ 岩层	0.5	30.0	8.9
K3	$T_{2-3}^{2(7)}z$、$T_{2-3}^{2(8)}z$ 岩层	0.5	30.0	3.8
K4	$T_{2-3}^{3(1)}z \sim T_{2-3}^{3(3)}z$ 岩层	0.5	30.0	3.1
K5	$T_{2-3}^{3(4)}z$ 岩层	0.5	30.0	3.3

反演区域编号	区域范围	渗透系数搜索范围		反演的渗透系数
		下限	上限	
K6	f_2 断层	0.5	30.0	3.2
K7	坝肩卸荷区	1.0	50.0	43.2

4. 右岸边坡渗流参数反演

根据压水试验成果和水文地质条件，将右岸渗透性相近的岩体进行分类分区（图 6.2-6）并获得其相应的渗透系数取值范围。按照正交设计方法对每种待反演的材料选取 8 个渗透系数水平，生成 64 组渗透系数组合，进行 BP 神经网络训练和采用遗传算法搜索得到最优的参数组合（表 6.2-2）。

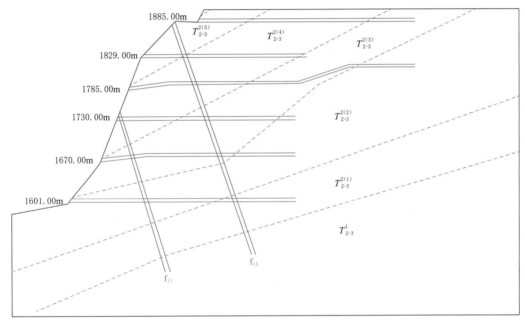

图 6.2-6 右岸边坡待反演渗透特性区域示意图

表 6.2-2 各材料反演的渗透系数 单位：10^{-5} cm/s

反演区域编号	区域范围	渗透系数搜索范围		反演的渗透系数
		下限	上限	
K1	$T_{2-3}^1 z$ 岩层	0.1	30.0	0.3
K2	$T_{2-3}^{2(1)} z$ 岩层	0.1	30.0	0.5
K3	$T_{2-3}^{2(2)} z$ 岩层	0.1	30.0	1.5
K4	$T_{2-3}^{2(3)} z$ 岩层	0.1	30.0	4.5
K5	$T_{2-3}^{3(4)} z$、$T_{2-3}^{2(5)} z$、$T_{2-3}^{2(6-1)} z$ 岩层	1.0	50.0	8.0

反演区域编号	区域范围	渗透系数搜索范围		反演的渗透系数
		下限	上限	
K6	f_{13} 断层	0.1	30.0	1.0
K7	f_{14} 断层	0.1	50.0	1.0

6.2.3　蓄水过程渗流场反馈分析

为了检验反演结果的合理性，同时揭示计算渗流场的变化规律，在反演得到的渗透系数取值的基础上，采用非稳定渗流有限元分析方法模拟水库水位由 1700.00m 上升至 1840.00m 坝区渗流场的分布及其变化规律。反馈分析得到的典型测点渗压、渗流计算值与实测值对比见图 6.2-7。计算值与监测值的变化规律一致，且与库水位变化过程曲线

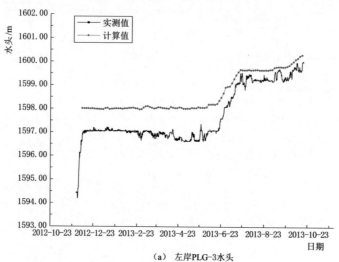

（a）　左岸PLG-3水头

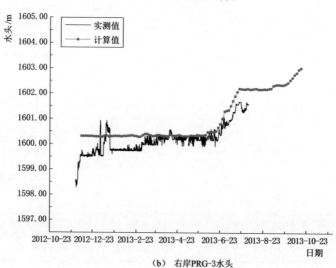

（b）　右岸PRG-3水头

图 6.2-7 (一)　典型测点渗压计算值与实测值对比图

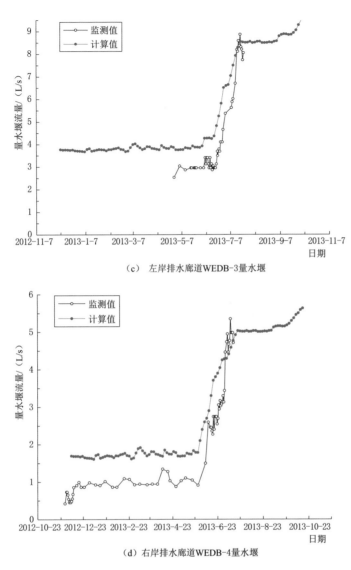

（c）左岸排水廊道WEDB-3量水堰

（d）右岸排水廊道WEDB-4量水堰

图 6.2-7（二）　典型测点渗流计算值与实测值对比图

有较好的对应关系。上述结果表明，渗流场反馈分析的渗压、渗流量计算结果与实测结果吻合较好，能够反映渗流场不同位置的变化特征，其渗透系数取值符合岩体的渗透特性。

6.2.4　运行期坝区渗流场计算分析

1. 左岸坝区渗流场

大坝上游库水淹没区取定水头边界，水头值为 1880.00m；考虑到导流洞进口封堵不严，大量库水直接流入导流洞，在封堵段前形成较大的与库水相连的水头边界，因而取导流洞进口至封堵段前的内部表面为定水头边界，水头值为 1880.00m；大坝下游河道取定水头边界，其值为 1640.00m；左侧边界位于左岸山体中，距离河道中心线约 1100m，反演的初始地下水位为 1700.00m，当蓄水以后水库水位比山体中高时，存在从河道向山体内渗透的现象，又因该区域后缘为相对隔水岩层，区域自补给地下水对渗流场影响有限，因而左岸边界在正常蓄水位工况时可以取隔水边界。底部边界取隔水边界，模型上表面除库水淹没区之外区域、廊道的边界以及排水孔幕均设为潜在溢出边界。分析得到正常蓄水位情况下的渗流场成果，见图 6.2-8～图 6.2-10。

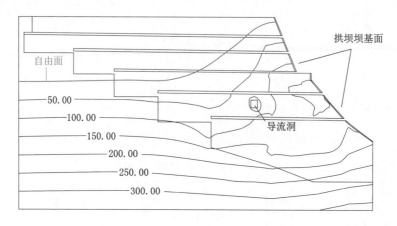

（a）防渗帷幕前

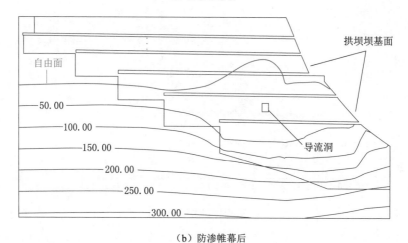

（b）防渗帷幕后

图 6.2-8　左岸坝区渗流场自由面及压力水头分布图（单位：m）

　　受水库蓄水的影响，左岸山体中防渗帷幕前的地下水位显著抬升，帷幕前坝基扬压力显著增大，地下水位（自由面）从水库向山体方向逐渐降落。帷幕后地下水位受库水位的影响较帷幕前小，地下水位较帷幕前低，帷幕后排水廊道前自由面存在一定程度的起伏，在导流洞附近区域自由面较高，这是由于受到导流洞内水外渗的影响该区域水位升高。自由面在排水廊道末端有小幅降低，是因为绕渗的库水在排水影响下出现自由跌落。帷幕后坝基的扬压力急剧减小。防渗帷幕和排水孔幕对降低坝基扬压力的作用显著，在防渗排水系统的作用下，坝基扬压力从坝前到坝后不断降低。自由面穿过帷幕时有明显的下降趋势，这说明防渗帷幕防渗效果显著，较好地阻隔了库水位从上游往下游的渗漏。总体上，

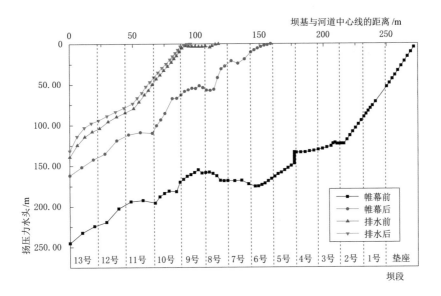

图 6.2-9　左岸坝区防渗帷幕、排水孔幕前后扬压力分布（单位：m）

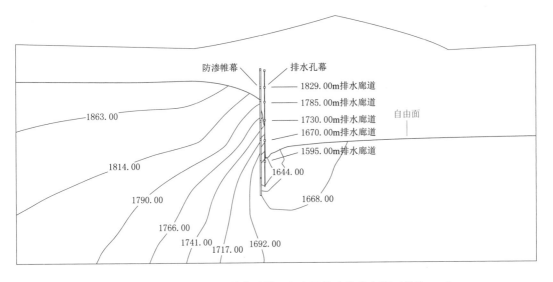

图 6.2-10　左岸平行河道典型断面自由面及水头分布图（单位：m）

锦屏一级水电站左岸边坡防渗排水系统正常运行的条件下，左岸坝区的地下水渗流得到了有效控制。

2. 右岸坝区渗流场

大坝上游库水淹没区及引水隧洞混凝土衬砌段取定水头边界，水头值为 1880.00m；大坝下游河道取定水头边界，其值为 1640.00m；模型右侧边界位于右岸山体中，距离河道中心线 750m，地下水以普斯罗沟为补给边界，道班沟为排泄边界；引水隧洞压力钢管段、模型的底部边界以及尾水调压室边墙取隔水边界，模型上表面除库水淹没区之外区域、主副厂房及主变室边墙、廊道的边界以及排水孔壁面均设为潜在溢出边界。分析得到正常蓄水位情况下的渗流场成果，见图 6.2-11～图 6.2-13。

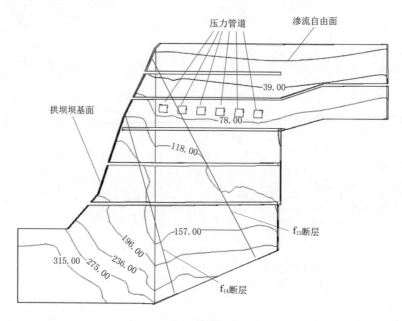

（a）防渗帷幕前

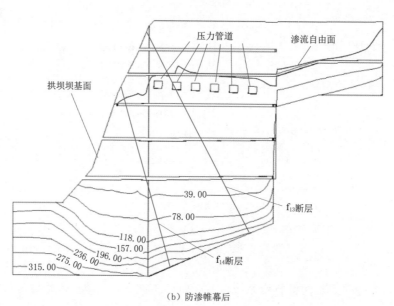

（b）防渗帷幕后

图 6.2-11　右岸坝区渗流场自由面及压力水头分布图（单位：m）

　　受水库蓄水的影响，右岸山体中防渗帷幕前的地下水位显著抬升，帷幕前坝基扬压力显著增大，地下水位（自由面）从山体中向水库方向逐渐降落，水库水位在 f_{13} 断层处跌落，并在 f_{13} 断层与山体之间形成两端高、中间低的自由面形态，但此间导流洞内水外渗将使得该区域中自由面出现局部抬升和起伏。帷幕后地下水位受库水位影响较

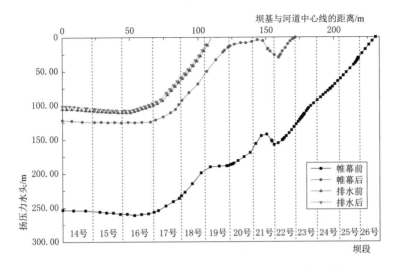

图 6.2 - 12 右岸坝区防渗帷幕、排水孔幕前后渗压分布（单位：m）

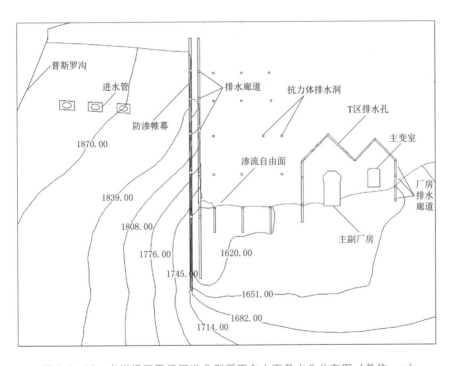

图 6.2 - 13 右岸坝区平行河道典型断面自由面及水头分布图（单位：m）

帷幕前要小，地下水位较帷幕前低，帷幕后排水廊道前自由面同样存在与帷幕前一样类似的不连续的起伏，帷幕后坝基的扬压力急剧减小。防渗帷幕前坝基扬压力较大，防渗帷幕和排水孔幕对降低坝基扬压力的作用显著，在防渗排水系统的作用下，坝基扬压力从坝前到坝后不断降低。受水库蓄水的影响，右岸山体中防渗帷幕前的地下水位较高，自由面穿过帷幕时呈现明显的下降趋势，这说明防渗帷幕防渗效果显著，较好地阻止了库水从上游往下游的渗漏。上游水库来水经过厂房底层廊道及其排水孔幕的排水作用后，从主厂房底部边墙溢出，而下游地下水在主变洞下方通过，防渗帷幕、排水孔幕的防渗排水效果显著，从而在厂区围岩中形成明显的降落漏斗。总体上，采用防渗排水系统措施，在防渗排水系统正常运行的条件下，右岸大坝、边坡及地下厂房系统的地下水渗流得到有效控制。

6.3 实测渗流性态分析

6.3.1 坝基渗压实测变化规律

1. 时间过程规律

（1）防渗帷幕后沿线渗压水位与库水位相关性较好，基本随库水位呈同步的周期性变化，总体表现为库水位上升，渗压水位升高；库水位下降，渗压水位降低，且近年来渗压水位趋于稳定（图 6.3-1）。

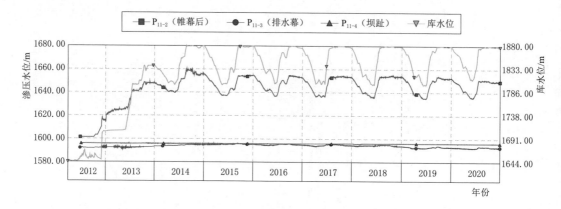

图 6.3-1 帷幕后典型测点坝基渗压水位过程线

（2）排水孔幕沿线渗压水位与库水位具有一定的相关性。

（3）坝趾附近沿线渗压水位较低，与库水位的相关性较小，说明大坝帷幕及排水效果良好，渗压水来自库水的可能性较小；从渗压变化过程来看，渗压水位增加主要发生在雨季，可能受下游贴脚降雨入渗的影响。

2. 空间分布规律

（1）坝基帷幕后纵向渗压水位总体呈现岸坡坝段高、河床坝段低的分布特点（图 6.3-2）。

（2）坝基渗压水头横向分布呈现从上游向下游递减的趋势，防渗帷幕和排水孔幕对水头的折减效果显著（图 6.3-3）。

3. 渗压系数分析

（1）防渗帷幕后测点渗压强度系数在 0.02～0.23（最大值位于 11 号和 15 号坝段）之间（表 6.3-1），均小于设计值（0.4），表明坝基帷幕防渗效果良好。

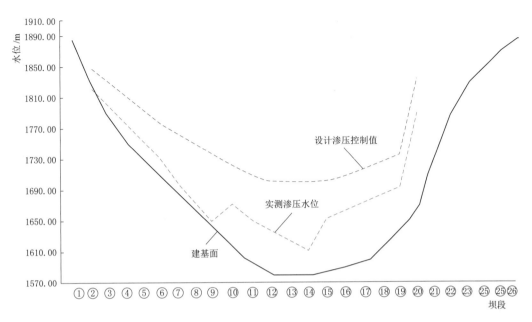

图 6.3-2　坝基帷幕后渗压水位横向分布图

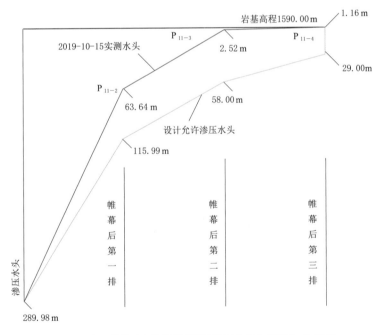

图 6.3-3　坝基 11 号坝段帷幕后渗压水头顺河向分布图

（2）排水孔幕后测点渗压强度系数在 0.00~0.06 之间，最大值在 12 号坝段，测点渗压系数均小于设计控制值（0.2），表明坝基排水对扬压水头折减效果显著。

（3）坝趾测点渗压强度系数在 0~0.04 之间，渗压水位值较小。

表 6.3-1   坝基各测点的渗压强度系数

位置	部位	测点编号	埋设高程/m	渗压强度系数控制值	渗压强度系数最大值	当日渗压水位/m	当日上游水位/m
防渗帷幕后	2号坝段	P$_{2-1}$	1821.66	0.4	0.04	1829.03	1800.68
	6号坝段	P$_{6-1}$	1707.16		0.11	1738.96	1878.88
	7号坝段	P$_{7-1}$	1880.00		0.05	1703.55	1880.00
	9号坝段	P$_{9-1}$	1646.95		0.02	1652.18	1839.70
	10号坝段	P$_{10-1}$	1625.38		0.20	1673.67	1834.45
	11号坝段	P$_{11-2}$	1589.37		0.23	1660.66	1879.44
	12号坝段	P$_{12-1}$	1580.00		0.17	1642.53	1871.82
	14号坝段	P$_{14-1}$	1579.00		0.06	1610.28	1879.96
	15号坝段	P$_{15-1}$	1585.31		0.23	1660.96	1879.01
	16号坝段	P$_{16-2}$	1592.28		0.07	1609.11	1807.23
	19号坝段	P$_{19-1}$	1642.00		0.18	1691.80	1871.82
	20号坝段	P$_{20-1}$	1721.00		0.16	1813.65	1874.76
	垫座	PDZ-1	1820.30		0.09	1844.50	1879.10
	垫座	PDZ-2	1775.90		0.11	1807.76	1878.58
	垫座	PDZ-3	1726.00		0.16	1770.40	1879.75
排水孔幕	9号坝段	P$_{9-2}$	1649.15	0.2	0.00	1650.40	1880.00
	11号坝段	P$_{11-3}$	1591.00		0.00	1596.15	1870.50
	12号坝段	P$_{12-2}$	1581.00		0.06	1606.89	1810.33
	19号坝段	P$_{19-2}$	1648.25		0.02	1654.96	1839.70
	21号坝段	P$_{21-2}$	1769.00		0.06	1775.12	1879.10
坝趾	9号坝段	P$_{9-3}$	1652.75	0.1	0.00	1653.08	1815.61
	11号坝段	P$_{11-4}$	1595.00		0.01	1596.08	1809.41
	13号坝段	P$_{13-4}$	1579.00		0.04	1649.93	1879.51
	19号坝段	P$_{19-3}$	1651.00		0.01	1651.81	1876.14
	21号坝段	P$_{21-3}$	1773.80		0.04	1777.84	1803.57

综上，坝基帷幕后、排水孔幕、坝趾部位的渗压变化规律正常，渗压强度系数均小于控制值且有一定余度，坝基渗压正常。

6.3.2 坝基及平洞渗流量实测变化规律

（1）大坝渗流量与库水位有一定的相关性，库水位升高，渗流量增大，库水位降低，渗流量减小，同水位下的渗流量呈逐年减小趋势（图 6.3-4）。2019 年正常蓄水位时，大坝总渗流量 32.85L/s，比 2015 年正常蓄水位时减小 27.58L/s；2020 年死水位时，大坝总渗流量 19.90L/s，比 2015 年死水位时减小 19.82L/s（图 6.3-5）。类似高拱坝同样出现了坝基渗流量逐年减小的现象，可能与坝基排水孔水量减小或堵塞、坝前淤积等因素有关。

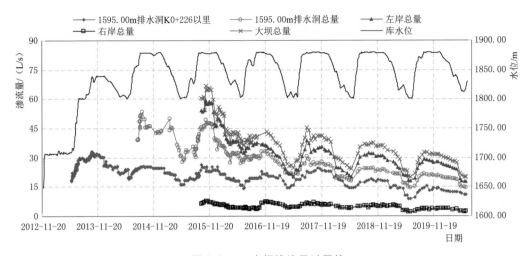

图 6.3-4 大坝渗流量过程线

图 6.3-5 历年特征水位时的渗流量统计

（2）截至 2020 年 6 月 30 日，坝基总渗流量 19.92 L/s，其中左岸坝基渗流量较大，量值为 17.53L/s，占总渗流量的 88%，右岸坝基渗流量较小，量值为 2.39L/s，占总渗流量的 12%。各部位渗流量占比见图 6.3-6。

由图 6.3-6 可知，左岸坝基渗流量较大的部位主要为高程 1595.00m 排水洞和高程 1664.00m 排水洞。左岸坝基高程 1595.00m 排水洞渗流量 14.24 L/s，占总渗流量和左岸坝基渗流量比重分别为 71.5% 和 81.2%，其中，K0＋226 以内渗流量 10.93 L/s，占总渗流量和左岸坝基渗流量比重分别为 54.9% 和 62.4%，K0＋226 以外渗流量 3.31L/s，占总渗流量和

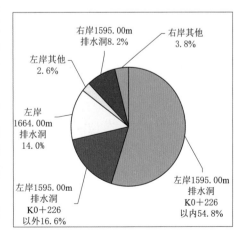

图 6.3-6 各部位渗流量占比图

左岸坝基渗流量比重分别为 16.6％和 18.9％。左岸坝基高程 1664.00m 高程排水洞渗流量 2.78L/s，占总渗流量和左岸坝基渗流量比重分别为 14.0％和 15.9％。

右岸坝基渗流量较大的部位主要为高程 1595.00m 排水洞，量值为 1.63L/s，占总渗流量和右岸坝基渗流量比重分别为 8.2％和 68.2％。

6.3.3 左岸低高程基础廊道渗流实测变化规律

6.3.3.1 渗水情况

锦屏一级水电站于 2012 年 11 月 30 日导流洞下闸开始蓄水，到 2014 年 8 月 24 日蓄至正常蓄水位 1880.00m。在初期蓄水过程中，左岸高程 1595.00m 坝基排水洞出现了较大的渗水。

根据现场调查，水库蓄水期排水洞涌水主要由三部分组成：底板排水孔排水、顶拱排水管排水和岩石裂隙出水。其中底板排水孔排水比重较大，约占总量的 45％，尤其是桩号 0+226 处 108 号孔，该排水孔所处位置底部穿过 f_2 断层。目前渗流量在减小。

6.3.3.2 渗漏分析

1. 水文地质情况

帷幕洞、排水洞开挖揭示，该区域主要涉及第二段第 6～8 层大理岩、第三段第 1、2、3 层砂板岩，岩层产状 N10°～40°E/NW∠30°～60°。发育 f_5 断层及数条小断层，层间挤压错动带主要是 f_2 断层组。

在 1601.00m 高程帷幕洞和 1595.00m 高程排水洞内均揭示有溶蚀裂隙，产状一般 N70°E～N80°W/SE（SW）∠70°～90°，三壁贯通，溶蚀带宽 5～10cm，局部张开 1～2cm，湿润。溶蚀裂隙张开宽一般 2～10cm，局部宽达 15～20cm，空缝或充填岩块、岩屑，沿溶蚀裂隙多有渗水～滴水，局部股状流水。

1601.00m 高程帷幕灌浆前完成压水试验 1209 段，试段总长 5825m，岩体透水性总体较小，透水率 $q<1$Lu 的试段数占总压水段数的 61％，1Lu$\leq q<3$Lu 的占 18％，3Lu$\leq q<10$Lu 的占 11％，10Lu$\leq q<100$Lu 的占 5％，$q\geq100$Lu 的占 5％（表 6.3-2）。

表 6.3-2　左岸 1601.00m 高程帷幕灌浆洞灌浆前岩体透水性试验成果统计表

透水率 q/Lu	$q<1$	$1\leq q<3$	$3\leq q<10$	$10\leq q<100$	≥100
试段数	734	214	134	61	66
百分比/%	61	18	11	5	5

1601.00m 高程以下帷幕区岩体在灌浆前透水率主要集中在 $q<1$Lu，多为微透水岩体，部分岩体表现为弱偏微或弱偏中等透水，少数孔段由于溶蚀裂隙等张裂隙发育，表现为强透水。1601.00m 高程帷幕区岩体透水带分布在 f_5 断层外侧。坝基 1487.00m 高程以上，局部存在中强透水带，除此以外，中强透水岩带分布零星、随机，反映该部位岩体内不存在明显集中的中强透水通道，地下水只能是通过网状裂隙渗透，局部可能由于张裂隙发育，存在强透水。

2. 伪随机流场法渗漏探测分析

为了查明锦屏一级水电站左岸 1595.00m 高程坝基排水洞排水孔的渗漏点空间位置以

及渗漏点与坝前库水的连通性、与坝后尾水的连通性以及两个排水洞之间的连通性，2015年7月28日至2015年8月21日期间，现场开展了伪随机流场法渗漏探测工作。

对1595.00m高程和1618.00m高程排水洞分别进行了3次伪随机电流和电位差测试。测试成果表明，伪随机流场法电流及电位差测试曲线形态基本吻合，测试成果一致性好，探测成果资料可靠。渗漏探测成果分析如下。

（1）1595.00m高程排水洞渗漏探测成果表明，1595.00m高程排水洞内排水孔与坝前库水渗漏连通性探测异常电流值最小，1595.00m高程排水洞内排水孔与坝前库水连通性差。

1618.00m高程排水洞渗漏探测成果表明，1618.00m高程排水洞内排水孔连通性探测与坝前库水渗漏异常电流值最小，1618.00m高程排水洞内排水孔与坝前库水连通性差。

1595.00m高程排水洞渗漏通道连通性最好的为1618.00m高程排水洞地下水，下游河道水次之，坝前库水连通性差。

（2）与前期岩体透水率试验对比。渗漏探测成果表明，探测区域局部仍存在较小的渗漏异常，且渗漏异常区与前期岩体透水性试验成果有一定的相关性，渗透区域较接近；大部分探测区域未探测到渗漏异常，表明探测区域渗透性整体较弱。

（3）渗漏水来源判断。根据伪随机测值的大小和渗漏比例的计算可知，1618.00m高程排水洞地下水及下游河道水在1595.00m高程排水洞内渗漏量较大，约共占84%；坝前库水在1595.00m高程排水洞内渗漏量小，约占16%。

4）帷幕灌浆效果评价。根据测试异常的大小及异常区域与坝前库水、坝后尾水的连通性，判断在渗漏异常集中的区域，渗漏水和坝前库水连通性差，帷幕灌浆效果良好。

结合灌浆施工及灌后检查成果初步分析，1601.00m高程防渗帷幕经普通水泥灌浆、湿磨细水泥灌浆、水泥-化灌复合灌浆综合处理后，灌后检查透水率均很小，满足设计防渗标准，左岸1601.00m高程帷幕灌浆处理后不存在较大的集中渗漏通道。

6.3.3.3 当前运行状态评价

截至2020年12月30日，左岸高程1595.00m坝基排水洞渗流量20.34L/s，占大坝总渗流量的65.5%；高程1595.00m排水洞桩号K0+226以里渗流量13.82 L/s，占高程1595.00m排水洞渗流量的67.9%，占大坝总渗流量的44.5%。高程1595.00m排水洞渗流量随库水位升降呈周期性波动并呈逐年减小趋势，2020年最大渗流量较2014年首次蓄至正常蓄水位时减小约29.6 L/s。该部位附近的渗压监测成果显示，渗压水位随库水位升降呈周期性波动并呈逐年减小趋势，渗压监测成果正常。

大坝高程1595.00m廊道集水井排水泵工作点流量约125L/s，当前渗流量小于高程1595.00m大坝集水井排水泵工作点流量。总体来看，大坝渗漏量变化可控。

6.3.4 两岸绕渗实测变化规律

1. 两岸坝基帷幕灌浆洞及排水洞

（1）两岸坝基帷幕灌浆洞实测渗压水位基本随库水位呈同步的周期性变化，总体稳定，无明显的趋势性变化。

（2）左岸坝基排水洞实测水位与库水位相关性较好，基本呈同步的周期性变化，总体变化稳定，无明显的趋势性变化；右岸坝基排水洞实测水位变化甚微，渗压水位与库水位无明显的相关性。

2. 抗力体

（1）左岸绕渗孔水位与库水位的升降无明显相关关系，水位稳定期绕渗孔水位变化平稳，且绕渗孔水位较低。测值已经趋于稳定，加卸载期间水位变化量较小。

（2）右岸绕渗孔水位与库水位的升降无明显相关关系，水位稳定期绕渗孔水位变化平稳，且绕渗孔水位较低，帷幕效果较好。测值已经趋于稳定，加卸载期间水位变化量较小。

6.4　渗控工程评价

锦屏一级特高拱坝坝基工程地质和水文地质条件复杂，拱坝运行工况复杂，帷幕防渗设计技术与质量标准要求高，其实施效果直接影响拱坝基础渗透稳定、变形稳定及抗滑稳定。帷幕防渗各项措施实施后，对施工检测成果及各阶段蓄水的验证和渗流渗压监测效果的分析表明，拱坝基础帷幕防渗采取的设计技术方案及控制指标、施工技术和工艺方法、关键技术难题的处理科学合理，措施得当。

采用的渗流监测反馈分析方法合理，渗流渗压计算值与实测值吻合较好，能较好反映渗流场变化特征。

坝基渗压水位主要随库水位呈同步的周期性变化，库水位升高，渗压水位上升；库水位下降，渗压水位降低；各测点渗压水位无明显突变或趋势性升高等异常现象。帷幕后渗压水位明显低于上游库水位，最大渗压强度系数为 0.26，小于设计控制值 0.4；排水幕最大渗压强度系数为 0.09，低于设计控制值 0.2；坝趾渗压水位较低，与库水位变化相关性较小。帷幕防渗效果和排水设施排水效果良好。

坝基渗流量与库水位有一定的相关性，库水位升高，渗流量增大，库水位降低，渗流量减小，同水位下，渗流量呈逐年减小趋势。左岸坝基渗流量较大的部位主要为高程1595.00m 排水洞，占左岸坝基渗流量的 81.2%，其渗流量随库水位升降呈周期性波动并呈逐年减小趋势，2020 年最大渗流量较 2014 年首次蓄至正常蓄水位时减小约 29.6L/s，该部位附近的渗压监测数据表明，渗压水位随库水位升降呈周期性波动并呈逐年减小趋势，渗压性态变化规律正常。

综上所述，渗流设计采用"前阻后排、防排并举"的工程措施取得了良好效果，工程渗流控制是合理、有效的。左、右岸坝肩抗力体排水系统根据工程的地质特点和工程要求进行布设，全面且有重点地排出绕渗的地下水，使蓄水后抗力体的地下水位线降低，排水效果较好，抗力体滑块结构面上的渗压能得到大幅减小，提高了坝肩的抗滑稳定性。

第 7 章

特高拱坝实测应力性态分析

由于巨大的水推力作用，特高拱坝坝体局部应力水平较高。我国特高拱坝主压应力一般介于 8.0~10.0MPa，而国外同类型拱坝主压应力不超过 7.0MPa，同时，其拉应力问题也非常突出。高拱坝拱圈截面主要承受轴向力，可充分发挥材料的潜能，结构超载能力强。一般来说，拱坝的超载能力可达设计荷载的 5~11 倍，若结构局部开裂，坝体应力可实现一定的自适应调整。比如，瓦依昂（Vajont）拱坝于 1963 年库区左岸大滑坡形成涌浪翻过大坝，右岸漫流水深超过坝顶 260m，左岸漫流水深超过坝顶 100m，据估计作用在坝体上的荷载相当于设计荷载的 5~8 倍，但除左岸坝体混凝土略有破坏外，大坝完整。这就说明，拱坝作为一种类似壳体的结构，只要设计合理且施工规范，其承载能力是很高的。此外，在特高拱坝蓄水期和长期运行过程中，高水压作用产生局部高应力及高应力梯度，高应力梯度控制着混凝土和岩体裂隙网络中细微裂隙的闭合-张开，裂隙网络结构的变化影响到工程材料和坝基岩体渗透参数，使得其渗透性发生变化，同时伴有施工期坝体混凝土水化热释放引起的温度变化，使得这些区域成为应力-渗流-温度耦合区域，力学状态变化机制十分复杂。

锦屏一级特高拱坝是分期分块浇筑混凝土、分阶段蓄水，在施工期、首蓄期和初期运行期，拱坝实际承受的荷载不断变化，导致应力状态变化非常复杂，正确计算和评价大坝应力变化规律和分布特征具有十分重要的意义。锦屏一级特高拱坝应力应变监测按"五拱五梁"原则布置，重点在大坝局部拉、压应力较大具有代表性的拱冠、1/4 拱圈、3/4 拱圈及两端拱座部位布置应变计组，测点布置以平面应力为主、兼顾坝体表面开裂分析研究，共计布置五向应变计组 119 组、九向应变计组 30 组、单向应变计 13 支。为监测混凝土自生体积变形，在距每组应变计组 1m 处各布置了 1 支无应力计。因此，根据大坝混凝土弹性模量和徐变试验数据拟合得到力学参数时变公式，利用无应力计、应变计（组）监测数据，采用变形法计算各个方向坝体混凝土的正应力以及大坝主应力，据此分析施工期、首蓄期和初期运行期大坝实测应力性态时空变化过程及典型影响因素作用效应。

7.1 分析方法

坝体应力受混凝土温度、湿度、自生体积变形等因素影响，在长期受水荷载和其他各种荷载作用下，混凝土还会产生徐变变形，因此，虽然用应变计可以测到其应变，但它跟实际应力不服从胡克定律（曾译为"虎克定律"），须对实测应变进行修正。在进行应力应变计算分析前，整理应变计（组）测点所在混凝土强度试验资料、对应的无应力计成果、浇筑日期和基准日期，应变计（组）测点所在混凝土强度试验资料用于确定混凝土弹性模量和徐变度公式，应变计（组）对应的无应力计用于计算混凝土自生体积变形，应变计（组）测点所在混凝土浇筑日期用以计算各时刻混凝土龄期，应变计（组）基准日期用于确定变形法计算应力起始时刻。

7.1.1　应变计组安装方式

1. 传统的安装方式

(1) 传统的空间应变计组安装方式一见图 7.1－1。应变计组安装在一组支架上，用以固定应变计的方向和位置，支架上可根据需要安装 1～9 个方向的仪器，其优点是：①计算简单方便；②可以利用弹性平衡原则进行误差检验和平衡修正，在个别仪器损坏时，可以利用弹性平衡原则相互替补，不影响应变计组的计算；③因为仪器的方向不是平行于坐标轴，就是与坐标轴成 45°夹角，所以当某几支仪器损坏时，空间应力可作平面应力处理，或平面应力作单向、两向处理。尽管如此，但在实际使用中发现这种组合方式存在明显缺点：一组应变计组的各支仪器螺栓连接在支架上的，支架很短，应变计较长、也很重，固定在支架上，成了"悬臂梁"，在安装时仪器的角度和位置难以保证，尤其在回填混凝土和振捣时，又极易使仪器的方向和位置发生偏离，从而导致较大的应力测量误差。

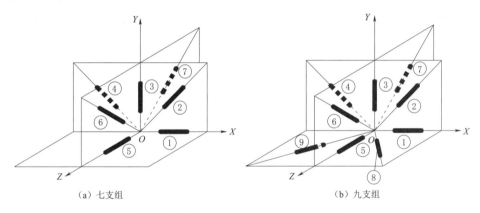

　　(a) 七支组　　　　　　　　　　　　(b) 九支组

图 7.1－1　传统的空间应变计组安装方式一

(2) 传统的空间应变计组安装方式二见图 7.1－2。这种安装方式的特点是，在应变计安装前先用细钢筋制作一个正三角形或正六面体的支架，在安装时将应变计捆绑在支架的一条棱上，然后将整个支架安放在埋设位置上，再回填混凝土。其最大的优点是克服了安装方式一的缺点，可以保证仪器的安装角度和位置，结构紧凑，所用仪器较少，且可以保证仪器安装的方向和位置。但是它也存在一些缺点：①不能利用弹性平衡的原则进行平衡修正和误差检验。②相对安装方式一，监测成果的计算较复杂，特别是如果坐标的设置或仪器编号有所变动，计算公式需重新推导，增加了监测资料整理计算的工作量。③当应变计组中某一支仪器损坏而测不到数据时，整组仪器报废。以空间问题的六支组为例，如果其中 1 支仪器因损坏而没有测值，只有 5 个测值，就不可能去解包含 6 个未知数的方程。又由于 6 支仪器中有 5 支的方向不是正方向，整组仪器报废。

2. 锦屏一级水电站应变计组安装方式的改进

考虑到传统空间应力计组安装方式的缺点，锦屏一级水电站对应变计组安装方式进行

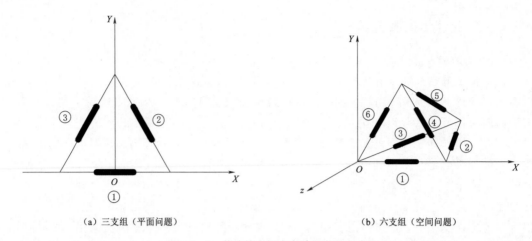

(a) 三支组 (平面问题)　　　　　　(b) 六支组 (空间问题)

图 7.1-2　传统的空间应变计组安装方式二

了改进。新的安装埋设方式 (图 7.1-3) 进一步保证了仪器方向和位置, 可进行平衡修正, 同时计算简单, 在锦屏一级特高拱坝中的应用取得了较好的效果。

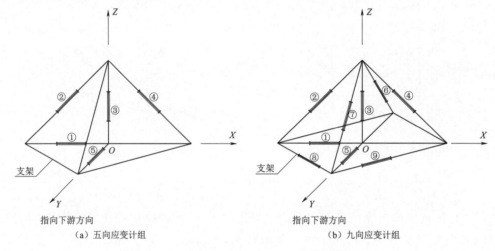

(a) 五向应变计组　　　　　　(b) 九向应变计组

图 7.1-3　锦屏一级水电站应变计组安装方式

(1) 可以保证仪器的安装角度和位置。应变计安装前先用细钢筋制作一个支架, 在安装时将应变计捆绑在支架的一条棱上, 然后将整个支架安放在埋设位置上固定牢固, 再回填混凝土。

(2) 仪器仍保留传统组合的数量, 每个平面 4 支仪器的原则, 保持了传统组合具有的全部优点。

(3) 不管平面问题还是空间问题, 是四向、五向、七向还是九向, 可以用同一个支架, 布置直观、灵活, 其数量、位置和方向可根据需要任意调整。

7.1.2　应变分析

混凝土内一点的实际应变包含两部分: 一部分是由荷载和约束引起的应变, 称为应力应变；另一部分是由自由体积变形引起的应变，称为非应力应变。

混凝土的自由体积变形包括三部分，即混凝土自生体积变形、混凝土温度变形及混凝土湿度变形，表示如下：

$$\varepsilon_0 = G(t) + \alpha_c \Delta T_0 + \varepsilon_w \qquad (7.1-1)$$

式中：ε_0 为混凝土自由体积变形；$G(t)$ 为混凝土自生体积变形，由水泥水化作用或其他一些未知因素引起；$\alpha_c \Delta T_0$ 为混凝土温度变形；α_c 为混凝土温度膨胀系数；ΔT_0 为温度变化量；ε_w 为混凝土湿度变形，这一部分往往合并到 $G(t)$ 中考虑。

在大体积混凝土中，混凝土的自由体积变形 ε_0 不可能完全发生，由于周围混凝土和其他边界的约束而受到限制引起了内部应力。因此，混凝土内部任一点的实际应变 ε_m 可表示如下：

$$\varepsilon_m = \varepsilon_f + \lambda G(t) + \beta \alpha_c \Delta T_0 + \gamma \varepsilon_w \qquad (7.1-2)$$

式中：ε_m 为实际应变；ε_f 为荷载引起的应变；λ、β、γ 为小于或等于 1 的系数，全约束取 0，无约束取 1。

将式 (7.1-1) 代入式 (7.1-2)，可得

$$\varepsilon_m = \varepsilon_f - [(1-\lambda)G(t) + (1-\beta)\alpha_c \Delta T_0 + (1-\gamma)\varepsilon_w] + \varepsilon_0 = \varepsilon + \varepsilon_0 \qquad (7.1-3)$$

式中：ε 为应力应变。

混凝土内一点的实际应力包含两部分：一部分是荷载引起的应力；另一部分是约束引起的应力。实际应力产生的应变即为应力应变，要计算混凝土内的实际应力，必须先求出应力应变。由式 (7.1-3) 可得应力应变的计算公式如下：

$$\varepsilon = \varepsilon_m - \varepsilon_0 \qquad (7.1-4)$$

其中，实际应变可用应变计测得，自由体积变形可由无应力计近似测得。无应力计实测应变可用下式表示：

$$\varepsilon_0' = \lambda' G'(t) + \beta' \alpha_c' \Delta T_0' + \gamma' \varepsilon_w' \qquad (7.1-5)$$

假设无应力计所在混凝土与对应的应变计所在混凝土的性质和状态完全一样，并且无应力计所在的混凝土完全不受约束，则 $\varepsilon_0 = \varepsilon_0'$。其中两处混凝土温度差异可以进行修正，简化起见，本章暂不考虑。但对于锦屏一级特高拱坝，在导入应变实测数据前，已对无应力计和应变计（组）实测数据进行了处理，扣除了各自的温度分量，故两处混凝土温度差异已经进行修正。

7.1.3 应变平衡方法

锦屏一级特高拱坝坝体应变计组埋设方式见图 7.1-3。对于五向应变计组，1 向、5 向、3 向分别为 X、Y、Z 向；2 向、4 向位于 XZ 面，与 5 向垂直。对于九向应变计组，1 向、5 向、3 向分别为 X、Y、Z 向；6 向、7 向位于 YZ 面，与 1 向垂直；2 向、4 向位于 XZ 面，与 5 向垂直；8 向、9 向位于 XY 面，与 3 向垂直。应变计组平衡的根据是应变第一不变量原理——空间中一点三个互相正交方向的应变之和为常量。根据这一原理，五向和九向应变计组平衡方法分别如下。

（1）五向应变计组：1 向、5 向、3 向和 5 向、2 向、4 向为两个互相正交方向，根据应变第一不变量原理可得

$$\varepsilon_1 + \varepsilon_5 + \varepsilon_3 = \varepsilon_5 + \varepsilon_2 + \varepsilon_4 \tag{7.1-6}$$

ZX 面组的不平衡量为

$$\Delta = (\varepsilon_1 + \varepsilon_3) - (\varepsilon_2 + \varepsilon_4) \tag{7.1-7}$$

五向应变计组的平衡如下：

$$\begin{cases} \varepsilon_5 = \varepsilon_5 \\[2mm] \varepsilon_1 = \varepsilon_1 - \dfrac{\Delta}{4} \\[2mm] \varepsilon_3 = \varepsilon_3 - \dfrac{\Delta}{4} \\[2mm] \varepsilon_2 = \varepsilon_2 - \dfrac{\Delta}{4} \\[2mm] \varepsilon_4 = \varepsilon_4 - \dfrac{\Delta}{4} \end{cases} \tag{7.1-8}$$

（2）九向应变计组：1 向、5 向、3 向，1 向、6 向、7 向，5 向、2 向、4 向和 3 向、8 向、9 向均为互相正交方向，根据应变第一不变量原理可得

$$\varepsilon_1 + \varepsilon_5 + \varepsilon_3 = \varepsilon_1 + \varepsilon_6 + \varepsilon_7 = \varepsilon_5 + \varepsilon_2 + \varepsilon_4 = \varepsilon_3 + \varepsilon_8 + \varepsilon_9 \tag{7.1-9}$$

YZ、ZX 和 XY 三个面组的不平衡量分别为

$$\begin{cases} \Delta_1 = (\varepsilon_5 + \varepsilon_3) - (\varepsilon_6 + \varepsilon_7) \\ \Delta_2 = (\varepsilon_3 + \varepsilon_1) - (\varepsilon_2 + \varepsilon_4) \\ \Delta_3 = (\varepsilon_1 + \varepsilon_5) - (\varepsilon_8 + \varepsilon_9) \end{cases} \tag{7.1-10}$$

九向应变计组的平衡如下：

$$\begin{cases} \varepsilon_1 = \varepsilon_1 - \dfrac{\Delta_2 + \Delta_3 - \Delta_1}{4} \\[3mm] \varepsilon_5 = \varepsilon_5 - \dfrac{\Delta_1 + \Delta_3 - \Delta_2}{4} \\[3mm] \varepsilon_3 = \varepsilon_3 - \dfrac{\Delta_1 + \Delta_2 - \Delta_3}{4} \\[3mm] \varepsilon_6 = \varepsilon_6 + \dfrac{\Delta_1}{4} \\[3mm] \varepsilon_7 = \varepsilon_7 + \dfrac{\Delta_1}{4} \\[3mm] \varepsilon_2 = \varepsilon_2 + \dfrac{\Delta_2}{4} \\[3mm] \varepsilon_4 = \varepsilon_4 + \dfrac{\Delta_2}{4} \\[3mm] \varepsilon_8 = \varepsilon_8 + \dfrac{\Delta_3}{4} \\[3mm] \varepsilon_9 = \varepsilon_9 + \dfrac{\Delta_3}{4} \end{cases} \tag{7.1-11}$$

7.1.4　单轴应变和切应变分析

1. 单轴应变

直接用弹性徐变体的应力应变关系进行计算是困难的,锦屏一级特高拱坝使用计算单轴应变的方法进行近似计算。

单轴应变的计算公式如下:

$$\varepsilon' = \varepsilon_m + \varepsilon_\mu \tag{7.1-12}$$

式中:ε' 为单轴应变;ε_m 为实际应变;ε_μ 为泊松比应变。

泊松比应变分为平面和空间两种,计算公式如下:

(1) 平面泊松比应变:

$$\varepsilon_{\mu x} = \frac{1}{1-\mu^2}(\mu^2\varepsilon_x + \mu\varepsilon_y) \tag{7.1-13}$$

式中:$\varepsilon_{\mu x}$ 为 x 向泊松比应变;μ 为泊松比;ε_x、ε_y 为 x、y 向实测应变,其中 x、y 两向垂直。

(2) 空间泊松比应变:

$$\varepsilon_{\mu x} = \frac{1}{(1+\mu)(1-2\mu)}[2\mu^2\varepsilon_x + \mu(\varepsilon_y + \varepsilon_z)] \tag{7.1-14}$$

式中:$\varepsilon_{\mu x}$ 为 x 向泊松比应变;μ 为泊松比;ε_x、ε_y、ε_z 为 x、y、z 向实测应变,其中 x、y、z 三向互相垂直。

五向应变计组和九向应变计组均为空间应变计组,故计算单轴应变采用空间泊松比应变,单轴应变计算公式如下:

$$\varepsilon'_x = \frac{1}{(1+\mu)(1-2\mu)}[(1-\mu)\varepsilon_x + \mu(\varepsilon_y + \varepsilon_z)] \tag{7.1-15}$$

2. 切应变

一点的应变状态可以由该点的应变张量 ε_{ij} 确定,任意一向的正应变可按下式计算:

$$\varepsilon_N = l^2\varepsilon_x + m^2\varepsilon_y + n^2\varepsilon_z + 2lm\varepsilon_{xy} + 2mn\varepsilon_{yz} + 2nl\varepsilon_{zx} \tag{7.1-16}$$

式中:ε_N 为任意一向的正应变;ε_x、ε_y、ε_z 为应变张量的正应变分量;ε_{xy}、ε_{yz}、ε_{zx} 为应变张量的切应变分量;l、m、n 为所求正应变的方向余弦。

应变计组测得的应变是 x、y、z 向以及 xy、yz、zx 面 $45°$ 向的正应变,由式(7.1-16)可求得其切应变,公式如下:

$$\gamma_{xy} = 2\varepsilon_{xy} = 2\varepsilon_{Nxy} - (\varepsilon_x + \varepsilon_y) \tag{7.1-17}$$

式中:γ_{xy} 为切应变;ε_{Nxy} 为 xy 面 $45°$ 方向的正应变。

(1) 五向应变计组。由五向应变计组的安装方式可知:1 向、5 向、3 向和 5 向、2 向、4 向为两组三个互相正交方向。五向应变计组各向单轴应变的计算公式如下:

$$\begin{cases} \varepsilon_1' = \dfrac{1}{(1+\mu)(1-2\mu)}[(1-\mu)\varepsilon_1 + \mu(\varepsilon_5 + \varepsilon_3)] \\[3ex] \varepsilon_5' = \dfrac{1}{(1+\mu)(1-2\mu)}[(1-\mu)\varepsilon_5 + \mu(\varepsilon_1 + \varepsilon_3)] \\[3ex] \varepsilon_3' = \dfrac{1}{(1+\mu)(1-2\mu)}[(1-\mu)\varepsilon_3 + \mu(\varepsilon_1 + \varepsilon_5)] \\[3ex] \varepsilon_2' = \dfrac{1}{(1+\mu)(1-2\mu)}[(1-\mu)\varepsilon_2 + \mu(\varepsilon_5 + \varepsilon_4)] \\[3ex] \varepsilon_4' = \dfrac{1}{(1+\mu)(1-2\mu)}[(1-\mu)\varepsilon_4 + \mu(\varepsilon_5 + \varepsilon_2)] \end{cases} \tag{7.1-18}$$

1 向、3 向、2 向分别为 x、z、zx 面 45°向的正应变,五向应变计组切应变计算公式如下:

$$\gamma_{zx} = 2\varepsilon_{zx} = 2\varepsilon_2 - (\varepsilon_3 + \varepsilon_1) \tag{7.1-19}$$

(2) 九向应变计组。由九向应变计组的安装方式可知:1 向、5 向、3 向,1 向、6 向、7 向,5 向、2 向、4 向和 3 向、8 向、9 向为四组三个互相正交方向。九向应变计组各向单轴应变的计算公式如下:

$$\begin{cases} \varepsilon_1' = \dfrac{1}{(1+\mu)(1-2\mu)}[(1-\mu)\varepsilon_1 + \mu(\varepsilon_5 + \varepsilon_3)] \\[2.5ex] \varepsilon_5' = \dfrac{1}{(1+\mu)(1-2\mu)}[(1-\mu)\varepsilon_5 + \mu(\varepsilon_1 + \varepsilon_3)] \\[2.5ex] \varepsilon_3' = \dfrac{1}{(1+\mu)(1-2\mu)}[(1-\mu)\varepsilon_3 + \mu(\varepsilon_1 + \varepsilon_5)] \\[2.5ex] \varepsilon_6' = \dfrac{1}{(1+\mu)(1-2\mu)}[(1-\mu)\varepsilon_6 + \mu(\varepsilon_1 + \varepsilon_7)] \\[2.5ex] \varepsilon_7' = \dfrac{1}{(1+\mu)(1-2\mu)}[(1-\mu)\varepsilon_7 + \mu(\varepsilon_1 + \varepsilon_6)] \\[2.5ex] \varepsilon_2' = \dfrac{1}{(1+\mu)(1-2\mu)}[(1-\mu)\varepsilon_2 + \mu(\varepsilon_5 + \varepsilon_4)] \\[2.5ex] \varepsilon_4' = \dfrac{1}{(1+\mu)(1-2\mu)}[(1-\mu)\varepsilon_4 + \mu(\varepsilon_5 + \varepsilon_2)] \\[2.5ex] \varepsilon_8' = \dfrac{1}{(1+\mu)(1-2\mu)}[(1-\mu)\varepsilon_8 + \mu(\varepsilon_3 + \varepsilon_9)] \\[2.5ex] \varepsilon_9' = \dfrac{1}{(1+\mu)(1-2\mu)}[(1-\mu)\varepsilon_9 + \mu(\varepsilon_3 + \varepsilon_8)] \end{cases} \tag{7.1-20}$$

1 向、5 向、8 向分别为 x、y、xy 面 45°向的正应变,5 向、3 向、6 向分别为 y、z、yz 面 45°向的正应变,1 向、3 向、2 向分别为 x、z、zx 面 45°向的正应变,九向应变计组的切应变计算公式如下:

$$\begin{cases} \gamma_{xy} = 2\varepsilon_{xy} = 2\varepsilon_8 - (\varepsilon_1 + \varepsilon_5) \\[2mm] \gamma_{yz} = 2\varepsilon_{yz} = 2\varepsilon_6 - (\varepsilon_5 + \varepsilon_3) \\[2mm] \gamma_{zx} = 2\varepsilon_{zx} = 2\varepsilon_2 - (\varepsilon_3 + \varepsilon_1) \end{cases} \quad (7.1-21)$$

7.1.5 正应力和切应力计算方法

已有实测应变和徐变试验资料的前提下，采用变形法计算各个方向混凝土的正应力。其基本原理如下：将实测应变资料经过计算绘制成单轴应变过程线，将全部应变过程划分为几个时段，时段是不等间距的。早期应力增量较大，时段分得细些，后期应力变化不大，可以将时段划分得粗些，将徐变增量进行计算，按每一时段的开始龄期绘制成总变形过程线。

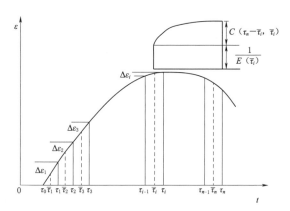

图 7.1-4 变形法计算应力原理

由于徐变变形为随加荷时间持续而增长的变形，因此某一时刻的实测应变，不仅包括该时刻弹性应力增量引起的弹性应变，而且包括在此以时刻前所有应力引起的变形。某时段应力增量 $\Delta\delta_i$ 引起的总变形，将包含在 $\tau_{n-1}\sim\tau_n$ 时段的应变 ε_n 中。因此，计算这一时段的应变增量时应扣除该分量。采用变形法的应变增量形式的原理见图 7.1-4。

每一时段的应变增量 $\Delta\varepsilon_i$ 包括两部分，一是该时段的应力增量产生的应变增量 $\Delta\varepsilon_{Ni}$，二是承前应变增量 $\Delta\varepsilon_{Pi}$，即徐变变形增量，但第一时段不包括承前应变增量。应变增量的计算公式如下：

$$\begin{cases} \Delta\varepsilon_i = \varepsilon_i - \varepsilon_{i-1} = \begin{cases} \Delta\varepsilon_{Ni} & (i=1) \\[2mm] \Delta\varepsilon_{Ni} + \Delta\varepsilon_{Pi} & (i>1) \end{cases} \\[6mm] \Delta\varepsilon_{Ni} = \dfrac{\Delta\sigma_i}{E_s(\tau_i,\overline{\tau}_i)} \\[4mm] \Delta\varepsilon_{Pi} = \sum_{j=1}^{i-1} \Delta\sigma_j \left[C(\tau_i,\overline{\tau}_j) - C(\tau_{i-1},\overline{\tau}_j) \right] & (i>1) \end{cases} \quad (7.1-22)$$

式中：$\Delta\sigma_i$ 为 $\tau_{i-1}\sim\tau_i$ 时段的应力增量；τ_i 为 $\tau_{i-1}\sim\tau_i$ 时段的终止时刻混凝土龄期；$\overline{\tau}_i$ 为 $\tau_{i-1}\sim\tau_i$ 时段的中点时刻混凝土龄期，$\overline{\tau}_i=(\tau_{i-1}+\tau_i)/2$；$E_s(\tau_i,\overline{\tau}_i)$ 为 $\tau_{i-1}\sim\tau_i$ 时段的持续弹性模量，等于 $\overline{\tau}_i$ 加载单位应力持续到 τ_i 的总应变 $1/E(\tau_i)+C(\tau_i,\overline{\tau}_i)$ 的倒数；$C(\tau_i,\overline{\tau}_j)$ 为 $\overline{\tau}_j$ 加载持续到 τ_i 的徐变度。

由式（7.1-22）可得 $\tau_{i-1}\sim\tau_i$ 时段的应力增量 $\Delta\sigma_i$ 的计算公式如下：

$$\Delta\sigma_i=\begin{cases}E_s(\tau_i,\overline{\tau}_i)\Delta\varepsilon_i & (i=1)\\ E_s(\tau_i,\overline{\tau}_i)(\Delta\varepsilon_i-\Delta\varepsilon_{Pi}) & (i>1)\end{cases} \qquad (7.1-23)$$

有了各时段的 $\Delta\sigma_i$，便可计算出各时刻应力 σ_i，计算公式如下：

$$\sigma_i=\begin{cases}0 & (i=0)\\ \sum_{j=1}^{i}\Delta\sigma_j & (i>0)\end{cases} \qquad (7.1-24)$$

上述即为正应力的计算方法，切应力的计算可采用同样方法。计算切应力时，只需做如下变换即可：

$$\begin{cases}E_s(\overline{\tau}_i,\tau_i)\rightarrow\dfrac{E_s(\overline{\tau}_i,\tau_i)}{2(1+\mu)}\\ C(\overline{\tau}_i,\tau_j)\rightarrow C(\overline{\tau}_i,\tau_j)\times2(1+\mu)\end{cases} \qquad (7.1-25)$$

7.1.6 主应力计算方法

主应力分为平面主应力和空间主应力两种，其计算公式如下。

1. 平面主应力

$$\begin{cases}\sigma_1=\dfrac{\sigma_x+\sigma_y}{2}+\sqrt{\left(\dfrac{\sigma_x-\sigma_y}{2}\right)^2+\tau_{xy}^2}\\ \sigma_2=\dfrac{\sigma_x+\sigma_y}{2}-\sqrt{\left(\dfrac{\sigma_x-\sigma_y}{2}\right)^2+\tau_{xy}^2}\end{cases} \qquad (7.1-26)$$

式中：σ_1、σ_2 为平面的第一、第二主应力；σ_x、σ_y、τ_{xy} 为平面内相互垂直的正应力和切应力。

2. 空间主应力

空间主应力计算一般先求出空间偏主应力，然后再加上平均主应力。空间偏主应力可以通过求解下面的三次应力偏张量方程得到：

$$e^3-J_1e^2-J_2e-J_3=0 \qquad (7.1-27)$$

式中：e 为偏应力；J_1 为偏应力张量第一不变量，$J_1=0$；J_2 为偏应力张量第二不变量，$J_2=-(e_xe_y+e_ye_z+e_ze_x)+e_{xy}^2+e_{yz}^2+e_{zx}^2$；$J_3$ 为偏应力张量第三不变量，$J_3=\det(e_{ij})$；令 $e=-m\cos\omega_\sigma$，其中 m 为待定常数，ω_σ 为应力特征主角，代入式（7.1-27）得

$$m^3\cos^3\omega_\sigma-J_2m\cos\omega_\sigma+J_3=0 \qquad (7.1-28)$$

化简得

$$\dfrac{m^3}{4}\left(4\cos^3\omega_\sigma-\dfrac{4J_2}{m^2}\cos\omega_\sigma\right)=-J_3 \qquad (7.1-29)$$

令 $\dfrac{4J_2}{m^2}=3$，则 $m=\dfrac{2\sqrt{J_2}}{\sqrt{3}}$，代入式（7.1-29）得

$$\frac{m^3}{4}(4\cos^3\omega_\sigma - 3\cos\omega_\sigma) = \frac{m^3}{4}\cos 3\omega_\sigma = -J_3 \tag{7.1-30}$$

化简得

$$\cos 3\omega_\sigma = -\frac{4J_3}{m^3} = \frac{-3\sqrt{3}\,J_3}{2J_2\sqrt{J_2}} \tag{7.1-31}$$

由于 $-1 \leqslant \cos 3\omega_\sigma \leqslant 1$，故 $0 \leqslant \omega_\sigma \leqslant \pi/3$，又因为 $\cos 3\omega_\sigma$ 为周期函数，故有：

$$\cos 3\omega_\sigma = \cos(3\omega_\sigma + 2k\pi) = \cos 3\left(\omega_\sigma + \frac{2k\pi}{3}\right) = \cos 3\omega_\sigma^* \tag{7.1-32}$$

其中，$\omega_\sigma^* = \omega_\sigma + \dfrac{2k\pi}{3}$，它有三个主值，分别对应 $k=0$，1，2，其三个主值对应以下三个偏主应力：

$$\begin{cases} e_1 = -m\cos\left(\omega_\sigma + \dfrac{2\pi}{3}\right) = m\cos\left(\omega_\sigma - \dfrac{\pi}{3}\right) & k=1 \\[3mm] e_2 = -m\cos\left(\omega_\sigma + \dfrac{4\pi}{3}\right) = m\cos\left(\omega_\sigma + \dfrac{\pi}{3}\right) & k=2 \\[3mm] e_3 = -m\cos\omega_\sigma & k=0 \end{cases} \tag{7.1-33}$$

由上面推导得空间主应力计算公式如下：

$$\begin{cases} \sigma_m = \dfrac{\sigma_x + \sigma_y + \sigma_z}{3} \\[3mm] e_x = \sigma_x - \sigma_m \\[2mm] e_y = \sigma_y - \sigma_m \\[2mm] e_z = \sigma_z - \sigma_m \\[2mm] J_2 = \dfrac{1}{6}\left[(\sigma_x - \sigma_y)^2 + (\sigma_y - \sigma_z)^2 + (\sigma_z - \sigma_x)^2 + 6(\tau_{xy}^2 + \tau_{yz}^2 + \tau_{zx}^2)\right] \\[3mm] J_3 = e_x e_y e_z + 2\tau_{xy}\tau_{yz}\tau_{zx} - e_x\tau_{yz}^2 - e_y\tau_{zx}^2 - e_z\tau_{xy}^2 \\[3mm] \omega_\sigma = \dfrac{1}{3}\arccos\left[\dfrac{-3\sqrt{3}\,J_3}{2J_2\sqrt{J_2}}\right] \\[3mm] \sigma_1 = \dfrac{2}{\sqrt{3}}\sqrt{J_2}\cos\left(\omega_\sigma - \dfrac{\pi}{3}\right) + \dfrac{J_1}{3} \\[3mm] \sigma_2 = \dfrac{2}{\sqrt{3}}\sqrt{J_2}\cos\left(\omega_\sigma + \dfrac{\pi}{3}\right) + \dfrac{J_1}{3} \\[3mm] \sigma_3 = -\dfrac{2}{\sqrt{3}}\sqrt{J_2}\cos\omega_\sigma + \dfrac{J_1}{3} \end{cases} \tag{7.1-34}$$

式中：σ_x、σ_y、σ_z、τ_{xy}、τ_{yz}、τ_{zx} 为空间内相互垂直面的正应力和切应力；σ_m 为空间平均正应力；e_x、e_y、e_z 为空间内相互垂直面的偏正应力；J_2、J_3 为空间偏应力第二、第三不变量；ω_σ 为应力特征主角；σ_1、σ_2、σ_3 为空间第一、第二、第三主应力。

由五向应变计组的安装方式可知：只有 zx 面有 $45°$ 应变计，故只能计算 zx 面的主应力，计算采用上述平面主应力计算公式。由九向应变计组的安装方式可知：xy、yz、zx

面都有 45°应变计，故能计算空间主应力，计算采用上述空间主应力计算公式。

7.2 混凝土性能参数

采用变形法计算大坝混凝土的应力，在应力计算中除了应变计组和无应力计的测值外，另外影响应力计算结果的是混凝土弹性模量、徐变和线膨胀系数等参数。

7.2.1 弹性模量

弹性模量是混凝土应力计算的重要参数。影响混凝土弹性模量的因素较多，如骨料的弹性模量、混凝土的灰骨比、硬化胶凝材料与骨料界面的胶结情况、混凝土的孔隙率及分布情况、混凝土抗压强度及龄期等。

全级配混凝土试件尺寸为 $\phi450\text{mm}\times900\text{mm}$，现场成型混凝土的弹性模量试验结果见表 7.2-1。

弹性模量采用如下公式拟合（单位：GPa）：

$$E(\tau)=a(1-e^{-b\tau^c}) \tag{7.2-1}$$

式中：a、b、c 为待定参数；τ 为龄期，d。

表 7.2-1　　　　　各强度等级大坝混凝土弹性模量试验结果

强度等级	弹性模量/GPa				
	7d	28d	90d	180d	365d
$C_{180}40$	17.9	25.0	28.0	29.5	33.0
$C_{180}35$	15.4	23.0	26.2	28.6	30.5
$C_{180}30$	13.8	18.7	22.8	25.5	26.9

对 $C_{180}40$、$C_{180}35$ 及 $C_{180}30$ 三种混凝土试验结果进行了拟合，所得参数见表 7.2-2。

表 7.2-2　　　　　　　弹性模量公式拟合参数表

强度等级		$C_{180}40$	$C_{180}35$	$C_{180}30$
参数	a	34.7	32.0	28.2
	b	0.489	0.436	0.411
	c	0.296	0.334	0.351

7.2.2 徐变

在不变的荷载作用下，随着荷载作用时间的延长，混凝土结构变形会逐渐增加，这种随着时间增大的变形称为徐变，徐变是应力计算重要参数。试验成果表明，徐变在 180d 之后逐渐趋于平稳，全级配混凝土徐变试验结果见表 7.2-3 和图 7.2-1～图 7.2-3。

表 7.2 - 3 全级配混凝土徐变试验结果

强度等级	编号	龄期/d	持荷时间/d									
			0	3	7	14	28	45	90	180	270	360
			徐变度/(10^{-6}/MPa)									
$C_{180}30$	J30	28	0	18.4	21.5	24.0	26.7	28.4	30.9	33.2	34.2	35.2
		90	0	12.2	14.2	15.9	17.7	18.9	20.5	22.0	22.7	23.3
		180	0	9.8	11.4	12.8	14.2	15.2	16.5	17.7	18.2	18.8
		360	0	8.5	9.8	11.0	12.2	13.1	14.2	15.2	15.7	
$C_{180}35$	J35	7	0	26.4	31.7	36.3	40.9	43.9	48.0	51.5	52.8	54.2
		28	0	13.8	15.4	18.7	22.4	25.1	28.9	32.5	34.0	35.5
		90	0	7.5	9.6	11.5	13.7	15.2	17.5	19.6	20.5	21.4
		180	0	5.6	7.4	8.9	10.6	11.7	13.4	15.0	15.7	16.4
		360	0	4.4	6.1	7.1	8.6	9.5	10.9	12.2	12.7	
$C_{180}40$	J40	28	0	13.1	15.1	16.8	18.5	19.7	21.4	23.1	23.8	24.6
		90	0	7.0	8.7	10.5	12.3	13.7	15.7	17.2	17.7	18.1
		180	0	5.3	6.8	8.4	10.1	11.5	13.5	14.9	15.2	15.5
		360	0	4.0	5.1	6.5	8.0	9.2	11.0	12.2	12.4	

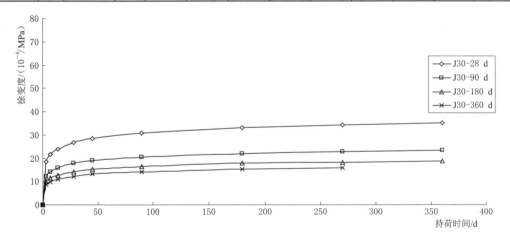

图 7.2 - 1 $C_{180}30$ 强度等级大坝混凝土徐变试验结果

徐变公式如下（单位：10^{-6}/MPa）：

$$C(t,\tau) = (\varphi_0 + \varphi_1 \tau^{-p})[1 - e^{-(r_0 + r_1 \tau^{-q})(t-\tau)^s}] \qquad (7.2-2)$$

式中：φ_0、φ_1、p、r_0、r_1、q、s 为待定参数；t 为龄期，d；τ 为加荷龄期，d；$t-\tau$ 为持荷时间，d。

对 $C_{180}40$、$C_{180}35$ 及 $C_{180}30$ 三种混凝土的试验结果进行了拟合。加荷龄期 τ 分别为 7d、28d、90d、180d，持荷时间 $t-\tau$ 分别为 3d、7d、14d、28d、45d、90d、180d、360d，所得参数见表 7.2 - 4。

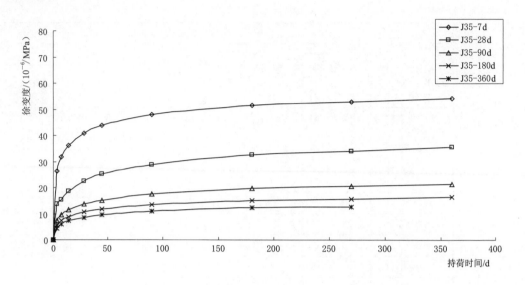

图 7.2-2 $C_{180}35$ 强度等级大坝混凝土徐变试验结果

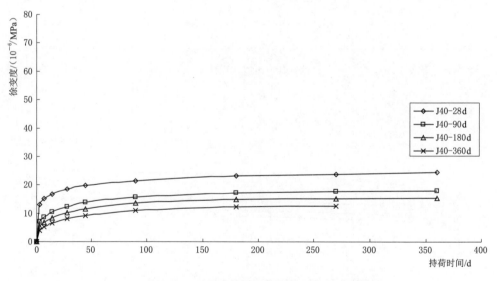

图 7.2-3 $C_{180}40$ 强度等级大坝混凝土徐变试验结果

采用上述徐变公式可利用递推方法计算徐变应力，应变计组徐变应力计算需要使用应变计组周围混凝土的弹模及徐变试验拟合结果。

7.2.3 混凝土线膨胀系数

线膨胀系数表示混凝土温度每变化（升高或降低）1℃，混凝土沿长度方向尺寸的相对变化（伸长或缩短）。线膨胀系数是混凝土重要的热学参数之一。无应力计监测得到的监测资料包括温度变形、湿度变形和自生体积变形。对无应力计监测资料进行分析的主要目的包括：了解坝体混凝土温度变形的实际线膨胀系数以及自生体积变化规律；利用无应

表 7.2-4   徐变公式拟合参数表

强度等级		$C_{180}40$	$C_{180}35$	$C_{180}30$
参数	φ_0	23.55	-0.25	-4.05
	φ_1	59.25	107.4	117.75
	p	0.2935	0.3445	0.3065
	r_0	0.0404	0.1704	0.2992
	r_1	0.567	0.237	0.085
	q	0.301	0.044	0.021
	s	0.2275	0.31	0.3095

力计分析得到线膨胀系数和自生体积变形计算应变计（组）的徐变应力。下面对无应力计监测成果进行统计模型回归分析，了解混凝土非应力应变的变化规律，即混凝土实际线膨胀系数以及自生体积变形趋势性变化的类型。

无应力计的实测应变监测资料表明：无应力计测值主要受测点温度、自生体积及湿度变化的影响。经分析，采用如下的统计模型：

$$\varepsilon_0 = a_0 + a_1 T + a_2 t + a_3 \ln(1+t) + a_4 e^{kt} \qquad (7.2-3)$$

式中：T 为无应力计测点温度，℃；t 为测时距分析起始日期累计时间，d；a_0、a_1、a_2、a_3、a_4 为回归系数；k 通常取 -0.01。

利用多元回归求解上述方程，所得 a_1 为对混凝土线膨胀系数的估计值，时间函数的组合部分 $[a_2 t + a_3 \ln(1+t) + a_4 e^{kt}]$ 称为时效分量，包括了自生体积变形及湿度变形的变化部分。鉴于无应力计埋设部位距坝体表面 5m 以上，可认为湿度变形较小，可近似为 0，时效分量可近似为混凝土自生体积变形。锦屏一级特高拱坝中，除去测时较短或规律性较差的无应力计，无应力计应变的回归相关系数大部分在 0.9 以上，剩余量标准差大部分在 $15\mu\varepsilon$ 以内。绝大部分测点的线膨胀系数的估计值在 $3.74\sim12.15\mu\varepsilon/℃$ 之间，剔除大于 $10\mu\varepsilon/℃$ 和小于 $7\mu\varepsilon/℃$ 的数据后，平均值为 $8.37\mu\varepsilon/℃$，接近试验值。

坝体混凝土自生体积变形大都呈先收缩后膨胀的变化趋势，期间由于湿度变化和监测误差等因素的影响，测值有小幅波动，大部分在 $-49.32\sim49.90\mu\varepsilon$ 之间，无应力计监测资料基本反映了混凝土的实际状况。

7.3 首蓄期拱坝正应力分析

7.3.1 坝基正应力

近建基面分别在 2 号、4 号、5 号、7 号、8 号、9 号、10 号、11 号、12 号、14 号、17 号、18 号、19 号、20 号、21 号、22 号、23 号坝段按上下游方向共安装 64 组应变计，其中包括 13 支单向应变计、11 组九向应变计和 40 组五向应变计。

1. 坝踵正应力分析

拱坝坝踵垂向应力分布见图 7.3-1，典型坝段坝踵垂向应力过程线见图 7.3-2 和图 7.3-3，由图分析可对各阶段坝踵正应力有如下认识。

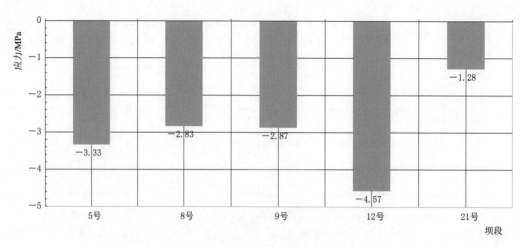

图 7.3-1 拱坝坝踵垂向应力分布图

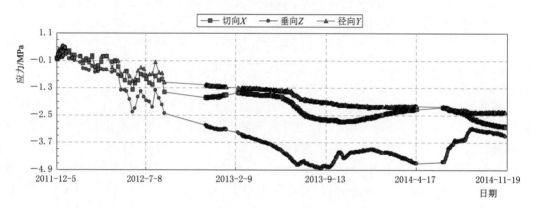

图 7.3-2 5号坝段拱座坝踵五向应变计组 S_{5-1}^5 应力过程线

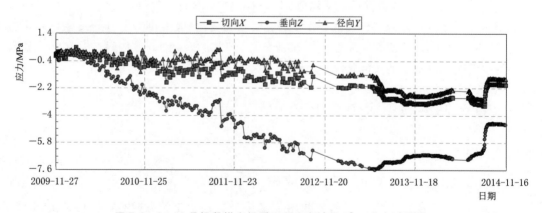

图 7.3-3 12号坝段拱座坝踵五向应变计组 S_{12-1}^5 应力过程线

（1）施工期，坝踵总体处于受压状态，监测初期随着浇筑高程的增加，垂向压应力呈逐渐增大的变化趋势。

（2）第一、第二阶段蓄水期间，随着库水位上升，坝踵垂向压应力逐渐减小，由于水位抬升使得坝体向两岸变形，拱坝的拱效应起作用，两岸坝段径切向压应力逐渐增大。

（3）第三阶段蓄水期间，坝踵垂向压应力继续随库水位上升逐渐减小，两岸坝段径切向压应力继续随库水位上升逐渐增大，垂向压应力最大减小 0.77MPa（8 号坝段）。第三阶段蓄水结束后，在 2013 年 10 月 14 日至 11 月 20 日期间，水位先降后升，变幅约为 10m，坝踵应力随库水位的变化而变化，库水位下降，垂向压应力增大，径向和切向拉应力增大或压应力减小，库水位的上升，垂向压应力减小，径向和切向拉应力减小或压应力增大，但前后变化量较小。此后，库水位保持在 1839.00m 左右，坝踵应力整体保持平稳。

（4）第四阶段蓄水期间，坝踵垂向压应力继续随库水位上升逐渐减小，垂向压应力最大减小量为 1.13MPa（12 号坝段）。此后库水位维持在 1879.00～1880.00m，坝踵压应力总体变化平稳。截至 2014 年 11 月 3 日，5 号、8 号、9 号、12 号和 21 号坝段坝踵垂向压应力分别为 −3.33MPa、−2.83MPa、−2.87MPa、−4.57MPa 和 −1.28MPa，总体表现为压应力，河床坝段大于两岸坝段。

2．坝趾正应力分析

拱坝坝趾垂向应力分布见图 7.3-4，典型坝段坝趾应力过程线见图 7.3-5 和图 7.3-6，由图分析可对各阶段坝趾正应力有如下认识。

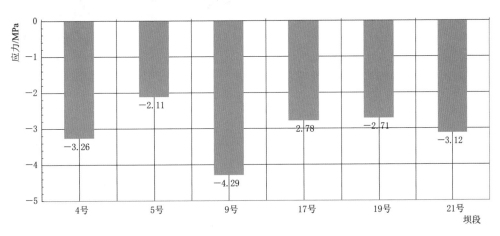

图 7.3-4　拱坝坝趾垂向应力分布图

（1）施工期间，拱座建基面坝趾总体处于受压状态，随着浇筑高程的增加，垂向压应力呈逐渐增大的变化趋势，尤其是 1/4 拱至河床坝段，径切向压应力缓慢增大。

（2）第一、第二阶段蓄水期间，随着库水位的上升，拱座坝趾垂向压应力均逐渐增大，径、切向压应力总体也逐渐增大，其中切向应力受蓄水影响更明显。

（3）第三阶段蓄水期间，拱座坝趾垂向、径向和切向压应力均继续逐渐增大，垂向压应力最大增量为 0.41MPa（9 号坝段）。第三阶段蓄水结束后，在 2013 年 10 月 14 日至 11 月 20 日期间，库水位先降后升，变幅约 10m，坝趾应力随库水位的变化而变化，库水位下降，垂向压应力减小，径向和切向拉应力减小或压应力增大，库水位上升，垂向压应力增大，径向和切向拉应力增大或压应力减小，但前后变化量较小。此后，库水位保持在

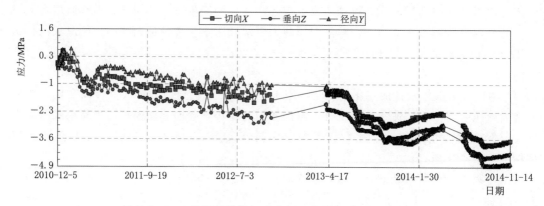

图 7.3 - 5 9 号坝段拱座坝趾五向应变计组 S_{9-5}^5 应力过程线

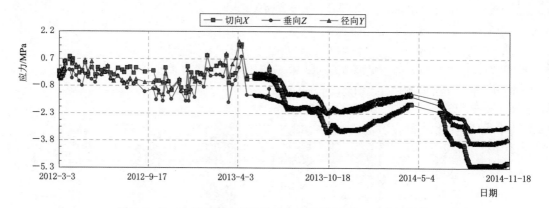

图 7.3 - 6 21 号坝段拱座坝趾五向应变计组 S_{21-3}^5 应力过程线

1839.00m 左右，坝趾应力整体保持平稳，变化量较小。蓄水结束至当前，垂向压应力最大增量为 0.51MPa（4 号坝段）。

（4）第四阶段蓄水期间，河床坝段坝趾垂向压应力随库水位上升继续增大；垂向压力最大增量为 0.38MPa（21 号坝段）；水位由 1839.30m 蓄水至 1880.00m 正常蓄水位，垂向压应力最大增量为 1MPa（21 号坝段）。截至 2014 年 11 月 3 日，4 号、5 号、9 号、17 号、19 号和 21 号坝段拱座建基面坝趾垂向压应力分别为 -3.26MPa、-2.11MPa、-4.29MPa、-2.78MPa、-2.71MPa 和 3.12MPa；坝趾径、切向总体处于受压状态。

综上所述，坝基垂向应力总体处于受压状态，沿坝轴线方向，由河床向两岸坝段，压应力逐渐减小；蓄水期间，随着库水位上升，坝踵垂向压应力逐渐减小，坝趾处增大。径、切向压应力总体呈增大变化趋势，其中切向应力受蓄水影响较大；随着库水位的下降，坝踵垂向压应力增大，坝趾垂向压应力减小，坝基径切向压应力减小。首次蓄水至 1880.00m 高水位运行期间，建基面垂向压应力变化平稳，变化量较小。

7.3.2 坝体正应力

图 7.3 - 7～图 7.3 - 9 分别为典型高程拱圈垂向应力分布图（2014 年 11 月 3 日），图 7.3 - 10 和图 7.3 - 11 分别为大坝上、下游侧实测垂向应力分布图，由图分析可对各阶段

坝体正应力有如下认识。

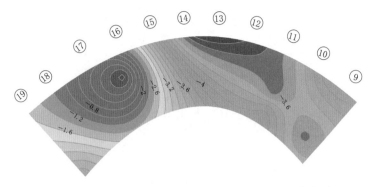

图 7.3-7 1648.40m 高程拱圈实测垂向应力分布图（单位：MPa）

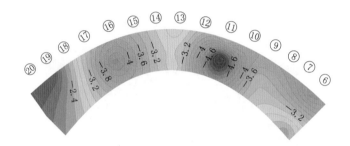

图 7.3-8 1720.40m 高程拱圈实测垂向应力分布图（单位：MPa）

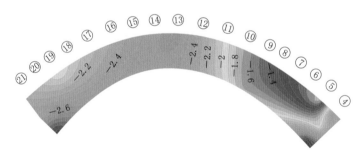

图 7.3-9 1765.40m 高程拱圈实测垂向应力分布图（单位：MPa）

（1）施工期和第一阶段蓄水，坝体总体处于受压状态，随着库水位上升，坝体径切向压应力总体呈增大变化趋势，坝体上游侧垂向压应力逐渐减小，下游侧垂向压应力逐渐增大。

（2）第二阶段蓄水，随着上游水位升高，水推力作用增大，坝体径向应力整体呈压应力增大趋势，变化量为 $-0.47 \sim -1.76$MPa；上游水位的升高引起拱坝的拱作用增大，导致切向应力整体呈压应力增大趋势，变化量为 $-0.09 \sim -0.58$MPa；而上游水位引起的弯矩作用导致上游侧垂向应力整体呈压应力减小趋势，变化量为 $0.41 \sim 0.81$MPa，下游侧垂向应力整体呈压应力增大趋势，变化量为 $-0.05 \sim -1.87$MPa。

（3）第三阶段蓄水，坝体上游侧垂向压应力减小量最大为 0.42MPa（6 号坝段

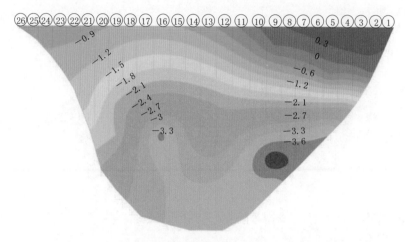

图 7.3－10 大坝上游侧实测垂向应力分布图（单位：MPa）

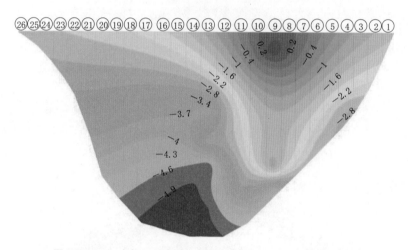

图 7.3－11 大坝下游侧实测垂向应力分布图（单位：MPa）

1720.40m 高程）；中部垂向压应力增加量最大为 0.49MPa（16 号坝段 1648.40m 高程）；下游侧垂向压应力增加量最大为 0.82MPa（19 号坝段 1648.40m 高程）。坝体径向和切向应力呈压应力增大趋势，变化量为－0.04～0.41MPa。

（4）第四阶段蓄水，坝体上游侧垂向压应力减小量最大为 0.68MPa（9 号坝段 1648.40m 高程）；中部整体呈现减小趋势，中部垂向压应力减小量最大为 0.96MPa（16 号坝段 1648.40m 高程）；下游侧垂向压应力增加量最大为 1.05MPa（19 号坝段 1648.40m 高程）。达到 1880.00m 水位后，坝体变形主要受温度荷载及时效的影响，并且坝体处于应力调整期，随着时间延长，上游侧垂向压应力均有所增加，最大增加量为 0.45MPa（9 号坝段 1648.40m 高程）；中部垂向压应力基本保持不变；下游侧垂向压应力有所减小，最大减小量为 0.46MPa（11 号坝段 1648.40m 高程），但是整体变化不大。坝体径向和切向应力呈压应力增大趋势，变化量为－0.04～－0.36MPa。

综上所述，锦屏一级特高拱坝应力变化规律和分布均符合一般拱坝受力机制。库水位上升期间，随着上游水位升高，水推力作用增大，引起拱坝的拱作用增大，导致径向应力整体呈压应力增大趋势；而上游水位引起的弯矩作用和扬压力增大，导致上游侧垂向应力整体呈压应力减小趋势，下游侧垂向应力整体呈压应力增大趋势。岸坡高高程坝段底部（如2号坝段）拱向作用大于梁向作用，径向应力和切向应力受库水位的影响明显大于垂向应力；河床坝段底部梁向作用大于拱向作用，垂向应力受库水位的影响明显大于径向应力和切向应力。

7.4 初期运行期拱坝应力分析

自2014年蓄至正常蓄水位至2020年6月，锦屏一级特高拱坝取得了大量的实测应力成果，下面统计分析低温高水位、高温低水位拱坝应力监测成果。

7.4.1 坝踵正应力

图7.4-1~图7.4-3为左岸4号、5号、8号坝段和右岸12号、21号和23号坝段初期运行期坝踵正应力过程线（图例符号含义以 S_{i-1}^5 为例进行说明，S表示应变计组，5表示五向，i 表示所在坝段，1表示坝踵），由图分析可得到如下认识。

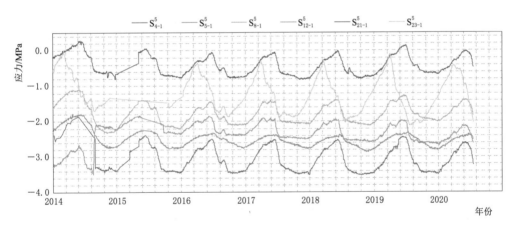

图 7.4-1 拱座坝踵切向应力过程线

（1）初期运行期，坝踵径向、切向和垂向正应力变化主要受库水位和温度变化的影响，呈明显的年周期性变化规律。由于测点布置在不同部位，各部位受力条件和地质条件不同，从左岸到右岸拱座应力量值差异明显，左岸坝踵径向、切向和垂向压应力总体上要比右岸大，且受外荷载变化的影响更为显著。

（2）从随时间变化规律来看，拱坝初期运行期每年上半年随着库水位降低至死水位1800.00m，拱坝拱圈的拱向受力效应逐渐减弱，坝踵切向和径向压应力逐渐降低、垂向压应力逐渐增大。这里需指出，由于库水位下降约80m，故温度升高使得拱向效应增强的影响弱于库水位降低拱向效应减弱的影响；下半年库水位由1800.00m左右上升至1880.00m期间，随着库水位升高，拱坝拱向效应逐渐增强，使得坝踵切向和径向压应力

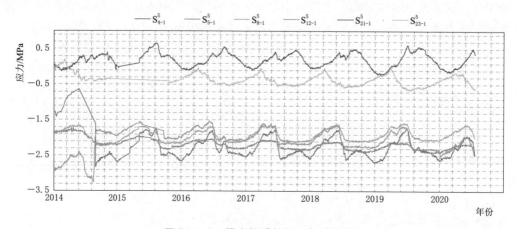

图 7.4 - 2　拱座坝踵径向应力过程线

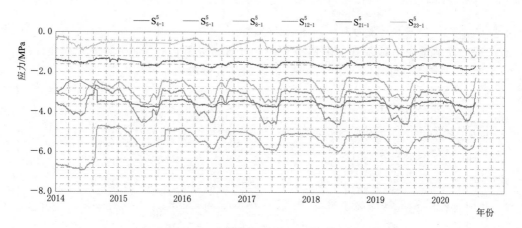

图 7.4 - 3　拱座坝踵垂向应力过程线

逐渐增加、垂向压应力逐渐减小，该时期（约 6—9 月）的气温变化引起的拱向效应较小；每年下半年水库高水位运行期间，坝踵应力变化较平稳，主要受温度变化影响，随着温度逐渐降低，拱座坝踵压应力有一定减小，减小量均在 0.2MPa 以内。

（3）坝踵垂向最小压应力发生在高水位和低温时，而最大压应力发生在低水位和高温时，初期运行期以来的垂向最大压应力为 -8.59MPa，切向最大压应力为 -3.54MPa，径向最大压应力为 -3.26MPa。

坝踵径向、切向和垂向正应力的上述变化过程符合拱坝在库水位和温度变化作用下的一般规律，其中温度变化的影响具有一定滞后效应，这其中也包含混凝土徐变和基岩蠕变的一定影响效应。总体上，坝踵应力变化规律稳定，且未发现明显的突跳和趋势性异常变化，表明初期运行期以来的坝踵应力性态正常。

7.4.2　坝趾正应力

图 7.4 - 4～图 7.4 - 9 为左岸 2 号、4 号、5 号和 8 号坝段，右岸 14 号、17 号、19

号、21 号、22 号和 23 号坝段初期运行期坝趾正应力过程线（图例符号含义以 S_{i-j}^5 为例进行说明，S 表示应变计组，5 表示五向，i 表示所在坝段，j 表示坝趾），由图分析可得到如下认识。

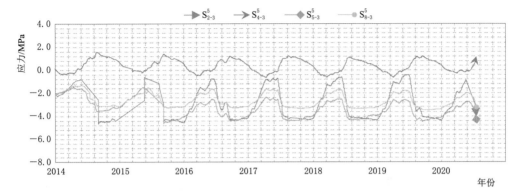

图 7.4-4 左岸拱座坝趾切向应力过程线

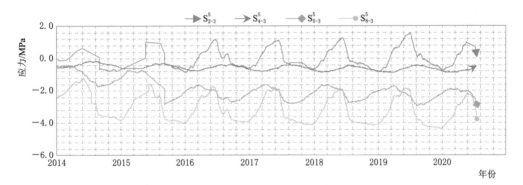

图 7.4-5 左岸拱座坝趾径向应力过程线

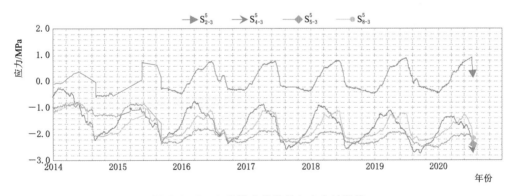

图 7.4-6 左岸拱座坝趾垂向应力过程线

（1）初期运行期，坝趾径向、切向和垂向正应力测值变化主要受库水位和温度变化的影响，呈明显的年周期性变化规律，相比于坝踵应力变化过程，坝趾径向、切向和垂向压应力受气温变化影响更为显著，也即是坝趾应力的温度分量占比要比坝踵的偏大一些，而

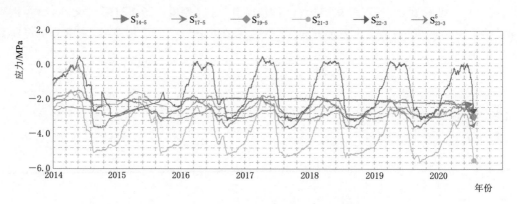

图 7.4－7 右岸拱座坝趾切向应力过程线

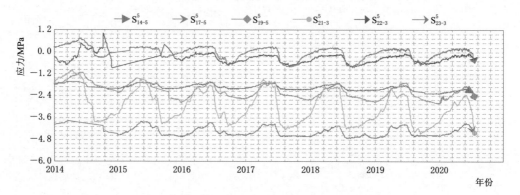

图 7.4－8 右岸拱座坝趾径向应力过程线

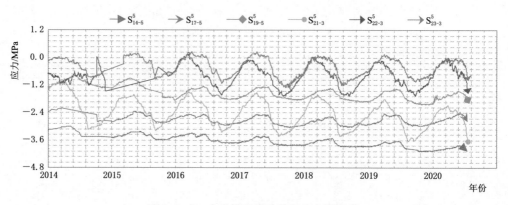

图 7.4－9 右岸拱座坝趾垂向应力过程线

且与坝踵左岸压应力偏大相反，右岸拱座坝趾的压应力总体上偏大，反映了锦屏一级特高拱坝受力的不对称性，这与拱坝结构体形不对称，左、右岸地形地质条件不对称等均有关。

（2）从随时间变化规律来看，初期运行期每年上半年随着库水位降低和气温升高，拱坝拱圈的拱向受力效应逐渐减弱，坝趾切向、径向和垂向压应力均逐渐减小。每年 5—6

月水库处于 1800.00m 低水位运行期间，由于气温变化影响的滞后性，拱座坝趾切向、径向和垂向压应力仍逐渐减小，不同部位的滞后时间有一定差异。库水位由 1800.00m 左右上升至 1880.00m 期间，随着库水位升高，拱坝拱圈的拱向受力效应逐渐增强，使得拱座坝踵切向、径向和垂向压应力逐渐增加。每年下半年水库高水位运行期间，水库水位变化的影响不明显，主要受气温影响，不同部位的坝趾压应力变化规律不同，河床部位垂向和径向压应力变化稳定或略有增加，两岸坝趾垂向压应力均呈减小趋势；左岸坝段坝趾切向压应力变化稳定，右岸坝段坝趾切向压应力均呈减小趋势。

（3）坝趾垂向最大压应力发生在高水位和低温时，最小压应力发生在低水位和高温时，初期运行期以来的垂向最大压应力为 -4.08MPa，切向最大压应力为 -5.56MPa，径向最大压应力为 -4.73MPa。

综上所述，坝趾径向、切向和垂向正应力变化符合拱坝在库水位和气温作用下的一般规律，其中气温变化的影响相比坝踵水温变化的影响更为显著，且滞后效应更加明显，同时坝趾应力也包含混凝土徐变和基岩蠕变的一定影响效应。总体上，坝趾应力变化规律稳定，且未发现明显的突跳和趋势性异常变化，表明初期运行期以来的拱座坝趾应力性态正常。

7.4.3 坝体正应力

1. 坝体

（1）初期运行期，坝体总体处于受压状态，随着库水位上升，坝体径向、切向压应力总体呈增大趋势，坝体上游侧垂向压应力逐渐减小，下游侧垂向压应力逐渐增大。坝体各高程应力随库水位和温度，呈年周期性变化。

（2）从随时间变化规律来看，初期运行期每年上半年随着库水位降低和气温升高，拱坝拱圈的拱向受力效应逐渐减弱，坝体各部位切向、径向和垂向压应力均逐渐减小。每年 5—6 月水库处于 1800.00m 低水位运行期间，由于气温变化影响的滞后性，坝趾切向、径向和垂向压应力仍逐渐减小，不同部位的滞后时间有一定差异。库水位由 1800.00m 左右上升至 1880.00m 期间，随着库水位升高，拱坝的拱向受力效应逐渐增强，使得坝体各部位切向、径向和垂向压应力逐渐增加。每年下半年水库高水位运行期间，水库水位变化的影响不明显，主要受气温影响，不同部位的压应力变化规律不同。

（3）在低水位高温日（2019 年 6 月 12 日，1800.95m，21.0℃），坝体上游面垂向应力分布见图 7.4-10，左岸坝体靠上游侧 1810.40m 高程处往上开始出现拉应力，最大值为 1.439MPa；靠下游侧 1810.40m 高程处往上仍存在拉应力，较靠上游侧有所减小，最大值为 1.325MPa。

（4）在高水位低温日（2019 年 12 月 26 日，1879.66m，4.2℃），坝体上游面垂向应力分布见图 7.4-11，由于拱坝的拱向受力效应逐渐增强，整体应力相较低水位高温日明显减小。左岸坝体靠上游侧 1810.40m 高程处往上拉应力区较低水位日时明显减小，最大值为 1.265MPa，但在右岸弱约束区 1762.40m 高程处出现最大值为 0.361MPa 的拉应力；靠下游侧 1810.40m 高程处往上仍存在拉应力，较低水位日有明显减小，最大值为 0.048MPa；需要注意的是，20 号坝段靠下游侧 1810.40m 高程处产生较大拉应力，最大值为 2.76MPa。

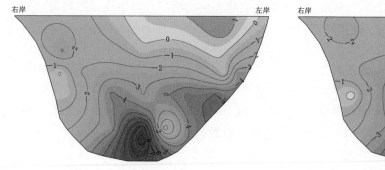

图 7.4 - 10　坝体上游面垂向应力
分布图（2019 年 6 月 12 日）

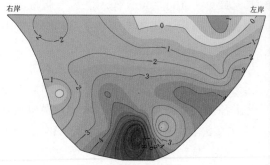

图 7.4 - 11　坝体上游面垂向应力
分布图（2019 年 12 月 26 日）

坝体径向、切向和垂向正应力的上述变化符合拱坝在库水位和气温变化作用下的一般规律。总体上，坝体应力变化规律稳定，且未发现明显的突跳和趋势性异常变化，表明初期运行期以来的坝体应力性态正常。

2. 13 号坝段（图 7.4 - 12）

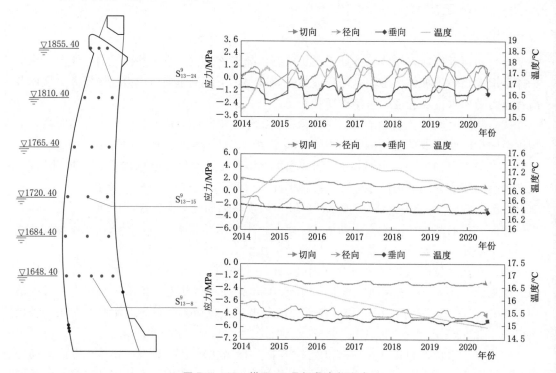

图 7.4 - 12　拱冠 13 号坝段中部应力

（1）上游侧各高程测点各向应力均表现出明显的随上游水位、温度变化的年周期性变化规律。除邻近基岩的 S^5_{13-6} 测点外，其余测点的切向、垂向应力常年处于受压状态，因测点高程不同，压应力的最小值与最大值出现的月份也各不相同。邻近基岩的 S^5_{13-6} 测点，切向应力在每年 3—6 月间，间歇性地出现最大量值约为 0.4MPa 的拉应力，垂向应力常年处于受拉状态，最大量值约为 0.4MPa。

（2）坝体中部各高程测点各向应力均表现出明显的随上游水位变化的年周期性变化规律。其中，除邻近基岩的 S_{13-8}^5 测点外，其余测点切向应力常年处于受压状态，因测点高程不同，压应力的最小值与最大值出现的月份也各不相同；除 S_{13-12}^5 测点外，各测点垂向应力常年处于受压状态，因测点高程不同，压应力的最小值与最大值出现的月份也各不相同。S_{13-12}^5 测点的垂向应力在每年 3—8 月间，出现最大量值约为 0.9MPa 的拉应力，其余时间处于受压状态。邻近基岩的 S_{13-8}^5 测点，切向应力在每年 3—8 月间，出现最大量值约为 1.2MPa 的拉应力，其余时间处于受压状态。

（3）下游侧各高程测点各向应力均表现出明显的随上游水位、温度变化的年周期性变化规律。各测点切向应力均常年处于受压状态，因测点高程不同，压应力的最小值与最大值出现的月份也各不相同。除邻近基岩的 S_{13-10}^5 测点和 S_{13-13}^5 测点外，其余测点的垂向应力常年处于受压状态，因测点高程不同，压应力的最小值与最大值出现的月份也各不相同。邻近基岩的 S_{13-10}^5 测点，垂向应力在每年 3—6 月间，间歇性地出现最大量值约为 0.6MPa 的拉应力，其余时间处于受压状态。S_{13-13}^5 测点，垂向应力在每年 3—6 月间，间歇性地出现最大量值约为 0.5MPa 的拉应力，其余时间处于受压状态。

7.4.4 主应力

1. 上游侧主应力

上游坝面第一主应力过程线见图 7.4-13 和图 7.4-14（图例符号含义以 S_{i-j}^5 为例进行说明，S 表示应变计组，5 表示五向，i 表示所在坝段，j 为仪器编号）。可以看出：坝体上游坝面第一主应力总体为负，表明坝体处于受压状态，其变化主要受库水位和温度变化影响，呈明显的年周期性变化规律；坝体上游坝面第一主应力受库水位变化的影响显著，每年上半年随着库水位降低，上游坝面第一主应力逐渐降低；每年库水位由 1800.00m 左右上升至 1880.00m 期间，随着库水位升高，上游坝面第一主应力逐渐增加；每年水库低水位 1800.00m 和高水位 1880.00m 高水位运行期间，水库上游水位变化平稳，上游坝面第一主应力主要受温度变化影响，该影响具有一定滞后效应。坝体上游侧第一主应力的极大值一般发生在高水位和低温时，而极小值一般发生在低水位和高温时。

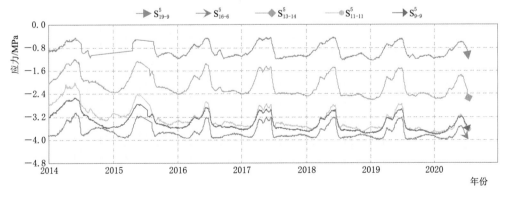

图 7.4-13　1720.40m 高程上游侧第一主应力过程线

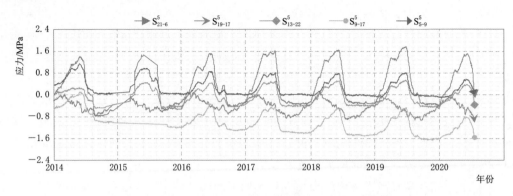

图 7.4 - 14　1810.40m 高程上游侧第一主应力过程线

分别选取低水位高温（2019 年 6 月 12 日）和高水位低温（2019 年 12 月 26 日）两种运行环境下的坝面主应力计算结果绘制大坝上游坝面和下游坝面主应力分布图（图 7.4 - 15 和图 7.4 - 16），可以看出：坝体第一主应力从低高程到高高程逐渐减小，左、右岸主应力分布具有不对称性。

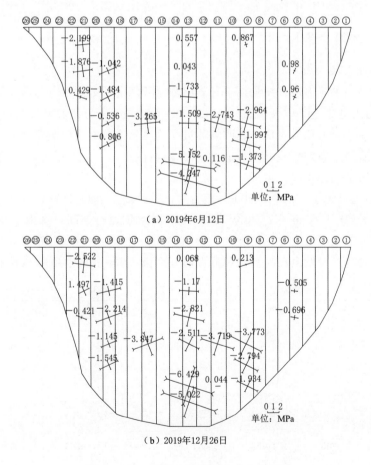

（a）2019年6月12日

（b）2019年12月26日

图 7.4 - 15　大坝上游坝面主应力分布图

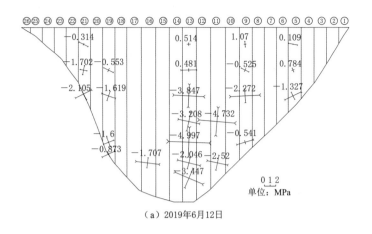

（a）2019年6月12日

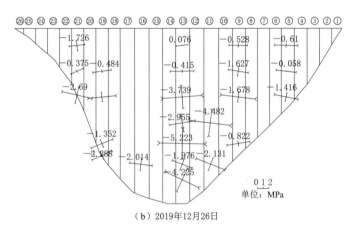

（b）2019年12月26日

图 7.4－16　大坝下游坝面主应力分布图

2. 下游侧主应力

大坝下游侧第一、第二主应力过程线分别见图 7.4－17 和图 7.4－18（图例符号含义以 S^5_{i-j} 为例进行说明，S 表示应变计组，5 表示五向，i 表示所在坝段，j 表示仪器编号）。

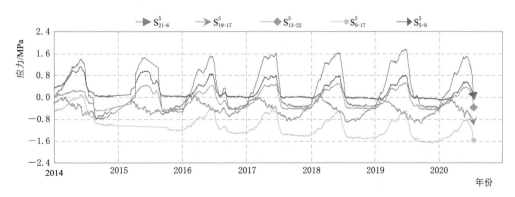

图 7.4－17　1810.40m 高程下游侧第一主应力过程线

下游坝面第一主应力总体处于受压状态，其变化主要受库水位和温度变化影响，呈明显的年周期性变化规律；坝体下游坝面第一主应力受库水位变化的影响显著，每年上半年随着库水位降低，下游坝面第一主应力逐渐降低；每年库水位由1800.00m左右上升至1880.00m期间，随着库水位升高，下游坝面第一主应力逐渐增加；每年水库低水位1800.00m和高水位1880.00m高水位运行期间，水库下游水位变化平稳，下游坝面第一主应力主要受温度变化影响，且温度变化的影响具有一定滞后效应。坝体下游侧第一主应力的极大值一般发生在高水位和低温时，而极小值一般发生在低水位和高温时。

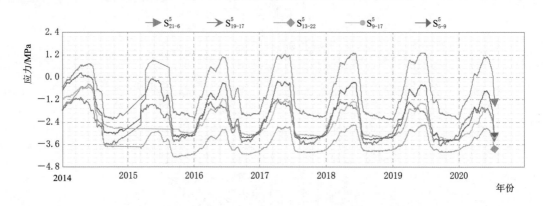

图 7.4-18   1810.40m 高程下游侧第二主应力过程线

根据低水位高温（2019年6月12日，1800.95m，21.0℃）和高水位低温（2019年12月26日，1879.66m，4.2℃）两种运行环境下的坝面主应力计算结果绘制大坝下游坝面主应力分布图（图7.4-19和图7.4-20），可以看出：下游坝面和上游坝面主应力分布规律类似，坝体第一主应力从低高程到高高程逐渐减小，左、右岸主应力分布具有不对称性。

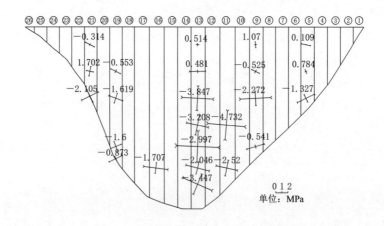

图 7.4-19   大坝下游坝面主应力分布图（2019年6月12日）

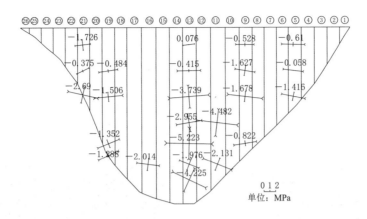

单位：MPa

图 7.4-20 大坝下游坝面主应力分布图 (2019 年 12 月 26 日)

7.5 有限元应力仿真计算

锦屏一级特高拱坝应力采用精细小尺度三维有限元模型进行仿真计算。模型向坝体上、下游分别延伸 1.5 倍和 2 倍坝高，向坝体底部延伸 1.5 倍坝高，向坝体上部延伸到 2240.00m 高程；向坝体左、右两侧分别延伸 1.5 倍坝高，较精确地反映了坝体上、下游 1 倍坝高范围内河床及山体的地形地貌。锦屏一级大坝开展三维有限元应力计算复核时，其大坝和坝基材料的变形参数采用初始参数（表 7.5-1）。

表 7.5-1   仿真计算主要材料参数表

材料分区	部 位	初始弹模/GPa	泊松比
坝体混凝土 A 区	大坝	24.00	0.167
坝体混凝土 B 区	大坝	23.50	0.167
坝体混凝土 C 区	大坝	23.00	0.167
Ⅱ岩体	两岸坝肩	26.00	0.2
Ⅲ₁岩体	左岸	11.05	0.25
Ⅲ₂岩体	两岸坝肩	6.50	0.275
Ⅲ₂岩体	河床下部	10.00	0.275
置换混凝土	垫座	21.00	0.167

选取 1 月和 8 月分别代表的低温、高温高水位拱坝运行工况，分析拱坝受力性态。温度荷载采用大坝温度场的分析成果，即采用准稳定状态温度场，减去对应时段封拱温度，得到温度荷载，计入大坝温度回升产生的残余应力。上述工况所计算的大坝应力成果见表 7.5-2 和图 7.5-1～图 7.5-4，并获得以下认识。

表 7.5 - 2   大 坝 应 力 成 果 表

大坝应力		低温高水位（1月）	高温高水位（8月）
上游坝面	最大主拉应力/MPa	2.0（1710.00m 右坝踵）	1.5（1710.00m 右坝踵）
	最大主压应力/MPa	−6.58（1750.00m 拱冠梁偏左）	−7.78（1750.00m 拱冠梁偏左）
下游坝面	最大主拉应力/MPa	0.55（上部高程）	0.1（上部高程）
	最大主压应力/MPa	−11.0（1630.00m 左拱端）	−11.0（1630.00m 左拱端）

注 拉应力为正，压应力为负。

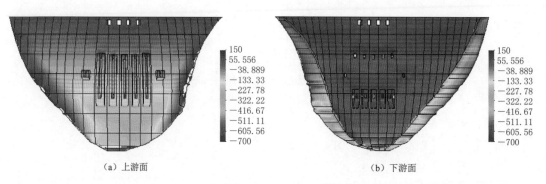

（a）上游面   （b）下游面

图 7.5 - 1   1月坝体第一主应力云图（单位：0.01MPa）

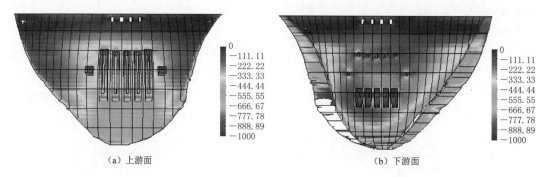

（a）上游面   （b）下游面

图 7.5 - 2   1月坝体第三主应力云图（单位：0.01MPa）

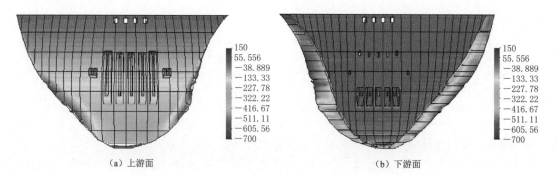

（a）上游面   （b）下游面

图 7.5 - 3   8月坝体第一主应力云图（单位：0.01MPa）

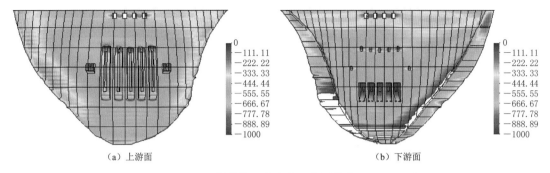

|（a）上游面 | （b）下游面 |

图 7.5-4　8 月坝体第三主应力云图（单位：0.01MPa）

（1）主拉应力。上游坝面总体受压，主拉应力多分布于建基面附近，由于角缘集中的影响，1 月与 8 月的最大主拉应力分别约 2.0MPa、1.5MPa，均位于高程 1810.00m 右坝踵附近；下游坝面冬季出现拉应力，量值均不超过 0.55MPa，夏季为 0.1MPa 拉应力。

（2）主压应力。坝体总体受压状态，上游坝面的高压应力区位于坝面中部，1 月和 8 月的最大压应力值分别为 -6.58MPa 和 -7.78MPa，均位于 1750m 拱冠梁偏左的坝面中部。下游坝面高应力位于建基面附近，1 月和 8 月的最大压应力值分别为 -11.0MPa 和 -11.0MPa，位于高程 1630.00m 左拱端。

（3）该计算采用反馈参数，计算得到短期工作性态，强度参数按照施工蓄水期强度考虑，则大坝拉应力小于混凝土抗拉强度 2.7～3.2MPa，同时除应力集中点外，压应力也小于混凝土抗压强度，结构是安全的；但计算成果显示上游面和上、下游面冬季会存在一定的拉应力，值得长期关注。

7.6　实测应力成果探讨

采用拱梁分载法、有限元法进行拱坝应力计算分析，确定坝体混凝土抗压、抗拉强度控制标准。拱梁分载法的主压应力小于 9.09MPa，主拉应力小于 1.20MPa；目前多个高拱坝测到了超过 10MPa 的压应力，超过了拱梁分载法的压应力控制标准。有限元法所得的坝踵存在 1.5MPa 以内的拉应力；但高拱坝坝踵部位未监测到垂向的拉应力，垂向均表现为受压状态。

7.6.1　实测应力安全性认识

应力控制标准是拱坝设计中的一个关键性指标，它直接关系到坝体方量的大小和拱坝的安全性。目前多个高拱坝均测到了超过 10MPa 的压应力，下面尝试探讨大坝混凝土实测压应力评价标准。

1. 拱梁分载法和有限元法计算的应力

设计阶段采用拱梁分载法、有限元等效应力法进行大坝应力计算分析，采用的混凝土弹性模量（24.0GPa）、自生体积变形、线膨胀系数（0.85×10^{-5}/℃）等参数，与混凝土实际参数存在差异。按《混凝土拱坝设计规范》（DL/T 5346—2006）和《水工建筑物抗震设计规范》（DL 5073—2000）取用的分项系数计算出的拱坝应力控制指标汇总见表 7.6-1。

表 7.6-1　　　　　　　　坝体抗压、抗拉强度控制标准

项　目		混凝土强度等级		
		$C_{180}30$	$C_{180}35$	$C_{180}40$
主压应力/MPa	拱梁分载法	6.82	7.95	9.09
	有限元法	8.52	9.94	11.36
主拉应力/MPa	拱梁分载法	1.20	1.20	1.20
	有限元法	1.50	1.50	1.50

2. 混凝土强度

各强度等级大坝混凝土抗压强度试验结果见表 7.6-2。以锦屏一级特高拱坝混凝土强度等级 $C_{180}40$ 为例，根据大坝混凝土现场试验成果得到 $C_{180}40$ 混凝土 180d 的抗压强度为 41.9MPa；根据《混凝土拱坝设计规范》（DL/T 5346—2006），考虑结构分项系数 $\gamma_d = 2.0$ 后，混凝土容许抗压强度为 41.9MPa /2=20.95MPa。

表 7.6-2　　　　　　各强度等级大坝混凝土抗压强度试验结果

强度等级	编号	水胶比	全级配抗压强度/MPa				
			7d	28d	90d	180d	365d
$C_{180}40$	J40	0.37	22.0	32.9	37.6	41.9	—
$C_{180}35$	J35	0.41	17.4	26.4	34.5	37.6	38.6
$C_{180}30$	J30	0.47	12.0	24.3	31.3	34.8	—

3. 应变计组的换算应力

锦屏一级特高拱坝应变计组实测应力，采用了现场大坝混凝土全级配试验成果，主要参数包括弹性模量、徐变参数、自生体积变形、线膨胀系数等。利用应变计组实测应变换算得到的坝踵垂向最大压应力为 8.59MPa、切向最大压应力为 3.54MPa、径向最大压应力为 3.26MPa；坝趾垂向最大压应力为 4.08MPa，切向最大压应力为 5.56MPa，径向最大压应力为 4.73MPa。由此可见，实测应力与设计应力值存在差异。

一般工程经验认为，某类方法和相应标准构成一个自封闭体系。基于规范的拱坝设计方法和设计标准是一个自封闭体系，基于试验测量的计算方法与能力也构成一个自封闭体系，两者之间不能直接横向比较，需要进行参数换算。混凝土实测应力与计算应力最大的不同是怎样考虑混凝土徐变的影响。计算应力是采用变形参数打折法，不考虑时间因素；实测应变计换算是采用徐变试验数据逐步减除法，考虑了时间因素；两者之间差异较大。

综合以上比较分析，实测应力评价时，宜采用同批次混凝土试件的实测强度进行评价，这样更接近真实应力。

7.6.2　关于坝踵应力的讨论

采用拱梁分载法和有限元法计算得到的坝踵应力一般会存在拉应力，而工程中实测监

测成果得到的坝踵应力基本表现为压应力，二者存在较大差异。为便于对比分析，统计了二滩、小湾、锦屏一级、溪洛渡、大岗山5座拱坝拱冠梁坝基实测应力（表7.6-3），各拱坝拱冠梁坝踵实测应力均为压应力，库水位上升期间，压应力呈减小变化，但各拱坝坝踵均处于受压状态。

表7.6-3   特高拱坝工程拱冠梁坝基实测应力统计

工程名称	建基面高程/m	仪器安装部位			实测应力/MPa		
		部位	高程/m	位置	导流底孔下闸前	首次蓄至正常水位	蓄水前后应力变化
二滩水电站	965.00	坝踵	973.00	距上游面3m	−8.40	−8.20	0.20
		坝趾	973.00	距下游面3m	−4.85	−6.12	−1.27
小湾水电站	950.00	坝踵	956.00	距上游面3m	−8.05	−5.89	2.16
		坝趾	956.00	距下游面3m	−3.00	−3.59	−0.59
锦屏一级水电站	1640.00（9号坝段）	坝踵	1648.00	距上游面4m	−3.84	−3.10	0.74
		坝趾	1648.00	距下游面3m	−2.10	−4.46	−2.36
溪洛渡水电站	324.50	坝踵	334.00	距上游面4m	−3.89	−3.26	0.63
		坝趾	334.00	距下游面3m	−4.59	−5.14	−0.55
大岗山水电站	925.00	坝踵	928.00	距上游面4m	−3.20	−2.85	0.35
		坝趾	928.00	距下游面3m	−1.24	−1.68	−0.44

注 负值表示受压，正值表示受拉。

工程实践表明，蓄水前，坝体自重产生的坝踵压应力达到较大的数值。如果是坝体浇筑到顶才开始蓄水，则坝踵压应力可能达到最大值，特高坝蓄水前的最大值与坝基承受自重压力基本相当。首次蓄水至正常水位期间，坝踵应力会随着水位升高持续降低。

如果按两个加载过程分别考察坝踵压应力，则实测应力表现为：蓄水前，特高坝自重荷载主要垂直作用在地基上，岩石地基的压缩量达到10～20mm，梁向作用明显；蓄水期间，水荷载由拱梁联合承受，水平拱向承受的荷载较显著，由于拱坝的超静定结构特性，直接抵消自重产生的坝踵垂向压应力。另外，坝基岩体裂隙的压缩、坝基混凝土温度回升对坝踵压应力也有较大的贡献。

坝基岩体特性、有限元网格划分、温度荷载、荷载加载过程、坝基岩体变形等因素对拱坝应力仿真模拟计算结果会有一定影响，一般情况下影响幅度均不大，但坝基岩体裂隙、坝基渗流场、坝基混凝土温度回升对坝踵应力影响较大。同时，实测应力代表的是拱坝混凝土的点应力，计算应力是连续弹性体的应力，二者客观上存在差异。如果模拟自重、水荷载、温度荷载等加载历程，同时考虑不同阶段"坝体-坝基"的变形特点，与实测应力的规律和大小相互印证，则可以进一步分析大坝真实的应力状态。

第 8 章

坝肩边坡及谷幅变形监测分析

工程蓄水后，库水上升引起近坝区域内的水文地质条件发生较大的改变，坝体、坝基在水荷载、温度荷载等因素的作用下，其应力状态和变形特征将随之发生适应性调整，坝体自身的水荷载效应、温度场效应和徐变效应也需要动态调整。水电站工程蓄水后调整周期一般为 3～5 年，但对特高拱坝而言，其适应调整周期更长，可能为 8～10 年，并且调整幅度更大。岸坡调整的主要表现之一就是谷幅变形。类似特高拱坝监测成果表明，蓄水后坝址上下游谷幅持续收缩，且大坝变形测值偏小，其变化规律超出了工程经验和一般认识，锦屏一级水电站工程也有类似现象存在。如何认识和评价特高拱坝在谷幅收缩下的结构安全，是一个既重要又复杂的问题。

锦屏一级特高拱坝坝基及抗力体工程地质条件极为复杂，坝址区发育的软弱结构面以断层为主，产状以走向 NE—NNE、倾向 SE 为主，左岸坝基岩性由大理岩及砂岩、粉砂质板岩组成，右岸坝基为大理岩。坝肩岩体受地质构造作用影响强烈，左岸发育 f_5、f_8、f_2 断层、煌斑岩脉和深卸荷岩体，右岸发育 f_{14}、f_{13} 断层及斜穿河床坝基的 f_{18} 断层及煌斑岩脉等。左岸坝肩边坡受特定构造和岩性影响，卸荷十分强烈，卸荷深度较大，谷坡中下部大理岩卸荷水平深度达 150～200m，中上部砂板岩卸荷水平深度达 200～300m，顺河方向分布长度达 500m，复杂地质条件会带来边坡的长期时效变形。因此，本章利用边坡表面变形、深部变形、谷幅变形监测数据，分析坝肩边坡和谷幅变形时空特征，评价坝肩边坡的稳定性及其对工程的影响。

8.1 坝肩边坡概况

8.1.1 工程地质条件

锦屏一级特高拱坝坝址位于普斯罗沟与道班沟间 1.5km 长的河段上，河流流向约 N25°E，河道顺直而狭窄，坝区两岸山体雄厚，谷坡陡峻，基岩裸露，相对高差千余米，为典型的深切 V 形谷。岩层走向与河流流向基本一致，左岸为反向坡、右岸为顺向坡。地貌上右岸呈陡缓相间的台阶状，普斯罗沟与 I 勘探线之间高程 1810.00m 以下坡度为70°～90°，以上约 40°，I 勘探线与手爬沟之间坡度为 40°～50°，右岸坝轴线上游为深切的普斯罗沟，高程 1900.00m 以上河谷较开阔，以下沟壁近直立，坡高 160～300m。左岸无大的深切冲沟，高程 1820.00～1900.00m 以下大理岩出露段，地形完整，坡度为 55°～70°，以上砂板岩出露段坡度 35°～45°，地形完整性较差，呈山梁与浅沟相间的微地貌特征。

左岸边坡地层岩性为杂谷脑组第三段砂板岩，从高到低依次为第 5 层薄层状粉砂质板岩，第 4 层厚—巨厚层状变质砂岩夹板岩，第 3 层粉砂质板岩夹变质砂岩；第 2 层厚—巨厚层状变质砂岩夹板岩。煌斑岩脉自上而下斜向贯穿开挖边坡，总体产状 N60°～80°E/SE∠70°～90°，岩脉宽约 1.5～3m；左岸边坡其他软弱结构面主要有 f_2、f_5、f_8、f_{42-9} 断层及层间错动带等。边坡卸荷作用强烈，高高程砂板岩，强卸荷下限水平埋深一般为 50～90m，弱卸荷下限水平埋深一般为 100～160 m，深卸荷下限水平埋深一般为 200～300m，高程 1960.00m 以上岩层普遍倾倒拉裂变形，浅表部岩体倾倒变形强烈。边坡岩体中存在倾倒、拉裂、卸荷、松动等变形现象，且发育深度较大，存在倾倒变形体剪切滑移、块体滑移、楔形状破坏等变形破坏模式。

右岸边坡地层岩性主要为杂谷脑组第二段第 6 层薄—中厚层深灰色条带状大理岩，层面裂隙发育，沿绿片岩夹层发育有挤压错动带，分布在开挖边坡大部；第 5 层厚层块状大理岩层面裂隙不发育，主要分布在上游段高程 1885.00～1910.00m 之间。岩层总体产状 N20°～50°E/NW∠20°～45°，局部坡段岩层走向、倾角变化大，反映岩层在走向、倾向上均起伏大。右岸边坡软弱结构面主要有 f_{13}、f_{14}、f_{18} 断层及层间错动带等。边坡岩体总体上以微新岩体为主。弱—强风化岩体较少，风化主要沿断层破碎带及影响带、绿片岩夹层、NWW 向导水（溶蚀）裂隙带发育成风化夹层。右岸边坡主要结构面总体倾向坡内，无大的不利组合，开挖坡整体稳定性较好。

8.1.2 开挖布置与加固措施

1. 左岸坝肩边坡

左岸坝肩边坡开口线高程 2110.00m，边坡底部高程 1580.00m，开挖坡高 530m。左岸坝肩边坡分为 4 个部分，即坝顶高程 1885.00m 以上开挖边坡、拱肩槽上游边坡、拱肩槽下游边坡、拱肩槽槽坡。其中高程 1885.00m 以上采用 1∶0.5 的开挖坡比，每 30m 高度设置一级马道；高程 1885.00m 以下采用的开挖坡比为 1∶0.2～1∶0.45，每 15m 高度设置一级马道。

针对左岸坝肩边坡的整体稳定、岩体破碎等工程问题，采用了多种支护措施来确保边坡的稳定，主要工程处理措施如下：

（1）边坡防渗及排水系统。采用坡面挂网喷混凝土封闭、马道找平混凝土封闭、局部区域贴坡混凝土面板封闭防渗，采用周边截水沟、坡面排水沟坡面排水孔、深部地下山体排水洞排水。

（2）断层 f_{42-9} 抗剪洞加固。顺断层 f_{42-9} 走向在高程 1883.00m、1860.00m 及 1834.00m 布置抗剪洞，断面尺寸为 9m×10m，对断层进行置换处理，增加结构面抗剪作用。

（3）坡面浅表层加固。主要包括坡面系统锚杆、马道锁口锚杆和锚杆束，岩体破碎部位采用混凝土框格梁。

（4）坡面预应力锚索深层加固。根据坡面所处部位以及对左岸拱肩槽及缆机平台变形拉裂体的加固作用，在整个左岸拱肩槽边坡坡面采用预应力锚索加固，锚索为 1000kN、2000kN、3000kN 级单孔多锚头无粘结锚索，长度 30～80m。

2. 右岸坝肩边坡

右岸坝肩边坡开口线高程 2035.00m，底部高程 1580.00m，开挖坡高 455m。右岸坝肩边坡分为 5 个部分，即坝顶高程 1885.00m 以上开挖边坡、拱肩槽上游边坡、拱肩槽槽坡、拱肩槽下游边坡、进水口边坡。其中高程 1885.00m 以上采用 1∶0.3～1∶0.75 的开挖坡比，设置三级马道；高程 1885.00m 以下拱肩槽上游边坡采用 1∶0.35～1∶0.5 的开挖坡比，每 30m 高度设置一级马道；高程 1885.00m 以下拱肩槽槽坡未设置马道，其开挖坡比根据拱坝基本体形确定；高程 1885.00m 以下拱肩槽下游边坡采用 1：0.16～1：1.11 的开挖坡比，每 30m 高度设置一级马道；进水口边坡采用 1：0.2～1：0.5 的开挖坡比，每 300m 高度设置一级马道。

右岸坝肩边坡采取以预应力锚索加固和边坡防渗、排水为主的有效控制手段，保持和提高边坡岩体强度，保证边坡的整体稳定；对边坡表层松动岩体、潜在不稳定块体，采取以喷混凝土、锚杆及预应力锚索为主的支护措施。主要工程处理措施如下：

（1）边坡防渗及排水系统。主要包括坡面挂网喷混凝土、马道找平混凝土、坡面排水孔等。通过坡面喷混凝土，尽可能防止或减少地表水入渗；通过坡面排水孔尽可能疏排喷混凝土层后边坡裂隙渗水。

（2）坡面浅表层加固。采用系统锚杆和马道锁口锚杆。

（3）坡面预应力锚索深层加固。主要限制边坡层间挤压带及卸荷裂隙的扩展，改善边坡岩体应力状态、变形条件及稳定性。

8.2　左岸坝肩边坡变形

8.2.1　边坡分区

左坝肩边坡上部为倾倒变形体，表现为长期持续的重力倾倒变形，尚未收敛；下部边坡以 f_{42-9} 断层为边界，拱肩槽上游开挖边坡位于 f_{42-9} 断层上盘，是深部裂缝的影响区，卸荷裂隙发育，表现为缓慢的长期变形；拱坝坝肩边坡位于 f_{42-9} 断层下盘岩体，基本稳定。边坡不同区域地质结构特征、变形特征差异较大，需要根据边坡地质条件和变形特征进行分区，以便分析边坡不同区域的变形特点和分区评价边坡稳定性，及其对拱坝影响程度。

1. 分区原则

（1）以地质结构为边界的基础性分区原则。地质结构一方面是边坡物质组成基础，另一方面也是坡体结构复杂化的切割条件，同时部分主控性的结构面也是一些变形部位差异性响应的分异边界。因而，应首先考虑地质结构的分区特征对变形及稳定性评价的主导性影响。

根据地质结构、构造因素上的整体性分区，一般而言，对开挖区主要考虑一定规模的软弱结构面、自然变形边界和岩性软硬分界面等地质界面。而对自然坡体以上部分，从可操作性来讲，则主要考虑地质结构因素的类推和边界外延原则来圈定分区。

（2）变形响应规律的一致性分区原则。变形响应规律的一致性往往是变形内在机理统一性的一种反映。这反映了边坡变形响应的影响因素相同，也是不同力学性质的变形单元划分的标志之一。

（3）工程荷载作用等力学响应的联系性分区原则。由于边坡在工程建设中经历了各种复杂的改造活动，主要有开挖卸载、支护处理、浇筑加载、蓄水加载及动态变化等方面；近坝边坡各部位相应的变形调整过程和响应范围也有所不同。这些卸载、加载改造活动的影响和联系也是分区研究中考虑的重要方面。

（4）与工程结构安全的相关性分区原则。考虑边坡规模和位置差异对结构稳定性影响因素及要求的不同，应区别对待拱肩槽的上游、坝肩（抗力体主体）、下游甚至水垫塘等各部位边坡的变形响应评价。尤其是坝肩抗力体部位的变形稳定性以及与大坝共同运行的工作状态是影响整个枢纽工程安全的关键，正确认识其变形规律、机制和态势在评价工程边坡和大坝安全的稳定性方面有着举足轻重的作用。因此，在边坡分区时必须考虑与工程结构安全的相关性。

2. 分区的边界条件

根据上述原则，各分区的边界主要从岩性介质、结构面分割、变形规律、工程部位来综合考虑和拟定。

首先，从岩性介质条件以及工程边坡面貌来看，性质差异最为明显的是大理岩和砂板岩的分界。这一最主要的边界往往在涉及更整体性的边坡变形机理分析时，其控制性地位十分突出，不过在坝头边坡主体部分涉及较少。但是由于大理岩区大部分在库水位以下，目前分区的主体部分还是针对砂板岩区。

其次，地质结构的主控性边界，主要有规模比较大的较高级次的切割边界，以及自然倾倒变形的底界。这些界面主要有 f_{42-9}、f_5、f_{LIII-1} 断层带和煌斑岩脉等，至于在某些能形成潜在块体的部位，还考虑将推测的深部裂缝出露地表的迹线作为分割边界，它在变形分区中控制作用较弱，可作为次级边界。

第三，在归并变形区域的划分时，考虑变形响应规律的一致性既是分区原则，也是确定合理边界的依据，具有一致性响应规律的测点范围归并为同一区域。尽管如此，在某些地质边界附近，或者在前述归并区域的外围或边界处的测点归属哪一区域的问题，有时受变形规律的非典型性影响，不易直观鉴定。所以，这时的边界条件应综合变形部位和作用机理的影响因素来考虑。

最后，考虑工程部位因素进一步分区。有的以相对边界结合地质边界同时考虑，比如拱肩槽上游、下游和坝肩抗力体部位等；有的直接以自然冲沟等形貌及相应的桩号加以界定，比如雾化区边坡与坝头边坡的分界等。

3. 边坡分区

通过上述分区原则和边界条件界定原则，左岸坝肩边坡划分为 6 个变形区域（图 8.2-1），各区包括的范围如下：

（1）1区：高位倾倒变形区，指高程 1990.00m 以上开口线附近及以上的自然边坡。

（2）2区：上游山梁 f_5 和 f_8 断层残留体变形区，主要指高程 1960.00m 以下、f_5 断层外侧的上游开挖边界附近区域。

（3）3区：拱肩槽上游开挖边坡，位于 f_5 断层和 f_{42-9} 断层开挖揭示边界范围内，与"大块体"的地表边界基本一致。

（4）4区：拱肩槽边坡，指高程 1960.00m 以下 f_{42-9} 断层下盘拱肩槽边坡。

（5）5区：拱坝抗力体边坡，该区指拱坝至桩号"坝 0+280"（抗力体排水洞洞口附近）范围内边坡。

（6）6区：水垫塘雾化区边坡，指桩号"坝 0+280"附近的自然冲沟往下游的水垫塘边坡。

从上述所划分的几个区的空间分布关系来看，有"1区盖顶、2区贴面、3区主变、4区承载、5区抗力"的组合特点：1区属于高位的自然边坡盖顶；2区类似边坡外部的岩体挡墙贴面；3区为拱肩槽上游"大块体"主变形区；4区为拱肩槽，是拱坝推力承载主体，也与大坝安全关系最紧密；5区为拱坝抗力体边坡。

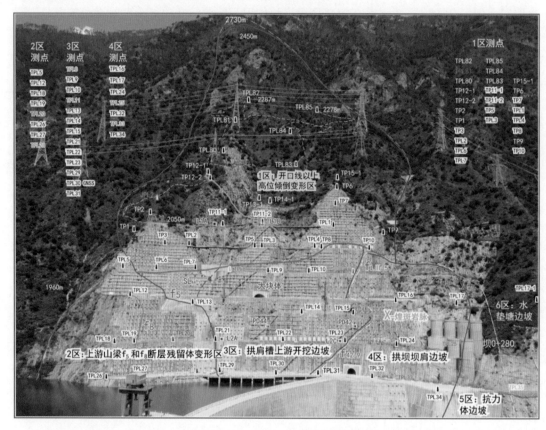

图 8.2-1 左岸坝肩边坡变形分区

8.2.2 边坡变形特征

1. 表面变形

坝址处河流方向近 NS 向，左坝肩边坡开挖体型在水平截面上变化较大，坝顶高程边坡走向 NE20°~NE30°，考虑监测与反馈分析成果的连续性，沿用监测成果位移角度的规定：临空向即"E—W 向"，以指向河床为正；垂直临空向即"N—S 向"，顺河流指向下游为正，垂直向（H 向）以下沉为正，反之为负。左岸坝肩边坡各分区表面变形均以指向临空面的水平位移为主，但各分区变形特征有所不同，左岸坝肩边坡各分区表面变形见表 8.2-1 和图 8.2-2 及图 8.2-3。

（1）1区变形量较大，表现为长期持续的变形，受蓄水影响不明显。E—W 向最大累计位移 205.0mm，平均累计位移 174.0mm，E—W 向平均位移速率约 0.60mm/月，变形尚未收敛。

（2）2区受蓄水影响明显，库水位上升引起岩体有效应力降低和岩体软化，边坡岩体处于调整期，位移过程线呈波动状，水位上升期变形速率较大，水位平稳期，变形速率较小，水位下降期测点向临空面位移减小。E—W向最大累积位移72.3mm，边坡开挖完成后至蓄水前E—W向位移速率为0.40mm/月，蓄水后位移速率明显增大，为0.97mm/月，2017年后速率有所减缓，2017—2020年间E—W向平均位移速率为0.38mm/月。该区变形趋于收敛，仍处于调整期。

（3）3区受蓄水影响，边坡岩体处于调整期，E—W向最大累积位移91.2mm，边坡开挖完成后至蓄水前E—W向位移速率为0.52mm/月，蓄水后位移速率明显增大，为0.67mm/月，2017年后速率有所减缓，2017—2020年间E—W向平均位移速率为0.42mm/月。该区变形趋于收敛，仍处于调整期。

（4）4区受蓄水影响不明显，主要是边坡开挖后的变形，E—W向最大累积位移35.2mm，2014年之后变形明显趋缓，基本收敛，边坡处于稳定状态。2017—2020年间E—W向平均位移速率为0.18mm/月。

（5）5区和6区变形量值较小，E—W向最大累计位移6.5mm，蓄水对边坡变形的影响不明显，变形已收敛，边坡处于稳定状态。

综上所述，开口线以上高位倾倒变形区变形尚未收敛；上游山梁f_5和f_8断层残留体变形区和拱肩槽上游开挖边坡仍处于变形调整期，变形速率有减小趋势；拱肩槽边坡、拱坝抗力体边坡和水垫塘雾化区边坡处于稳定状态。

表 8.2 - 1 　　　　　　　　　　　左岸边坡各分区变形统计表

分区	累计位移/mm			各阶段 E—W 向位移速率/(mm/月)							
	N—S	E—W	H	开挖期	开挖完成至蓄水前	首蓄期	第二个蓄水周期	第三个蓄水周期	第四个蓄水周期	第五个蓄水周期	第六个蓄水周期
1 区	−75.2	174.0	89.8	1.63	1.11	0.75	1.04	0.59	0.64	0.58	0.56
2 区	−26.0	64.8	−18.7	1.20	0.40	0.97	0.85	0.55	0.52	0.14	0.47
3 区	−36.7	73.5	17.9	1.00	0.52	0.67	0.64	0.57	0.52	0.17	0.56
4 区	−12.8	34.4	−7.1		0.47	0.61	0.20	0.33	0.52	0.17	0.20
5 区	−0.8	5.3	0.5			0.27	0.12	0.09	0.02	0.00	0.24
6 区	0.3	3.5	−2.1			0.12	0.11	0.11	0.01	0.00	0.18

2. 深部变形

（1）3区拱肩槽上游开挖边坡。拱坝上游开挖区PD44勘探平洞、PD42勘探平洞和1915.00m高程排水洞内布置石墨杆收敛计监测深部变形，PD44监测深度198m，PD42监测深度251m，1915.00m高程排水洞监测深度97m。各平洞位置见图8.2-1。拱坝上游开挖区深部变形过程线见图8.2-4。

PD44石墨杆收敛计位移时间过程可以划分为4个阶段，开挖期位移速率较大，约2.0mm/月，开挖完成后至蓄水前，位移速率较开挖期明显减小，约0.3mm/月；蓄水后，在首蓄期和初期运行期内速率稍有增大，约0.5mm/月；在之后的运行期位移速率又有所减小，约0.3mm/月，变形趋于收敛，总位移量87.0mm，其中72～180m段位移量

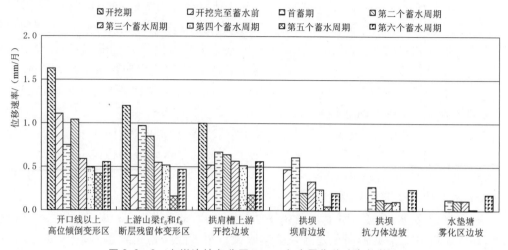

图 8.2-2　左岸边坡各分区 E—W 向水平位移速率柱状图

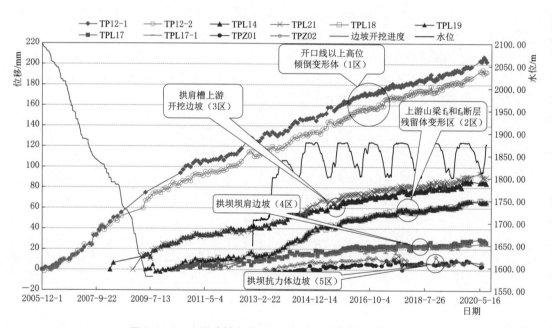

图 8.2-3　左岸边坡各分区 E—W 向典型测点位移过程线

81mm，蓄水以来的总位移量 35mm，其中 72～180m 段位移量 31mm，该段发育煌斑岩脉、f_{42-9} 断层及深部裂隙。

PD42 石墨杆收敛计位移时间过程同样可以划分为 4 个阶段，开挖期位移速率较大，约 1mm/月；开挖完成后蓄水前，位移速率较开挖期明显减小，约 0.3mm/月；蓄水后，在首蓄期和初期运行期内速率稍有增大，约 0.5mm/月；在之后的运行期位移速率又有所减小，约 0.3mm/月，变形趋于收敛，测得总位移量 52mm，其中 5～49m 段位移量 34mm，该段发育煌斑岩脉、f_{42-9} 断层，蓄水以来的总位移量 28mm，其中 5～49m 段位移量 23mm。

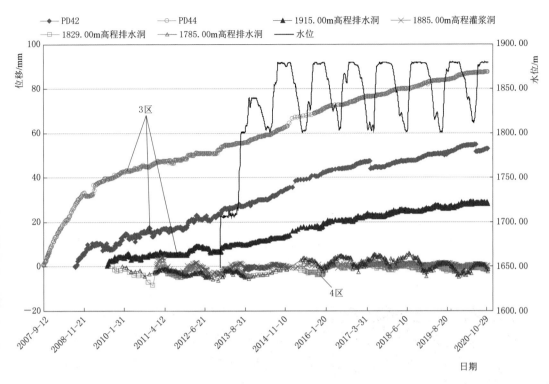

图 8.2－4　左岸边坡深部变形过程线

　　1915.00m 高程排水洞石墨杆收敛计安装时间相对较晚，未捕捉到开挖期变形，位移时间过程可以划分为 3 个阶段，开挖完成后至蓄水前，位移速率约 0.1mm/月；蓄水后，在首蓄期和初期运行期内速率稍有增大，约 0.4mm/月；在之后的运行期位移速率又有所减小，约 0.2mm/月，变形趋于收敛，测得总位移量 29mm，其中 9～39m 段位移量 28mm，蓄水以来的总位移量 22mm，其中 9～39m 段位移量 21mm，该段发育煌斑岩脉、f_{42-9}。

　　(2) 4 区拱肩槽边坡。左岸 1885.00m 高程帷幕灌浆平洞、左岸 1829.00m 高程坝基排水洞、左岸 1785.00m 高程坝基排水洞沿洞轴线各布置一套石墨杆收敛计监测坝基深部变形，监测深度分别为 245m，275m，330m。三套石墨杆收敛计的位移过程线见图 8.2－4。

　　监测成果表明，深部变形微小，最大值为 0.91mm。2013 年 10 月前，温度过程线和位移过程线呈现相似的年周期变化规律，但变化相位并不一致。推测该部位石墨杆收敛计呈周期性波动是受温度的影响，温度对岩体变形的影响有滞后性。2013 年 10 月之后，1885.00m 高程拱向荷载较小，变形已经稳定。1829.00m 高程、1785.00m 高程变形受水位影响基本呈弹性变形，水位降低拱向荷载减小，呈现微小的拉伸趋势，水位升高拱向荷载增大，呈现微小压缩趋势。

　　3. 变形总体特征

　　左岸坝肩边坡地表和深部变形监测成果表明，拱肩槽边坡、拱坝抗力体边坡这两个与拱坝工作性态直接相关的边坡区域处于稳定状态;左岸边坡开口线以上高位倾倒变形区变形尚未收敛,上游山梁 f_5 和 f_8 断层残留体变形区和拱肩槽上游开挖边坡仍处于变形调整期,但其对拱坝影响较小;下游水垫塘雾化区边坡处于稳定状态。

8.3 右岸坝肩边坡变形

右岸坝肩边坡表面变形测点布置见图 8.3-1,根据 8.2.1 条中的分区原则,右岸坝肩边坡可分为 4 个区,1 区为进水口边坡,布置测点 TP5、TP6 和 TP7;2 区为拱肩槽上游开挖边坡,布置测点 TP9;3 区为拱肩槽边坡,布置测点 TP2、TP11 和 TP12;4 区为拱肩槽下游开挖边坡,布置测点 TP1、TP14、TP15、TP16、TP17 和 TP18。

右岸坝肩边坡向临空面的位移过程线见图 8.3-2,表面变形以指向临空面的水平位移为主。右岸坝肩边坡各分区变形规律类似,变形主要发生在开挖施工期,开挖结束和支护措施实施后变形已收敛,边坡处于稳定状态。右岸坝肩边坡总体变形量值较小,进水口边坡(1 区)最大累计位移 78mm,拱肩槽边坡(3 区)最大累计位移 27.8mm。

图 8.3-1 右岸坝肩边坡变形测点布置示意图

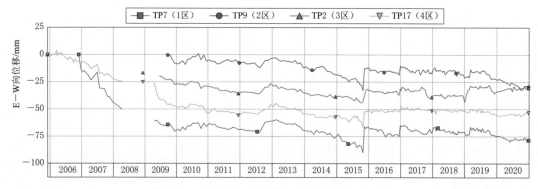

图 8.3-2 右岸坝肩边坡向临空面位移过程线

8.4　谷幅变形

8.4.1　测线布置

　　谷幅变形反映拱坝两岸边坡的相对变形,利用坝区边坡的勘探平洞、排水洞等布置观测墩,进行谷幅和平洞内测距监测,平洞洞口布置一个观测墩用于跨江谷幅监测,平洞内布置若干观测墩进行洞内测距监测,两者结合布置可以了解谷幅变形总量及边坡变形沿深度的分布情况。

　　坝区共布置 11 条谷幅测线,详细布置情况见表 8.4 - 1 和图 8.4 - 1。其中,PDJ1～TPL19 谷幅测线位于边坡 2 区上游山梁 f_5 和 f_8 断层残留体变形区,TP11～PD44 测线和 PD21～PD42 测线位于边坡 3 区拱肩槽上游开挖边坡,其他测线位于 5 区拱坝抗力体边坡。

表 8.4 - 1　　　　　　　　　　　　谷幅测线布置情况

谷幅测线	高程/m	所在边坡分区	左岸监测深度/m	右岸监测深度/m
PDJ1～TPL19	1915.00	2 区		60
TP11～PD44	1930.00	3 区	200	
PD21～PD42	1930.00	3 区	93	180
1829 - 1	1829.00	5 区		
1829 - 2	1829.00	5 区		
1785 - 1	1785.00	5 区		
1785 - 2	1785.00	5 区		
1730 - 1	1730.00	5 区		
1730 - 2	1730.00	5 区		
1670 - 1	1670.00	5 区		
1670 - 2	1670.00	5 区		

8.4.2　拱坝坝肩上游边坡谷幅

1. 变形过程分析

　　拱坝上游开挖区布置 3 条谷幅测线,PDJ1～TPL19 谷幅测线高程为 1915.00m,位于边坡 2 区,右岸 PDJ1 洞内布置一个测段,监测深度约 60m,左岸无延伸测段;TP11～PD44 谷幅测线高程为 1930.00m,位于边坡 3 区,左岸 PD44 洞内布置四个测段,监测深度约 200m,右岸无延伸测段;PD21～PD42 谷幅测线高程为 1930.00m,位于边坡 3 区,右岸 PD21 洞内布置两个测段,监测深度 180m;左岸 PD42 洞内在主洞布置一个测段,监测深度约 93m。

　　拱坝上游开挖区谷幅测线位移过程线见图 8.4 - 2。谷幅呈收缩位移,PD21～PD42 谷幅测线从 2007 年 5 月开始观测,截至 2020 年 10 月,累计收缩量 127mm;其余两条谷幅

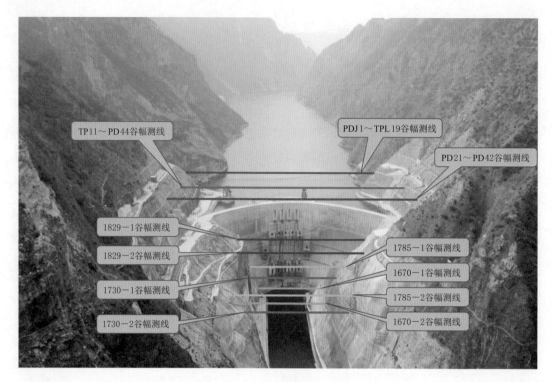

图 8.4－1　谷幅测线布置示意图

测线从 2008 年 10 月开始观测，未测得大部分开挖期的位移，累计收缩量分别约 94mm 和 68mm。

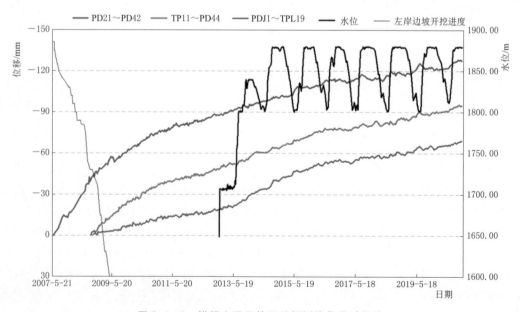

图 8.4－2　拱坝上游开挖区谷幅测线位移过程线

从图 8.4-3 来看，谷幅变形与库水位相关性不明显。位于 3 区的 2 条谷幅测线规律相似，可分为 4 个变形过程：开挖期位移速率较大，约 2mm/月；开挖完成后至蓄水前，位移速率较开挖期明显减小，约 0.6mm/月；蓄水后，前 3 年受蓄水影响，位移速率约 0.7mm/月；之后运行期的位移速率又有所减小，约 0.3mm/月。位于 2 区的 PDJ1～TPL19 谷幅测线情况有些不同，首蓄期和初期运行期内，位移速率较前后两个阶段大，反映蓄水对 f_5、f_8 断层开挖残留外侧岩体变形的影响较大。

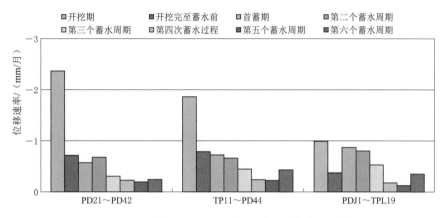

图 8.4-3 拱坝上游 3 条谷幅测线各阶段变形速率

对拱坝上游开挖区 3 条谷幅线开展蓄水期同时段位移比较，其位移过程线见图 8.4-4。蓄水以来，拱坝上游开挖区谷幅测线收缩位移 41～50mm，位于 2 区的 PDJ1～TPL19 谷幅测线位移量值最大，TP11～PD44 谷幅测线次之，PD21～PD42 谷幅测线最小，位移

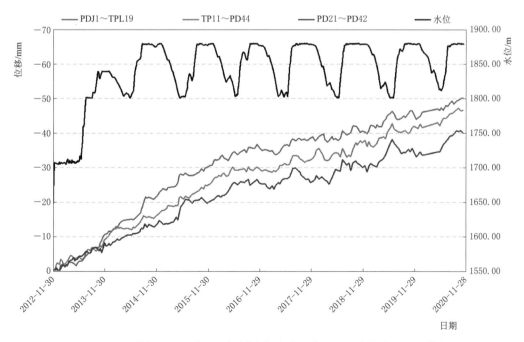

图 8.4-4 拱坝上游开挖区谷幅测线位移过程线（以开始蓄水为时间基准）

量值呈现从上游至下游依次减小的分布特点。蓄水后拱坝上游开挖区谷幅变形可划分为两个阶段，即蓄水后前3年和蓄水后4~6年，两个阶段的位移速率不同。在蓄水后前3年，位移速率较大，其中位于2区的PDJ1~TPL19谷幅测线最大，约0.73mm/月，位于3区的2条谷幅测线分别为0.61mm/月和0.52mm/月；在蓄水后4~6年，3条谷幅测线位移速率相当，约0.3mm/月。

2. 变形分布分析

图8.4-5给出了PDJ1~TPL19谷幅测线谷幅跨江收缩量（图中图例名称简化为"跨江段"）、左岸观测墩TPL19采用大地测量方法观测的边坡表面变形（图中图例名称简化为"TPL19"）、右岸PDJ1洞内采用测距观测墩的位移过程线（图中图例名称简化为"右岸0~60m"），PDJ1~TPL19谷幅测线跨江收缩量约等于左岸TPL19的位移，右岸位移量较小。TP11~PD44谷幅测线和PD21~PD42谷幅测线同样有类似的规律；TP11~PD44谷幅测线的跨江收缩量约等于左岸PD44洞内测距墩观测的位移量，PD21~PD42谷幅测线的跨江收缩量也约等于左岸PD42洞内测距墩观测的位移量。总体上，右岸边坡变形量值较小，谷幅变形量约等于左岸边坡的变形量，拱坝上游谷幅变形量是左岸边坡的变形量。

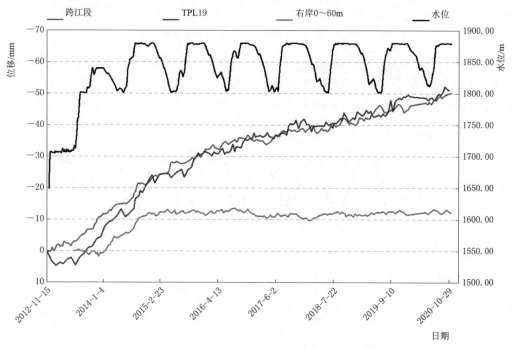

图8.4-5 PDJ1~TPL19谷幅测线位移分解

在PD44洞内布置石墨杆收敛计进行深部变形监测，其变形分布见图8.4-6。监测深度202m范围内总位移量87mm，其中8~72m段位移量5mm，72~180m段位移量81mm，180~202m段位移量1mm，左岸坝肩边坡变形主要发生在煌斑岩脉、f_{42-9}断层及深部裂隙发育的洞段。

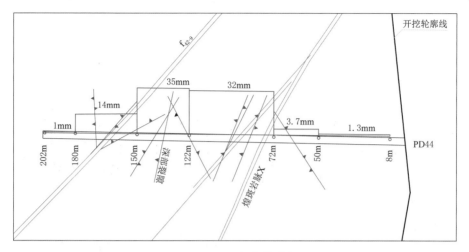

图 8.4-6　PD44 石墨杆收敛计变形分布图

8.4.3　拱坝下游边坡谷幅

抗力体区分 4 层布置 8 条谷幅测线，分别为高程 1829.00m、高程 1785.00m、高程 1730.00m、高程 1670.00m，每个高程 2 条谷幅测线。

抗力体区谷幅测线位移过程线见图 8.4-7。下游谷幅总体呈收缩位移，1829.00m 高程谷幅起测时间相对较早，累计位移量约 60mm，位移过程线呈收敛状，表明谷幅变形主要发生在开挖完至蓄水前，期间位移变化量 46mm，蓄水以来位移量约 4mm，位移已趋于收敛。

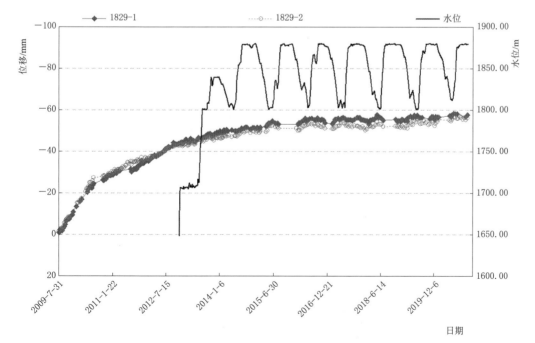

图 8.4-7　抗力体区谷幅测线位移过程线

以开始蓄水作为时间基准作位移过程线，见图 8.4-8。受蓄水影响，蓄水后头 3 年谷幅变形速率约 0.2mm/月，之后变形趋缓，位移过程线随水位和温度变化呈周期性波动。抗力体区谷幅测线蓄水以来位移量约 7~14mm，明显小于拱坝上游开挖区，各谷幅位移曲线均趋于收敛，表明抗力体边坡处于稳定状态。

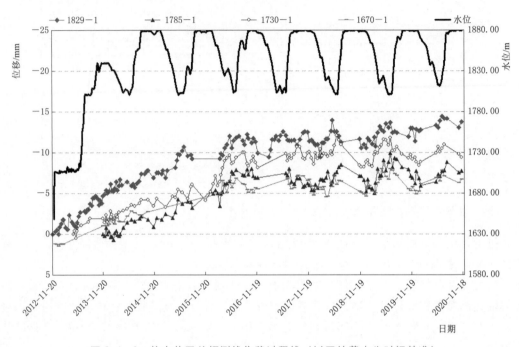

图 8.4-8 抗力体区谷幅测线位移过程线（以开始蓄水为时间基准）

8.5 坝肩边坡变形综合评价

以地质边界、变形及力学响应、与工程结构安全的相关性等为分区原则，左岸坝肩边坡可以分为 6 个分区，右岸坝肩边坡可以分为 4 个分区。左岸坝肩边坡高位倾倒变形区（1 区）变形量较大，表现为长期持续的变形，受蓄水影响不明显，变形尚未收敛；上游山梁 f_5 和 f_8 断层残留体变形区（2 区）受蓄水影响明显，蓄水后位移速率较蓄水前明显增大，2017 年后速率有所减缓，变形趋于收敛，仍处于调整期；拱肩槽上游开挖边坡（3 区）受蓄水影响，边坡岩体处于调整期，蓄水后位移速率较蓄水前有所增大，2017年后速率减缓，变形基本收敛；拱肩槽边坡（4 区）受蓄水影响不明显，主要是边坡开挖后的变形，2014 年之后变形明显趋缓，已收敛，边坡处于稳定状态；抗力体边坡（5 区）、水垫塘雾化区边坡（6 区）变形量值较小，蓄水对边坡变形的影响不明显，变形已收敛，边坡处于稳定状态。右岸坝肩边坡变形主要发生在开挖施工期，开挖结束和支护措施实施后变形已收敛，总体变形量值较小，边坡处于稳定状态。

谷幅变形呈收缩状态，主要表现为左岸坝肩边坡的变形。左岸拱肩槽上游开挖边坡（3 区）的 3 条谷幅测线表现为持续收缩，各条谷幅测线在开挖期变形速率较大，之后变形速率有所降低，呈收敛趋势；拱坝抗力体边坡（5区）的8条谷幅测线变形量值较小，变形已收敛。

　　综上所述，左、右岸坝肩边坡变形主要发生在施工期，蓄水对边坡变形有一定影响。对拱坝运行有影响的区域变形已收敛，边坡处于稳定状态。高部倾倒变形区、拱坝坝肩上游边坡变形尚未收敛，需持续关注。

第 9 章

特高拱坝安全监控平台

　　我国建坝数量、建设规模与技术难度均居世界前列，20 世纪 80 年代开始，大坝定期检查发现，许多大坝产生了危害性结构裂缝，严重影响了大坝的强度、结构稳定性和耐久性，易造成水工混凝土结构功能的丧失，甚至可能导致溃坝等给国家和人民生命财产安全造成灾难性损失的事件。与此同时，随着大坝建设的发展，突破现行规范的特高拱坝越来越多。特高拱坝建造环境复杂，大坝不仅要承受水压和温度等各种动、静循环荷载及各种突发性灾害的作用，还要承受来自恶劣环境的冻融、溶蚀、碳化等材料性能劣化组合因素影响，随着时间推移，特高拱坝会出现局部损伤加剧、坝体结构抗力下降，以及面对极端荷载和环境时出现洪水超标、泄洪能力不足、坝体坝基渗流异常等安全问题。因此，对长期运行的大坝进行安全评价和预警是迫切需要解决的重大问题。

　　锦屏一级特高拱坝上游水头 300m，水位变幅 80m，其工程规模宏大、结构复杂，面临着左岸高边坡持续变形、复杂地质条件等诸多特殊服役环境，工程技术指标突破了现行技术规范，且安全监控的重要性和技术难度都超过了国内外所有已建工程。基于工程特点，结合已有的设计、试验和数值模拟的研究成果、监测正反分析评价成果，构建了大坝安全预测与监控体系，开发了具备在线仿真和在线监控的软件平台，从而达到长期预警的目的，以此保障锦屏一级水电站的安全运行。

9.1　平台总体架构

9.1.1　软件架构

　　平台采用基础数据层、应用服务层、数据服务层、平台功能层四层软件架构（图 9.1-1）。

　　（1）基础数据层：根据平台需求，基于数据资源，以监测数据作为平台的基础数据。

　　（2）应用服务层：包括三维网络模型计算、安全预警、安全预警调控、评估报告、计算日志等应用服务。通过数值分析和原位监测等相结合的方法，从静态和动态两大方面，系统深入地研究安全监控预警理论和方法，提出有效信息提取方法，建立预测预警模型。

　　（3）数据服务层：依托数据中心服务器计算资源，根据集成平台数据资源需求，基于现有数据资源及成果数据，开展梳理和统筹规划，按照数据中心有关数据标准和数据交互规则，形成平台所需的数据，并对各类数据进行汇集和治理，形成标准规范数据资源，实现数据资源的集约化管理，通过统一的数据标准接口和数据接口提供数据服务。对基础数据层的监测数据及应用服务层的成果数据按照统一数据标准规范进行集成，包括模型概述、评估报告、安全预警结论、结构仿真计算、测点状态过程线对比、安全预警调控流程、计算日志、三维云图等。

　　（4）平台功能层：依托海量地理信息系统 3D GIS 与精细化 BIM 模型的高效融合技术，建立 GIS＋BIM 底层平台及三维场景数据，将水电站各种 BIM 模型及地形影像统一发布三维场景服务，便于前端应用访问与调用。功能模块分为工程概况、安全监测、模型查看、安全预警、评估报告、安全调控等。

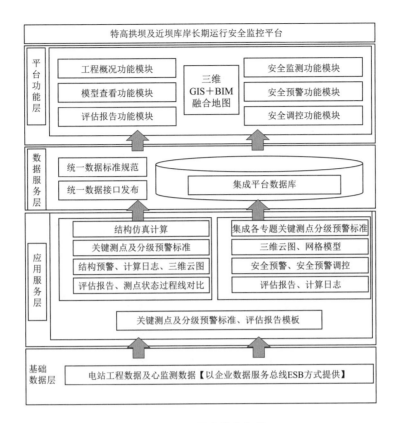

图 9.1-1　平台总体架构

9.1.2　开发关键技术

针对锦屏一级特高拱坝特点，通过数据仓库技术（extract transform load，ETL）工具对原始监测数据进行抽取、清洗、监测数据粗差处理，建立平台的数据仓库，为平台提供数据支撑。平台开发应用以下关键技术：①应用 Prism 技术框架为客户端实现MVVM（model - view - view model）软件设计模式；②基于 OpenGL（即开放性图形库Open Graphics Library）的三维绘图技术实现客户端结构仿真结果的三维绘图；③GIS＋BIM 海量数据融合技术；④ETL 数据集成处理技术；⑤微服务技术；⑥图形报表技术。平台开发技术架构见图 9.1 - 2。

1. 软件设计模式

基于微软.NET Framwork4.5 软件开发平台，引入微软的 Prism 框架来实现 MVVM软件设计模式。该框架通过功能模块化思想，将复杂的业务功能和 UI 软件界面进行分离，通过模块化的软件搭建模式实现高内聚低耦合的特性，实现视图 UI 层、逻辑层及数据层的有效隔离，使得程序模块的可重用性、移植性大大增强。

MVVM 模式是展示-模型模式的变种，它优化了 WPF（windows presentation foundation）的核心特性，例如数据绑定、数据模板、命令以及行为。在 MVVM 模式中，通

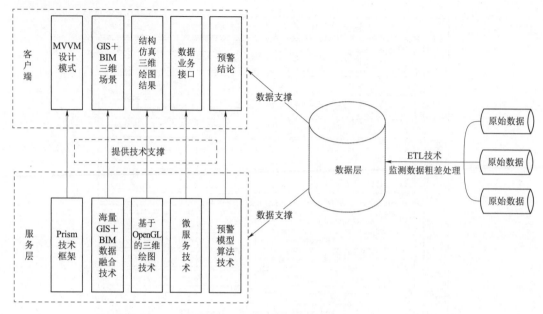

图 9.1-2　平台开发技术架构

过数据绑定以及命令行与视图模型交互，并改变事件通知，视图模型则通过查询观察并协调模型更新，转换，校验以及聚合数据，从而反馈给视图显示。

　　Prism 提供指导，帮助程序开发者更轻松地设计和构建丰富、灵活和易于维护的 WPF 桌面应用程序。通过使用体现重要架构设计原则的设计模式，如关注点分离和松散耦合，Prism 帮助开发者使用松散耦合的组件设计和构建应用程序，这些组件可以独立进化，可以轻松无缝地集成到整个应用程序中。这些类型的应用程序称为复合应用程序。Prism 为开发 WPF 应用程序的软件开发者提供的丰富基础特性，这些应用程序通常具有多个屏幕、丰富的用户交互和数据可视化，并体现了重要的表示和业务逻辑。这些应用程序通常与许多后端系统和服务交互，并且使用分层体系结构，可以跨多个层进行物理部署，使得应用程序在其生命周期中，可根据新的需求及业务快速迭代。

　　2. 基于 OpenGL 的三维绘图技术

　　OpenGL 是一个三维的计算机图形和模型库，是唯一真正开发的、跨平台的图形标准，具有统一的工业标准、可靠度高、可扩展性、可伸缩性、容易使用、灵活性强等特点。OpenGL 独立于硬件，独立于窗口系统，在运行各种操作系统的各种计算机上都可用，并能在网络环境下以客户/服务器模式工作，是专业图形处理、科学计算等高端应用领域的标准图形库。

　　平台使用基于 OpenGL 的三维绘图技术，对结构仿真结果进行三维模型绘图（图 9.1-3），直观真实地反映大坝变形、应力等工作性态。确定性模型具有严格的物理基础，通过反馈分析，可以得到比较准确的变形预测结果，但限于计算能力和计算速度，目前实时监控中应用较少，但随着计算能力和精度的快速提高，基于监测资料的仿真方法能够真实模拟大坝历史过程、运行环境条件及未来无法预见的特殊情况，得到反映真实情况的大坝工作性态，这是制定大坝结构变形控制标准的良好切入点，也符合由单测点模型向多测点时空分布模型的发展趋势。

图 9.1-3　基于 OpenGL 的水电站三维仿真图

3. GIS＋BIM 海量数据融合技术

基于成熟稳定的图形平台，针对流域海量数据构建空间数据库，实现海量 GIS 数据的并行计算与实时绘制，结合 GIS 与 BIM 无缝融合技术将大坝精细 BIM 模型融合在 GIS 场景中，通过场景维护、参数驱动演示、多模式交互实现对空间对象和管理信息进行集成展示、分析应用，及时发现工程异常或安全隐患。图形平台主要包括以下技术：

（1）流域海量数据的并行计算与实时绘制。图形平台承载数据种类多、量大，数据的有序有效管理以及直观展示对图形平台的承载能力、场景管理能力及动态绘制能力提出了极大的挑战。平台采用面向服务的体系结构，根据硬件性能条件能无限量动态加载地形、影像、地图以及工程模型与文档数据，能极好地适应流域海量数据的管理需求。本图形平台需要承载的数据有：

1）空间地理信息数据。枢纽工程范围内 1∶2000 的 DEM 数据和分辨率 0.2m 的 DOM 数据，以及全流域 1∶50000 的 DEM 数据和 2.5m 分辨率卫星遥感影像 DOM 数据。

2）工程三维模型数据。包含已建、在建按照三维模型空间对象分解结构与编码构建的高精度建筑物模型，甚至包含地质结构数据。

3）实时监控数据。包含来源于工程施工期各关键项目的进度、质量、安全监测、测量数据，电力生产过程中反映实时状态和历史过程的传感器数据，以及水文水情、气象、环保、水保相关数据等。

4）业务结构化数据。各业务系统已有的业务基础数据以及分析结果数据，流域开发与工程建设过程中来源于各参建单位与机构的文档、图纸、报告、音频、视频、图像、报表等信息。

（2）GIS 与 BIM 无缝融合技术。基于 Super Map GIS 平台的 BIM 战略以及开放的数据与功能接口能完美兼容 BIM 数据，采用边界拼接技术能实现 GIS 与 BIM 在不同尺度模型之间的无缝融合。具体而言，通过图形引擎模型管理自动搜索，为高精度 BIM 与 GIS 数据建立影响边界，通过平台底层构网技术，以边界为约束对局部进行网格自适应快速重建；地形纹理则根据空间坐标进行映射，使得在边界处完全贴合，BIM 动态更新过程同样以边界为限进行，BIM 数据版本更新对 GIS 数据不产生任何影响，使得两种不同尺度的模型在几何数据及纹理表现上真正实现无缝融合。通过本平台的建设，可以加深对 GIS 和 BIM 结合的理解，并通过底层的自主创新，实现 GIS 与 BIM 深层次的共享融合。

（3）空间数据库技术。空间数据库技术是地理信息系统数据组织的核心技术。空间数据库技术用关系数据库管理系统（RDBMS）来管理空间数据，主要解决存储在关系数据库中的空间数据与应用程序之间的数据接口问题，就是所说的空间数据库引擎（spatial database engine）。本平台采用的是基于面向对象技术的空间数据模型（geodatabase）来存取空间数据。

4. ETL 数据集成处理技术

ETL 是 extract（抽取）、transform（转换）、load（加载）首字母的缩写。ETL 数据集成技术提供包括数据清洗过滤、数据验证、高可靠性等重要特性，主要提供数据抽取、数据转换、数据加载功能。数据抽取即从源数据库抽取目的数据；数据转换即从源数据库获取的数据按照业务需求，转换成目的数据源的形式，对无效或不合理的数据进行清洗和加工；数据加载即将转换后的数据装载到目的数据源。

对 ETL 抽取的监测数据进行全面分析，通过程序自动剔除错误、无效或不合理的数据，进行变形分离工作，得到能够反映坝体弹性特征的变形分量，运行期可取水压变形分量，这是后续反馈、仿真分析和预测预警的基础。经粗差处理的数据通过 Kettle 实现 ETL 数据集成。

5. 微服务技术

为了应对传统软件系统部署成本高、效率低、改动风险大等问题，提高系统的稳定性、可扩展性，降低系统的部署与维护成本，平台开发采用"微服务"架构的理念，按照功能模块将系统拆分成可独立部署和使用的应用服务，这些应用服务解耦部署之后，再统一发布数据服务，向上支撑不同的业务应用。微服务是系统架构上的一种设计风格，主旨是将一个原本独立的系统拆分成多个小型服务，这些小型服务都在各自独立的进程中运行，服务之间通过基于 HTTP/HTTPS 协议的 RESTful API 进行通信协作，也可以通过 RPC 协议进行通信协作。被拆分成的每一个小型服务都围绕着系统中一些耦合度较高的业务功能进行构建,并且每个服务都维护着自身的数据存储、业务开发、自动化测试案例以及独立部署机制。由于有了轻量级的通信协作基础,这些微服务可以使用不同的语言来编写。

微服务不需要像普通服务那样成为一种独立的功能或者独立的资源。微服务可以在"自己的程序"中运行,并通过"轻量级设备与 HTTP 型 API 进行沟通"。通过这一点可以将服务公开与微服务架构(在现有系统中分布一个 API)区分开来。许多服务都被内部独立进程所限制。如果其中任何一个服务需要增加某种功能,就必须缩小进程范围。在微服务架构中,只需要在特定的某种服务中增加所需功能,而不影响整体进程的架构。

微服务具有以下优势:①易于开发和维护;②单个微服务启动较快;③单个微服务代码量较少,启动比较快;④局部修改容易部署;⑤技术栈不受限;⑥可以按需收缩。

6. 图形报表技术

平台有大量的数据汇总、分析、展示需求,同时也有数据可视化、对象可视化、业务可视化的强烈需求,开发过程中将需要大量、各种形式汇总统计的可视化报表,平台采用 WPF 的 WebBrowser+ECharts 来完成复杂的可视化图表展示(图 9.1-4)。WebBrowser 控件是在客户端和 HTML 脚本之间搭建桥梁,发挥在 WPF 托管代码和 HTML 脚本间启用互操作性的作用,并承载在 HTML 文档间导航。ECharts 是一个开源的纯 Javascript 图表库,是功能强大的可视化报表技术,且易于使用。

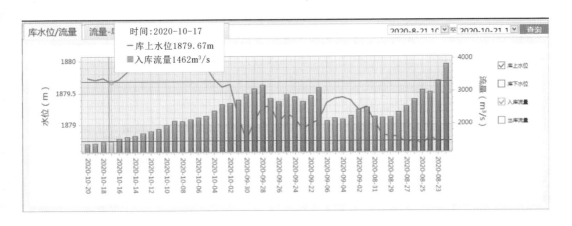

图 9.1-4 可视化图表展示案例——水位流量监测

9.1.3 GIS+BIM 场景

依托海量地理信息系统 3D GIS 与精细化 BIM 模型的高效融合技术,建立 GIS+BIM 底层平台及三维场景数据,并开发了图层管理、典型视点、工程图例、测点图例等三维地图常用工具,搭建特高拱坝坝址区三维地图(图 9.1-5)。

图 9.1-5　三维地图场景（GIS＋BIM）

9.2　安全监控指标

9.2.1　关键监控点

通过工程勘察、设计、施工、运行等资料的系统梳理分析，以及对工程安全监测资料的全面分析，遵照"突出重点、兼顾全面"的基本原则，充分强调问题导向，综合确定重点监控部位和项目、一般监控部位和代表性监控项目，筛选出需要确定监控测点。根据蓄水期计算成果，坝体径向位移最大值发生在 13 号坝段，顾及测点的关联性和整体性，选取 41 个垂线测点为变形监控点，其中坝顶水平拱圈、11 号坝段、13 号坝段和 16 号坝段的 15 个正倒垂测点作为变形关键监控点（图 9.2-1）。根据渗压计测值，采用规范法分析计算排水帷幕后渗压计测点的测值，选取计算水头值较大的 6 个测点作为渗压关键监控点（图 9.2-2）。

9.2.2　监控指标值

特高拱坝安全监控平台需要根据首蓄期和初期运行期监测成果设置安全监控指标，关键监控点监控指标需每年度校核一次。首蓄期监控指标采用本书 4.4 节的跟踪分析和预测成果，运行期采用统计分析模型成果。

1. 变形关键监控点

根据历年变形实测成果，采用统计分析模型，结合各年度可预见的最不利工况，经分析提出特高拱坝径向位移年度运行监控指标，详见表 9.2-1。

监控指标中，指标下限指工程正常运行的高温低水位工况，指标上限指工程正常运行的低温高水位工况。工程正常运行时，对应测点的实测数据应处于指标下限和上限的范围

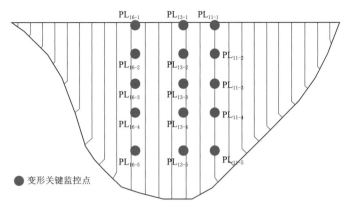

图 9.2-1　变形关键监控点示意图

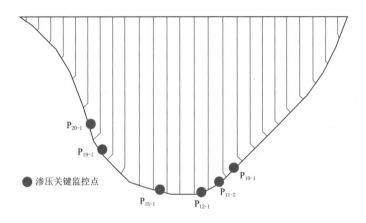

图 9.2-2　渗压关键监控点示意图

内，如有异常，说明相对历史条件下的测点位移规律发生了改变，应及时报警，并开展原因分析。除关键监控点坝体径向位移以外，其他一般监测项目以过去 3 年变化趋势的极大值或极小值为年度监控值，如有异常，应及时报警，并应及时分析原因。

2. 渗压关键监控点

渗压运行监控指标采用过去 3 年变化趋势的极大值或极小值为年度监控值，且满足帷幕后渗压折减系数小于 0.4。按以上规定，渗压监测值如有异常，应及时报警，并分析原因。

表 9.2-1　　　　　　　　坝体径向位移关键监控点年度运行监控指标

测点	高程/m	径向位移/mm		备注
		下限	上限	
PL$_{11-1}$	1885.00	−15.09	35.13	11 号坝段垂线测点
PL$_{11-2}$	1829.00	−4.04	40.80	
PL$_{11-3}$	1778.00	9.77	44.55	
PL$_{11-4}$	1730.00	20.12	44.46	
PL$_{11-5}$	1664.00	21.96	32.87	

续表

测点	高程/m	径向位移/mm		备注
		下限	上限	
PL_{13-1}	1885.00	−16.50	30.96	13 号坝段垂线测点
PL_{13-2}	1829.00	−7.02	36.67	
PL_{13-3}	1778.00	8.17	43.63	
PL_{13-4}	1730.00	19.58	45.72	
PL_{13-5}	1664.00	22.93	36.81	
PL_{16-1}	1885.00	−1.30	31.74	16 号坝段垂线测点
PL_{16-2}	1829.00	3.75	37.70	
PL_{16-3}	1778.00	15.04	40.05	
PL_{16-4}	1730.00	25.13	43.85	
PL_{16-5}	1664.00	25.27	35.17	

9.3 平台功能模块介绍

平台依托海量地理信息系统 3D GIS 与精细化 BIM 模型的高效融合技术，建立 GIS+BIM 底层平台及三维场景数据，搭建空间三维地图，并提供三维量测、三维标绘、地形控制等三维地图常用工具，集成预测模型分析、监控分级预警等结论，并建立数据资源池，实现安全预警与。平台包括大坝安全预警指标建立、GIS+BIM 场景等基础功能模块，以及工程概况、安全监测、模型查看、安全预警、评估报告、安全调控六大业务功能模块。

9.3.1 工程概况功能模块

工程概况功能模块界面见图 9.3-1，该模块可实时更新水电站工程项目的基本情况，可在三维场景中直观展示水电站当前入库流量、出库流量、坝前水位等信息，并集成工业

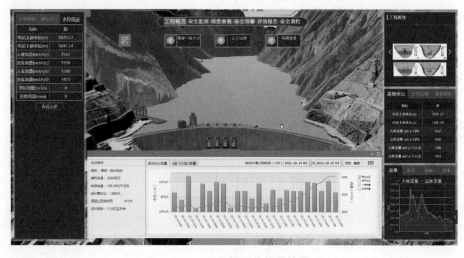

图 9.3-1 工程概况功能模块界面

电视等功能。具体包括基础信息、大坝结构、建设信息三个子功能。基础信息功能主要展示大坝重点指标实时数据，如电站上游水位、电站下游水位、入库流量、出库流量、弃水流量等数据。大坝结构功能展示大坝结构基本信息，包括坝顶高程、坝高、弧长、坝顶厚度、弧高比、柔度系数、混凝土方量、正常水位、死水位、库容等大坝结构基本信息。建设信息功能展示建设运行信息，包括开挖时间、浇筑时间、蓄水时间、封顶时间、正常蓄水时间等建设运行基本信息。

9.3.2 安全监测功能模块

安全监测功能模块界面见图 9.3－2，主要对重点工程建立监测结构树，并实现在三维地图场景中直观展示测点的分布图，展示监测点的过程线、测点属性、测值等数据，并集成巡视报告查看功能，实现对重点工程部位的日常监测。具体包括重点工程部位监测、环境监测两个子模块。重点工程部位监测子模块对大坝、边坡、滑坡体等重点关注部位建立工程监测结构树，在三维地图场景中直观展示测点的分布图，通过条件查询快速检索测点；对测点的不同分量进行查询，以图表的形式展示监测过程线、测点属性、测值等数据。环境监测子模块主要对上游水位、下游水位、坝址温度等环境变量的变化曲线进行直观展示。

图 9.3－2　安全监测功能模块界面

9.3.3 模型查看功能模块

模型查看功能模块界面见图 9.3－3，主要实现对结构仿真模型、混合时空模型等预警模型的参数、计算结果进行管理。具体包括模型查看、仿真计算、计算日志三个子模块。模型查看子模块可查看混合时空模型的模型概况、模型公式、模型参数，查看结构仿真模型的网格模型、材料分区、约束施加等模型相关信息。在仿真计算子模块中，实现对结构仿真模型的计算参数进行设置，查看模型的计算成果，可通过三维模型的方式展示变形、应力、温度的三维仿真结果。计算日志子模块主要对结构仿真模型、混合时空模型、动态时序模型等各类模型，采用分类、时间选择等条件，查询仿真计算的日志，并可查看对应的计算结果和计算参数等信息。

图 9.3-3　模型查看功能模块界面

9.3.4　安全预警功能模块

安全预警功能模块界面见图 9.3-4，主要实现对重点部位进行安全预警，并从单个测点、工程部位两个维度实现预警上报。从测点维度看，在原始监测数据进行粗差处理后，根据监控分级预警指标，对测点状态进行实时评判，分别统计出正常、异常、危险的测点数量，在三维地图场景中标注出异常和危险的测点，点击异常和危险测点可查询对应的过程线，包括预警预测值与实测值的对比曲线，直观展示测点预警情况。从工程部位维度看，通过结构仿真模型或混合时空模型对工程部位情况进行在线计算，实现对重点部位的安全预警，包括安全、三级预警、二级预警、一级预警等预警等级，并在三维地图场景中直观标注预警的工程部位。

图 9.3-4　安全预警功能模块界面

9.3.5 评估报告功能模块

评估报告功能模块界面见图 9.3-5，主要对重点工程部位进行安全评估，并生成评估报告。具体包括计算条件、评估报告两个子模块。计算条件子模块重点查看模型的相关计算条件，包括垂线变形、大坝弦长、谷幅变形、应力、渗压、边坡的分级标准及阈值等基本信息。在评估报告子模块中，可通过条件查询评估报告，查看各个工程部位的评估报告，或者同一个工程部位不同模型出具的评估报告，并且可以导出评估报告。

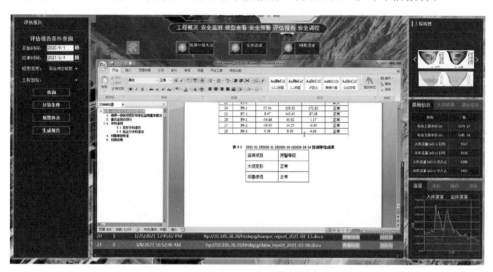

图 9.3-5 评估报告功能模块界面

9.3.6 安全调控功能模块

安全调控模块功能模块界面见图 9.3-6，结合已有设计、试验和数值模拟的研究成

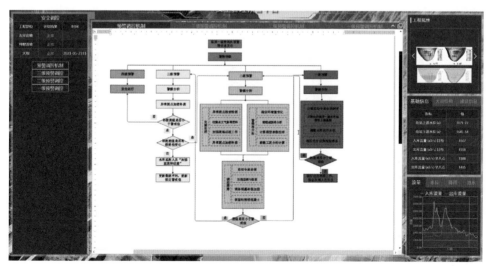

图 9.3-6 安全调控功能模块界面

果，构建安全管理与预警体系，拟定安全分级预警标准，据此提出相应的分级调控机制，为软件系统提供技术依据和支持。安全调控功能模块集成展示总体预警调控机制，绘制调控响应流程图，通过开展安全预警预报，针对一级预警、二级预警、三级预警级别分别进入相应级别的调控机制。

9.4 平台实施效果

平台的开发形成了重要的特色功能，其中包括病变点空间位置标注、三维有限元仿真模拟、重点监控项目的实测值与预警阈值对比、分级预警与预警调控等 4 项特色功能（图9.4-1～图9.4-4）。其成果应用于锦屏一级水电站，供业主运行维护使用，为锦屏一级水电站安全运行提供了有力的技术支持。

图 9.4-1 病变点空间位置标注

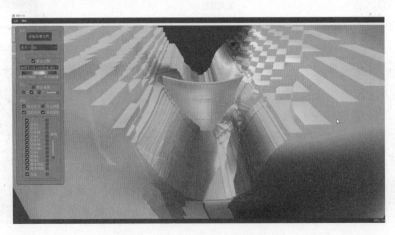

图 9.4-2 三维有限元仿真模拟

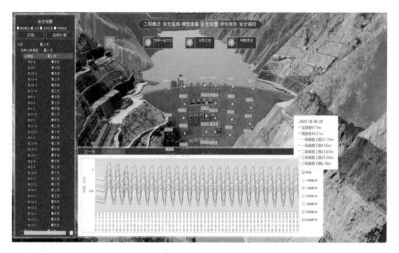

图 9.4-3 重点监控项目的实测值与预警阈值对比

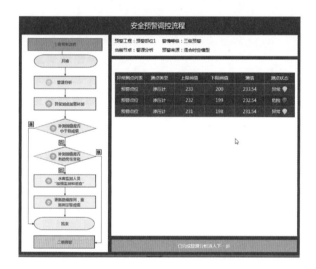

图 9.4-4 分级预警与预警调控

第 10 章

结论与展望

　　水电工程首次蓄水后的 3～5 年内，近坝区域内水文地质条件将发生较大的改变，水荷载、温度荷载或与加载路径相关的材料性能等也会发生变化，坝体与坝基受力状态会发生较大的适应性调整，大坝实际状态与设计预计情况不完全一致。相关统计资料表明，几乎有 60% 左右的事故是发生在初期蓄水或初期运行阶段。因此，应通过安全监控及时掌握大坝的运行安全状态，指导蓄水运行。锦屏一级水电站工程具有高山峡谷、高拱坝、高水头、高边坡、高地应力、深部卸荷等"五高一深"的特点，工程规模巨大，多项技术指标已经超出现行规范的界定范畴，技术难度和复杂性在很多方面超越了现有的工程认识水平。为了解大坝工作性态，工程建立了种类齐全、数量众多并具有针对性的安全监测系统，其中包括永久安全监测仪器共计 4087 套（支），涵盖了环境量、变形、渗流、应力应变及温度等监测内容，并实现了监测数据自动采集、在线监控与预警评估功能。

　　锦屏一级特高拱坝建设过程中，创建了混凝土智能温控系统，提出了拱坝温控仿真跟踪分析方法，建立了温度效应模型和横缝灌浆效果模型，保障了大坝的安全高效施工，实现了无缝大坝建设。水库首次蓄水期间，按照"分期蓄水、跟踪分析、反馈验证、分级预测"原则，建立了首蓄期变形监控模型，提出了变形预测方法与安全评价标准，成功指导了工程顺利蓄水。针对首蓄期及初期运行期渗流状况，建立了坝基渗流监测反馈方法，提出了渗流反馈及参数反演的分析思路，采用多种勘察探测技术手段，开展实测渗流分析，揭示了左岸坝基地下水渗流源、渗流路径及形成机制。工程初期运行期，提出了拱坝运行"荷载相关性、同步周期性、时效收敛性、计算符合性"的评价方法，建立了基于主成分的拱坝变形性态时空评价模型和标准；监测分析表明，锦屏一级特高拱坝变形与应力呈明显的年周期性变化，空间分布协调性好，具有时效收敛性的特征，坝体径向位移实测值与有限元计算成果相符合，拱坝处于弹性工作状态。根据坝肩边坡结构和变形特征，提出了左坝肩边坡变形特征分区，坝肩上游边坡仍在持续变形，但变形趋缓，坝肩及抗力体边坡变形小，目前已经收敛，谷幅变形主要表现为左岸坝肩边坡的变形，边坡整体稳定。基于理论与实际监测成果，结合蓄水运行需要，构建了大坝安全预测评估体系，提出了长期安全监控指标，研发了具备在线有限元同步计算和安全预警评估的监控平台，用于指导大坝安全运行。在锦屏一级特高拱坝建设和运行过程中，大坝安全监测与分析评价等工作成绩斐然，取得了具有推广应用价值的成果，积累了宝贵的工程经验，有力保障了工程的建设与安全运行。

　　20 多年来，我国成功建成了二滩、拉西瓦、小湾、溪洛渡、大岗山等特高拱坝，白鹤滩、乌东德、叶巴滩等特高拱坝正在建设。这些特高拱坝的建设和运行积累了许多工程实践经验，逐渐形成了具有中国特色的特高拱坝建设技术。需要强调的是，无论在工程建设期间还是运行期间，这些特高拱坝均十分重视大坝安全监控工作。展望未来，在特高拱坝安全监测与监控方面仍存在诸多需要攻克的技术难题：

　　（1）特高拱坝施工期变形监测与分析有待加强。特高拱坝施工周期长，施工期短暂工况状态复杂，坝体-坝基的自适应变形调整较大，但没有合适的施工期高精度变形监测解决方案，丢失变形初始值和高精度实测数据，影响数值仿真校验和对比，这带来了施工期工程安全评价的复杂性和不确定性。

（2）高坝大库谷幅及库盘变形监测及分析有待深入。拱坝是高次超静定结构，对坝基变形尤其是不均匀变形非常敏感。近年来，我国相继建成的特高拱坝在蓄水期观测到了水库蓄水诱发的岸坡变形，有的出现了较大的谷幅收缩现象，因此，宜进一步增加枢纽区变形场与渗流场初始状态或本底状态的摸底测量，并相应扩大运行期区域渗流场的监测范围，增加库区库盘变形高精度监测设施，为深入研究特高拱坝谷幅与库盘变形机理与影响提供数据支撑。

（3）特高拱坝实测应力计算与评价问题有待解决。多年来我国已建高拱坝的实测应力成果表明，部分无应力计存在受力情况，实测混凝土自身体积变形变化复杂，混凝土的徐变、模量、线膨胀系数等材料参数的离散性和差异性较大。拱坝实测应力与数值模拟计算结果均存在较大的差异，比如坝踵应力长期处于较高压应力状态，最大压应力水平相对较高，局部拉应力较大，如何采用实测应力评价拱坝安全性尚存在诸多难题有待解决。

（4）特高拱坝长期运行性态健康诊断研究有待深入。特高拱坝工作性态分析的时效性较明显，作用机制极其复杂，从保障工程安全运行的角度出发，亟待建立特高拱坝运行性态健康诊断指标体系，开展特高拱坝运行性态智能化诊断和决策，为及时发现异常现象提供有力的技术支撑。

（5）高山峡谷区的高精度"空天地一体化"智能监测技术应用有待进一步研究和推广。重点研究方向是枢纽区变形监测系统深远稳定基准的建设理论与标准体系、基于GNSS或雷达测量的亚毫米级高精度测量技术解决方案、全自动形体微变形快速智能获取技术方案。

参 考 文 献

［1］ 王仁坤. 我国特高拱坝的建设成就与技术发展综述 ［J］. 水利水电科技发展，2015，35（5）：13－19.

［2］ 李瓒，陈飞，郑建波，等. 特高拱坝枢纽分析与重点问题研究 ［M］. 北京：中国电力出版社，2004.

［3］ 邹丽春. 高拱坝设计理论与工程实践 ［M］. 北京：中国水利水电出版社，2017.

［4］ 索丽生，刘宁. 水工设计手册第11卷　水工安全监测 ［M］. 2版. 北京：中国水利水电出版社，2013.

［5］ 顾冲时，赵二峰，周钟，等. 特高拱坝变形安全监控理论和方法及其应用 ［M］. 南京：河海大学出版社，2018.

［6］ 王继敏，段绍辉，刘毅，等. 锦屏一级拱坝温控防裂与高效施工技术 ［M］北京：中国水利水电出版社，2019.

［7］ 李珍照. 国外大坝监测分析的新进展 ［J］. 水力发电学报，1992，2：75－84.

［8］ TONINI D. Observed behavior of several leakier arch dams ［J］. Journal of the Power Division. 1956，82（12）：135－139.

［9］ ROCHA M. A quantitative method for the interpretation of the results of the observation of dams ［C］. Report on question 21. New York，1958.

［10］ 中村庆一，饭田隆一. 实测资料にみゐァリーチタムのたぉみの举动解析 ［J］. 土木技术资料，1963，5（12）：29－63.

［11］ XEREZ A，LAMAS J. Methods of analysis of arch dam behavior ［C］. VI Congress on large dams. New York，1958.

［12］ BONALDI P，FANELLI M，GIUSEPPTTI G. Displacement forecasting for concrete dams via deterministic mathematical models ［J］. International Water Power & Dam Construction，1977，（29）9：42－50.

［13］ GOMEZLAA G，RODRIGUEZ G. Research of a deterministic hydraulic monitoring model of concrete dam foundation ［C］. ICOLD XVth Congress. Lausanne，1985.

［14］ PURER E，STEINER N. Application of statistical methods in monitoring dam behavior ［J］. International Water Power & Dam Construction，1986，38（12）：16－19.

［15］ 陈久宇. 应用实测位移资料研究刘家峡重力坝横缝的结构作用 ［J］. 水利学报，1982，12：12－20.

［16］ 陈久宇，林见. 观测数据的处理方法 ［M］. 上海：上海交通大学出版社，1988.

［17］ 吴中如. 混凝土坝观测物理量的数学模型及其应用 ［J］. 华东水利学院学报，1984，3：20－25.

［18］ 吴中如，刘观标. 混凝土坝位移确定性模型研究 ［J］. 水电自动化与大坝监测，1987，1：16－25.

［19］ 吴中如，沈长松，阮焕祥. 论混凝土坝变形统计模型的因子选择 ［J］. 河海大学学报，1988，16（6）：1－9.

［20］ 吴中如. 论混凝土坝安全监控的确定性模型和混合模型 ［J］. 水利学报，1989，5：64－70.

［21］ 吴中如. 水工建筑物安全监控理论及其应用 ［M］. 北京：高等教育出版社，2003.

［22］ 吴中如，顾冲时. 大坝原型反分析及其应用 ［M］. 南京：江苏科学技术出版社，2000.

［23］ 王芝银，杨志法，王思敬. 岩石力学位移反演分析回顾及进展 ［J］. 力学进展，1998，28（4）：448－498.

[24] 袁勇，孙均. 岩体本构模型反演分析识别理论及其工程应用 [J]. 岩石力学与工程学报，1993，12 (3)：232-239.

[25] HONJO Y，LIU W，SAKAJO S. Application of Akaike information criterion statistics to geotechnical inverse analysis：the Bayesian method [J]. Structural Safety，1994，14：5-29.

[26] SANAYEI M，SALETNIK M J. Parameter estimation of structures from static strain measurements 2I：Formulations [J]. Journal of Structural Engineering，1996，122 (5)：555-572.

[27] ARAI K，OHTA H，YASUI T. Simple optimization technique for evaluation deformation modulus from field observations [J]. Soil and Foundations，1983，23 (1)：107-113.

[28] SWOBODA G. Ichikawa Y，Dong Q. Back analysis of large geotechnical models [J]. Int. J. for Numerical and Analysis Methods in Geomechanics，1999，23 (12)：1455-1472.

[29] 冯夏庭，张治强，杨成祥，等. 位移反分析的进化神经网络方法研究 [J]. 岩石力学与工程学报，1999 (5)：529-533.

[30] 刘迎曦，王爱刚，李守巨，等. 识别混凝土重力坝弹性模量的一种新方法 [J]. 大连理工大学学报，2000，40 (2)：144-147.

[31] 李守巨，刘迎曦，王登刚，等. 基于神经网络的岩体渗透系数反演方法及其工程应用 [J]. 岩石力学与工程学报，2002，21 (4)：479-483.

[32] 徐洪钟，吴中如，李雪红. 应用模糊神经网络反演大坝弹性模量 [J]. 河海大学学报（自然科学版），2002，30 (2)：14-17.

[33] 向衍，苏怀智，吴中如. 基于大坝安全监测资料的物理力学参数反演 [J]. 水利学报，2004 (8)：98-102.

[34] 陈益峰，周创兵. 隔河岩坝基岩体在运行期的弹塑性力学参数反演 [J]. 岩石力学与工程学报，2002，21 (7)：968-975.

[35] 苏怀智，李季，吴中如. 大坝及岩基物理力学参数优化反演分析研究 [J]. 水利学报，2007，S1：129-134.

[36] 王刚，马震岳. 基于遗传算法的带缝重力坝弹性模量反分析 [J]. 大连理工大学学报，2009，49 (2)：261-266.

[37] 吴中如，顾冲时. 大坝安全综合评价专家系统 [M]. 北京：北京科学技术出版社，1997.

[38] 顾冲时，苏怀智，赵二峰. 大坝安全监控及反馈分析系统 [J]. 中国水利，2008，20：37-40.

索　引

《大国重器 中国超级水电工程·锦屏卷》
编辑出版人员名单

总责任编辑 营幼峰

副总责任编辑 黄会明 王志媛 王照瑜

项目负责人 王照瑜 刘向杰 李忠良 范冬阳

项目执行人 冯红春 宋 晓

项目组成员 王海琴 刘 巍 任书杰 张 晓 邹 静

李丽辉 夏 爽 郝 英 李 哲

《特高拱坝安全监控分析》

责任编辑 夏 爽
文字编辑 夏 爽
审稿编辑 方 平 丛艳姿 柯尊斌
索引制作 赵二峰
封面设计 芦 博
版式设计 吴建军 孙 静 郭会东
责任校对 梁晓静 王凡娥
责任印制 崔志强 焦 岩 冯 强
排 版 吴建军 孙 静 郭会东 丁英玲 聂彦环

Contents

plan and review this book, the professor Gu Chongshi checks the draft, Cai De-wen and Zhao Erfeng take charge of the final compilation and editing of this book, the figures and tables are prepared by Chen Xiaopeng and Hu Mingxiu.

This book summarizes the design and special study achievements completed during the design and construction of Jinping – 1 Hydropower Station. Units participating in the study include Hohai University, China Institute of Water Resources and Hydropower Research, Wuhan University and other famous universities and research institutes in China. The scientific research project for construction of Jinping – 1 Hydropower Station is funded by Yalong River Hydropower Development Co., Ltd., and all achievements are greatly supported by the competent departments at all levels, China Renewable Energy Engineering Institute and Yalong River Hydropower Development Co., Ltd., the owner of Jinping – 1 Hydropower Station, etc. Hereby, we would like to express our sincere thanks to these units! The preparation of this book receives great support from the leaders and colleagues at all levels of Power China Chengdu Engineering Corporation Limited. China Water & Power Press has al-so made great efforts for the publication of this book. We would like to express our heartfelt gratitude to them!

Due to our limited knowledge in writing this book, there might be some mistakes and flaws in this book, and your suggestions would be appreciated.

Authors
April 2021

duces the temperature control of temperature con- trol, timing control of upper arch sealing, temperature rise and its influence on the dam structure after arch sealing, and the temperature control effect of the arch dam. In chapter 4, the tracking and analyzing approaches of the deforma- tion behavior of the superhigh arch dam in the first storage period is put for- ward, the monitoring models of deformation in the first storage period are es- tablished, and the deformation characteristics, tracking analysis and prediction results in the first storage period are introduced. In chapter 5, the deformation spatiotemporal characteristics of the superhigh arch dam in the initial operation period is evaluated, and the analysis results of deformation behavior in the initial operation period are given. In chapter 6, the seepage analysis methods of dam foundation are briefly introduced, the results of seepage monitoring feed- back analysis and measured seepage behavior in dam area during water storage period are given, and the implementation effect of the seepage control project is evaluated. Chapter 7 discusses the measured stress analysis approaches of the dam body, and interprets the stress behavior of the arch dam in the first storage period and the initial operation period. Chapter 8 briefly describes the geological and engineering treatment measures of the abutment slopes, and em- phatically analyzes the stability and convergence of the left abutment slope de- formation and the characteristics of valley deformation. In chapter 9, the overall architecture and functional modules of the safety monitoring platform for the superhigh arch dam are introduced. Chapter 10 summarizes the whole book and points out the technical problems that need to be broken through in the future.

In this book, Chapter 1 is prepared by Cai Dewen, Zhao Erfeng and Zhou Zhong, Chapter 2 by Cai Dewen, Chen Xiaopeng, Shu Yong and Chen Xugao, Chapter 3 by Zhang Jing, Zheng Fugang, Wang Jimin and Zhou Zhong, Chapter 4 by Zhao Erfeng, Wang Jimin, Huang Hao and Shao Chenfei, Chapter 5 by Zhao Erfeng, Zhou Zhong, Jin Yi, Wang Dikai and Yang Guang, Chapter 6 by Zhou Zhong, Feng Yuqiang and Zheng Fugang, Chapter 7 by Wang Jimin, Feng Yuqiang, Shu Yong and Li Xiaoxiao, Chapter 8 by Chen Xi- aopeng, Peng Juwei and Cai Dewen, Chapter 9 by Cai Dewen, Zhang Chen and Li Wei, Chapter 10 by Zhou Zhong. Zhou Zhong and Zhao Erfeng organize to have been gradually matured, which can guarantee the safety and reliability of the dam structures. However, for superhigh arch dams with height of more than 200 m, the safety evaluation technology related to the actual performance has not yet been formed completely. And there are still difficult technical issues to be overcome in the safety monitoring analysis of superhigh arch dams during construction, water storage and long term operation.

The Jinping – 1 Hydropower Station has the highest arch dam in the world. Its engineering geological and hydrogeological conditions are very complicated, the topographic geological conditions are asymmetric, and the in – situ stress is relatively high in the natural state. Under the comprehensive effects of long – term stress release and gravity unloading, the unloading deformation of the left bank slope towards the valley is obvious. Moreover, the project is faced with world – class problems such as high water head, high slope and high tectonic stress. On October 23, 2009, the dam concrete started pouring. On November 30, 2012, the reservoir officially started to store water. On August 30, 2013, the first batch of units generated electricity. At the end of December, 2013, the arch dam was sealed completely. On July 12, 2014, all units were put into operation to generate electricity. On August 24, 2014, the reservoir was filled to the normal water level of 1880.00 m. Because the scale and technical indicators of the Jinping – 1 superhigh arch dam are beyond the current design code, both the engineering difficulty and complexity exceed the existing engineering cognition. In special operation conditions, such as high water head, high seepage pressure, strong earthquake, continuous deformation of the left high slope, complex geological conditions, etc., the technical difficulty of the safety monitoring greatly oversteps that of all built arch dams at home and abroad.

This book consists of 10 chapters. Chapter 1 briefly introduces the characteristics of safety monitoring of superhigh arch dams, the analysis and evaluation methods of arch dam safety monitoring, and the brief situation of Jinping – 1 superhigh arch dam, with emphasis on safety monitoring analysis approaches. In chapter 2, the monitoring items of Jinping – 1 superhigh arch dam are introduced, including control network for deformation monitoring, dam monitoring, resistance body monitoring, valley and left slope monitoring, and the automatic safety monitoring system is described briefly. Chapter 3 intro-

Foreword

Arch dams are often built in U – shaped or V – shaped river valleys. Its horizontal arch ring bulges to the upstream of the water flow, and it is arched on the plane. The profile line of the crown cantilever also bulges to the upstream in space, and the abutments are fixed to the bedrock on both sides of the river valley. In general, arch dams transfer most of the external loads to the abutments through the arch structure, and the supporting function of the bedrock on both sides is the primary way to keep the arch dam stable. The remained loads are transferred to the dam foundation under the action of cantilever beams. The engineering practice shows that the arch dam is a high – order statically indeterminate spatial shell structure with strong adaptability and sufficient overload safety factor. Arch dams are widely used as high – head dam structures because of their advantages such as fully exerted material strength, large bearing capacity, convenient flood discharge arrangement, high potential safety and good seismic performance. Arch dams account for nearly 1/2 of the over 200 m high dams built and under construction in the world. In China, after Ertan superhigh arch dam with height of 240 m, Laxiwa (dam height 250 m), Xiaowan (dam height 294.5 m), Xiluodu (dam height 285.5 m) and Jinping – 1 (dam height 305 m) have been successively built. At present, Baihetan (dam height 289 m), Wudongde (dam height 270 m) and Yebatan (dam height 217 m) are under construction. Compared with general arch dams, these superhigh arch dams bear greater upstream water load, with higher stress in dam body, especially smaller compressive stress reserved in dam body. Once the dam body is partially cracked, the stress redistribution of the arch dam may cause the internal stress to generally exceed the limit. The construction and operation experience in China has shown that the design theory and safety evaluation approaches of arch dams with height of less than 200 m

I am glad to provide the preface and recommend this series of books to the readers.

Zhong Denghua
Academician of the Chinese Academy of Engineering
December 2020

ping – 1 Hydropower Station Project.

The Jinping – 1 Hydropower Station Project is located in an alpine and gorge region with steep topography, deep river valley, faults development, high in – situ stress, limited space and scarce social resources. I have led the team of Tianjin University to study on the "Key Technologies in Modeling and Analysis of Hydropower Engineering Geology" in the feasibility study stage of the Jinping – 1 Project. We have researched the theoretical method to model and analyze the hydropower engineering geology based on such engineering and technical issues as complex geological structure, great amount of information, real – time analysis and quick feedback in accordance with the engineering design and construction of major hydropower projects. Moreover, we have proposed a 3D unified modeling technology for hydropower engineering geology by coupling multi – source data, which wins the Second National Prize for Progress in Science and Technology. We have studied the "concrete construction quality and real – time control system for construction progress for high arch dam", proposed a dynamic acquisition system of dam construction information and a real – time control system for high arch dam concrete construction progress and an integrated system for high arch dam concrete construction information, and established a dynamic real – time control and warning mechanism for quality so that the dam construction quality and progress are always under control, provi- ding technical support for the efficient and high – quality construction of Jinping – 1 Hydropower Station. I have visited the construction site for many times and re- member the experience here vividly. Seeing the successful construction of Jin- ping – 1 Hydropower Station, I am deeply impressed by the hardships during the construction of Jinping – 1 Hydropower Station and proud of the great achievements.

This series of books, as a set of systematic and cross – discipline engineer- ing books, is a systematic summary of the technical research and engineering practice of Jinping – 1 Hydropower Station by the designers of Chengdu Engi- neering Corporation Limited. I do believe that the publication of this series of books will be beneficial to the hydropower engineering technicians and make new contributions to the hydropower development.

All these have technologically supported the successful construction of the Jin-

charge and energy dissipation for high arch dam hub in narrow valley, safety
monitoring analysis of high arch dams, and technical difficulties in research on
and practice of aquatic ecosystem protection. Also, these books study the influ-
ence of deep cracks in the left bank on dam construction conditions, and establi-
shes a rock body quality classification system under the influence of deep
cracks. Moreover, the researchers propose the deformation stability analysis
method for arch dam foundation controlled by the deformation coefficient of
arch end, take measures to reinforce the arch dam resistance body, and also put
forward the design concept and method for crack prevention of the arch dam
structure. The researchers adopt the dissipated energy analysis method for sur-
rounding rock stability, expanding analysis method for surrounding rock failure
and long – term stability analysis method, reveal the evolutionary mechanism of
progressive failure of surrounding rock of underground powerhouse and
evaluate the long – term stability and safety of underground cavern surrounding
rocks. For flood discharge and energy dissipation of high arch dams, the re-
searchers propose and realize the energy dissipation technology by means of
outflowing by multiple outlets without collision, which significantly reduces the
effects of flood discharge atomization, and develop the method to mitigate aera-
tion through super high – flow spillway tunnels and dissipate energy through
dovetail – shaped flip buckets. The feedback analysis is performed for the work-
ing behavior safety monitoring of high arch dams and safety evaluation is con-
ducted for the deformation and stress behavior during the operation period. Al-
so, a safety monitoring system is established for the working behavior of the
super high arch dam during the initial impoundment period and operation peri-
od. Jinping – 1 Hydropower Station sets up the environmental protection con-
sciousness of "ecological priority without exceeding the bottom line", adheres
to the social consensus of "harmonious coexistence between human – beings and
the nature", coordinates the relationship between hydropower development and
ecological protection and plans the ecological optimization and scheduling, long –
term tracking monitoring and dynamic adjustment of countermeasures, which
solves the difficulties in the significant hydro – fluctuation reservoir and protec-
tion of aquatic organisms in the Yalong River bent section, and actively pro-
motes the sustainable development of ecological and environmental protection.

Such hydropower projects with high arch dams were designed and completed at the beginning of the 21st century, including Jinping – 1, Xiludu and Dagangshan ones. In addition, the high arch dams of Yebatan and Mengdigou were designed. Among them, the Jinping – 1 Hydropower Station, with the highest arch dam all over the world, is faced with quite complex engineering geological conditions and the greatest difficulty in foundation treatment. Also, the Xiludu Hydropower Station is provided with the most flood discharge outlets on the dam body and the largest flood discharge capacity and the greatest difficulty in the design of arch dam structure. The seismic fortification horizontal acceleration of Dagangshan Project is 0. 557g, which is the most difficult in seismic design of arch dam. PowerChina Chengdu Engineering Corporation Limited has a complete set of core technologies in the design of arch dam shape, anti – sliding stability of arch dam abutment, seismic design of arch dam, foundation treatment and design of arch dam under complex geological conditions, flood discharge and energy dissipation design of hub, temperature control and structure crack prevention design and three – dimensional design. It is bestowed with the international – leading design technology of high arch dams.

The Jinping – 1 Hydropower Station, with the highest arch dam all over the world, is located in a region with complex engineering geological conditions. Thus, it is faced with great technical difficulty. Chengdu Engineering Corporation Limited is brave in innovation and never stops. For the key technical difficulties involved in Jinping – 1 Hydropower Station, it cooperates with famous universities and scientific research institutes in China to carry out a large number of scientific researches during construction, make scientific and technological breakthroughs, and solve the major technical problems restricting the construction of Jinping – 1 Hydropower Station in combination with the on – site construction and geological conditions. In the series of books under the National Press Foundation, including Great Powers – China Super Hydropower Project (Jinping Volume), the researchers summarize the major engineering geological difficulties in Jinping – 1 Hydropower Station, key technologies for design of super high arch dams, surrounding rock failure and deformation control for underground powerhouse cavern group, key technologies for flood dis-

The Yalong River extends for thousands of miles and the construction of high dams is vigorously developing. The Yalong River originates from the snow – covered mountains of the Qinghai – Tibet Plateau and flows into the deep valleys and ravines of the folded belt of the Hengduan Mountains after joining with many streams and rivers. It rushes down with majestic grandeur and magnificence and meets the world's highest dam in the great river bay of Jinping Mountains on Panxi Region, forming an area with high gorges and flat lakes, which is known as the Jinping – 1 Hydropower Station. Among the existing dam types, the arch dam transmits the water thrust to the mountains on both sides of the river through the pressure arch by making full use of the high compressive strength of concrete. It has a good loading and adjustment ability, which, to some extent, can adapt to the changes of complex geological conditions, structural form and load case. The arch dam is featured by good anti – seismic property, small work quantities and economical investment as well as strong overload capacity and favorable economic security. Jinping – 1 Hydropower Station is located in an alpine and gorge region, the rock body of dam foundation rock is dominated by marbles and the upper elevation part of left bank is composed of sandstones and slates, with the width – to – height ratio of the valley being 1. 64. Therefore, a concrete double – arch dam is the best choice.

Currently, the design and construction technology of high arch dams has gained rapid development. PowerChina Chengdu Engineering Corporation Limited designed and completed the Ertan and Shapai High Arch Dams at the end of the 20th century. The Ertan Dam, with a maximum dam height of 240m, is the first concrete dam reaching 200m in China. The roller compacted concrete dam of Shapai Hydropower Station, with a maximum dam height of 132m, was the highest roller compacted concrete arch dam all over the word at that time.

arch dam hub in narrow valley, safety monitoring analysis of high arch dams, and design & scientific research achievements from the research on and practice of aquatic ecosystem protection. These books are deep in research and informative in contents, showing theoretical and practical significance for promoting the design, construction and development of super high arch dams in China. Therefore, I recommend these books to the design, construction and management personnel related to hydropower projects.

Ma Hongqi
Academician of the Chinese Academy of Engineering
December 2020

and warning system during engineering construction, water storage and opera-
tion period. Aquatic ecosystem protection in the development and construction
of hydropower stations, especially which of Yalong River Bent Section at
Jinping Site, is of great significance. This research elaborates the ecological and
environmental protection issues including the maintenance of eco – hydrological
process, the influence of water temperature in large reservoirs, water intake by
layers, fish enhancement and releasing, the protection of fish habitat in Yalong
River Bent at Jinping site, and the ecological operation of cascade power
station. The main technological research achievements of Jinping – 1 Hydro-
power Station reach the international leading level. The engineering design and
scientific research project of Jinping – 1 Hydropower Station have won one Na-
tional Award for Technological Invention, 5 National Prizes for Progress in Sci-
ence and Technology, 16 first or special prices at provincial or ministerial level
for progress in science and technology, and 12 first prizes at provincial or minis-
terial level for excellent design. Jinping – 1 Hydropower Station was awarded
the title of "highest dam" by Guinness World Records in 2016, and won Zhan
Tianyou civil engineering award in 2017, FIDIC Project Awards for
Outstanding Achievements in 2018, and the National Quality Engineering Gold
Award in 2019. The Jinping – 1 Hydropower Station has been operating safely
for 6 years, and its innovative technological achievements have been popularized
and applied in many hydropower projects such as Dagangshan, Wudongde,
Baihetan and Yebatan ones. Jinping – 1 Hydropower Station is considered as a
new milestone in the construction of high arch dams, especially those with a
height of about 300m.

As the leader of the expert group under the special advisory group for the
construction of Jinping – 1 Hydropower Station, I have witnessed the whole
construction progress of Jinping – 1 Hydropower Station. I am glad to see the
compilation and publication of the National Press Foundation – *Great Powers –
China Super Hydropower Project (Jinping Volume)*. This series of books
summarize the study on major engineering geological difficulties in Jinping – 1
Hydropower Station, key technologies for design of super high arch dams, sur-
rounding rock failure and deformation control for underground powerhouse cav-
ern group, key technologies for flood discharge and energy dissipation for high

River Bent where the geological conditions are extremely complex. It encounters with major engineering geological challenges like regional stability, influence of deep cracks on the dam construction conditions, selection of engineering geological characteristics and parameters of rock body, stability of super high arch dam foundation rock and deformation & failure of underground cavern. The dam foundation is developed with lamprophyre vein and multiple large-scale faults and other fractured weak zones. The rock body on left bank is strongly unloaded due to the influence of specific structure and lithology. The large unloading depth and the development of deep cracks bring unprecedented challenges to the deformation control of arch dam foundation, reinforcement treatment and structural crack prevention design. The researchers put forward the optimize method of arch dam shape under complex geological conditions, propose the dam foundation reinforcement design technology of deformation resistance coefficient at arch end, and analyze and evaluate the influence of long-term deformation of side slope on arch dam structure. For the underground powerhouse cavern group, this research focuses on the failure of surrounding rock and time-dependent deformation caused by extremely low strength-stress ratio and poor geological structure, and analyzes the rock characteristics of triaxial loading-unloading and rheology, reveals the evolutionary mechanism of progressive failure of surrounding rock of underground powerhouse, and proposes a complete set of technologies to stabilize and control the deformation of surrounding rock of underground cavern group. The flood discharge and energy dissipation of high arch dam through collision has solved the difficulty involved in flood discharge and energy dissipation for high arch dam. However, the flood discharge atomization endangers the normal operation of E & M equipment and the stability of side slope. The research puts forward the energy dissipation technology by means of outflowing by multiple outlets without collision, which significantly reduces the effects of flood discharge atomization on bank slope. Under such complex environments as high waterhead, high seepage pressure, continuous deformation of high side slope at the dam abutment on the left bank and complicated geological conditions, the difficulties in safety monitoring and warning technology exceeds those in the existing projects at home and abroad. The research has been completed for safety monitoring

Arch dams are famous for their reasonable structure, beautiful shape, high safety capacity and small work quantities. When the geological conditions permit, an arch dam is usually preferred where a high dam is built over a narrow valley with a width – to – height – ratio less than 3. From the construction of Meishan Multi – arch Dam in 1950s to the end of the 20th century, China had completed 11 concrete arch dams with a height of more than 100m, accounting for half of the total arch dams in the world, ranking first all over the world. The Ertan Double – arch Dam completed in 1999 with a dam height of 240m ranks the fourth throughout the world, indicating that Chinese high arch dams have reached the international advanced level in terms of design & construction. Hydropower works in China have been rapidly developed in the 21st century. Currently, a number of high arch dams with a height of about 300m have been available, including Xiaowan Project with a dam height of 294.5m, Jinping – 1 Project with a dam height of 305.0m and Xiluodu Project with a dam height of 285.5m. These projects not only have the characteristic of high dam height, large reservoir and large dam body volume, but also the flood discharge power and installed capacity scale are among the best in the world, which indicates that China's high arch dam design & construction technology has reached the international leading level.

The Jinping – 1 Hydropower Station is one of the most challenging hydropower projects, and developing Yalong River Bent at Jinping site has been the dream of several generations of Chinese hydropower workers. Jinping – 1 Hydropower Station is characterized by alpine and gorge region, high arch dam, high waterhead, high side slope, high in – situ stress and deep unloading. It is a huge hydropower project with the most complicated geological conditions, the worst construction environment and the greatest technological difficulty, ranking the first in the world in terms of arch dam height, complexity of super high arch dam foundation treatment, energy dissipation without collision between surface spillways and deep level outlets, deformation control for underground cavern group under low ratio of high in – situ stress to strength, height of hydropower station intakes where water is taken by layers and overall layout for construction of super high arch dam in alpine and gorge region. Jinping – 1 Hydropower Station is situated in the deep alpine and gorge region of Yalong

Preface I

The wonderful motherland, beautiful mountains and rivers, peaks rising one higher than another. The Yalong River, as originating from the southern foot of the Bayan Har Mountains which are characterized by range upon range of pinnacles, runs along the Hengduan Mountains, experiencing ups and downs all the way and joining Jinsha River from north to south. Jinping – 1 Hydro-power Station, located in Liangshan Yi Autonomous Prefecture, Sichuan Prov-ince, is the controlled reservoir cascade in the middle and lower reaches of Ya-long River developed and planned for hydropower. Jinping – 1 Hydropower Sta-tion is huge in scale, and is a super hydropower project in China, with total in-stall capacity of 3600MW and annual power generation capacity of 16. 62 billion kWh. With a height of 305. 0m, the dam is the highest arch dam in the world. The reservoir is provided with a full supply level of 1880. 00m. The Jinping – 1 Hydropower Station is bestowed with annual regulation performance. The con-struction of Jinping – 1 Hydropower Station focuses on the concepts of "green Jinping, ecological Jinping and scientific Jinping". Mainly for power genera-tion, Jinping – 1 Hydropower Station stores water in flood season and mitigates the flood control burdens on the middle and lower reaches of the Yangtze River. Also, it can improve the downstream navigation, sediment retaining and ecological environment protection and other comprehensive benefits. The "Jin-guan Direct Current Transmission" Project composed of Jinping – 1, Jinping – 2 Hydropower Stations and Guandi Hydropower Station, is the key of West – East Electricity Transmission Project, which can realize the optimal allocation of power resources throughout China. The completion of the station has im-proved the external and internal traffic conditions of the reservoir area, comple-ted the development of resettlement and supporting works construction, and promoted the development of local energy, mineral and agricultural resources.

Informative Abstract

This book, as a sub - volume of the *Safety Monitoring Analysis of Superhigh Arch Dam under Great Powers - China Super Hydropower Project (Jinping Volume)*, is a project of the National Press Foundation. This book consists of 10 chapters, summarizing the safety monitoring technology of the Jinping - 1 superhigh arch dam. The details are as follows, design of safety monitoring system, simulation of temperature control process and achieved effect, monito- ring models of deformation behavior in the first storage period, comprehensively assessment on the measured deformation, foundation seepage and stress behavior during operation, deformation characteristics of abutment slopes and valleys, and safety monitoring platform. Finally, the summary and prospect are given. These technologies have been successfully applied to the safety monitoring of Jinping - 1 Hydropower Station during the construction pe- riod, the first storage period and the operation period, providing essential tech- nical support for the hydropower station to put into operation and the safe oper- ation of the project. They also provide reference for other arch dams on the safety evaluation during construction, water storage and operation.

This book is mainly for the reference of technical personnel in the field of arch dam design, construction and safety appraisement. It can also be used as a reference book for researchers in related fields as well as teachers and students in colleges and universities.

Great Powers –China Super Hydropower Project

JinPing Volume)

Safety Monitoring Analysis of Super-high Arch Dam

Bai Dewen   Wang Jimin   Zhao Erfeng   Zhou Zhong   Chen Xiaopeng   et al.

中国水利水电出版社
China Water & Power Press
· Beijing ·